高等学校"十二五"规划教材

液压与气压传动

主　编　朱育权
副主编　尚雅层　丁　峰

西北工业大学出版社

【内容简介】 本书由两部分组成,其中第一章到第九章主要讲授液压传动基础知识、液压元件、液压基本回路、典型液压系统及液压传动系统的设计与计算,第十章到第十五章主要讲授气压传动基础知识、气源装置、气动控制元件、气动基本回路和气压传动系统设计。本书在注重基本概念与基本原理阐述的同时,突出其应用,旨在培养学生的工程应用和设计能力。

本书适用于普通工科院校机械类各专业学生的"液压与气压传动"课程教材,也可供从事液压与气压技术应用的各类工程技术人员参考。

图书在版编目(CIP)数据

液压与气压传动/朱育权主编 . —西安:西北工业大学出版社,2011.10(2023.1 重印)
ISBN 978 - 7 - 5612 - 3195 - 1

Ⅰ.①液… Ⅱ.①朱… Ⅲ.①液压传动—高等学校—教材②气压传动—高等学校—教材
Ⅳ.①TH137②TH138

中国版本图书馆 CIP 数据核字(2011)第 199838 号

出版发行:西北工业大学出版社
通信地址:西安市友谊西路 127 号   邮编:710072
电   话:(029)88493844   88491757
网   址:www.nwpup.com
印 刷 者:西安五星印刷有限公司
开   本:787 mm×1 092 mm   1/16
印   张:16.75
字   数:404 千字
版   次:2011 年 10 月第 1 版   2023 年 1 月第 5 次印刷
定   价:59.00 元

前　言

随着科学技术的迅速发展,工业生产已进入到以信息技术、数控技术、液压与气压传动控制技术为主体的发展阶段。液压与气压传动技术已经在国民经济的各个领域得到了广泛的应用,成为衡量一个国家工业发展水平的重要标志之一。

本书在编写过程中,力求贯彻少而精、理论联系实际的原则。通过本课程的学习,学生应掌握液压与气压传动的基础知识,掌握各种液压、气动元件的工作原理、特点、应用和选用方法,熟悉各类液压与气压基本回路的功用、组成和应用场合,能读懂一般的液压与气压系统原理图,能设计一般的液压与气压传动系统。

本书由两部分组成,其中第一章到第九章主要讲授液压传动基础知识、液压元件、液压基本回路、典型液压系统及液压传动系统的设计与计算,第十章到第十五章主要讲授气压传动基础知识、气源装置、气动元件、气动基本回路和气压传动系统设计。

本书可作为普通工科院校机械类各专业学生的"液压与气压传动"课程教材,也可供从事液压与气压技术应用的各类工程技术人员参考。

本书由朱育权教授担任主编,尚雅层教授、丁锋教授担任副主编。其中,第一章、第二章、第三章、第五章、第九章由朱育权编写,第十至十五章由尚雅层编写,第七章、第八章由丁锋编写,第四章、第六章第一至三节由王玉荣编写,第六章第五节由王丽君编写,第六章第四节由田太明编写。

书中元件图形符号、回路及系统原理图采用 GB/T 786.1—1993 绘制。

由于水平有限,书中难免存在疏漏和错误,敬请广大读者指正。

编　者
2011 年 4 月

目　　录

第一章 液压传动的概述

第一节 液压传动的概念及发展情况

一部完整的机器主要由动力系统、传动系统和执行系统三部分组成。其中传动系统是把动力系统的运动和动力传递给执行系统的中间装置,它包含机械传动、电气传动、流体传动三大传动形式。流体传动以流体(液体或气体)为工作介质,实现能量的传递与控制。按工作介质不同,流体传动可分为液体传动和气压传动;按工作原理不同,液体传动分为液力传动和液压传动。液力传动利用的是液体的动能;液压传动利用的是液体的静压力能。所谓液压传动,就是以液体为工作介质,利用液体的压力来传递动力,依靠液体的体积来传递运动的传动形式。

液压传动相对于机械传动来说是一门较新的技术。1653 年,法国人帕斯卡(B. Pascal)提出了静止液体中压力传递的基本定律——帕斯卡原理,奠定了液体静力学基础。17 世纪,力学奠基人牛顿(I. Newton)研究了在流体中运动的物体所受到的阻力,针对黏性流体运动时的内摩擦力提出了牛顿黏性定律——牛顿内摩擦定律。1738 年,瑞士人欧拉(L. P. Euler)采用了连续介质概念,把静力学中的压力概念推广到运动流体中,建立了欧拉方程,正确地用微分方程组描述了无黏性流体的运动。伯努利(D. Bernoulli)从经典力学的能量守恒出发,研究供水管道中水的流动,得到了流体在恒定流动下的流速、压力、管道高度之间的关系——伯努利方程。1827 年,法国人纳维(C. L. M. Navier)建立了黏性流体的基本运动方程;1845 年,英国人斯托克斯(G. G. Stokes)又以更合理的方法导出了这组方程——N-S 方程,它是流体动力学的理论基础。1883 年,英国人雷诺(O. Reynolds)经过大量研究发现,液体有两种不同的流动状态——层流和紊流,找到了判断流动状态的判别准数——雷诺数。

1795 年,英国人布拉默(J. Bramsh)发明了世界上第一台水压机,它的问世是液压传动应用于工业的成功典范。由此算起,液压传动已有 200 多年的发展历史了。第二次世界大战期间,迫切需要一种反应快、精度高、功率大的传动与控制装置用于武器控制,在此间液压伺服控制技术得到了快速的发展。近几十年来,控制技术、微电子技术、计算机技术、传感检测技术及材料科学的发展,更是极大地推动了液压传动与控制技术的发展,使其成为机、电、液一体化的全新的自动控制技术,在工程机械、冶金、军工、农机、汽车、船舶、石油、航空和机床工业等领域中,均得到了普遍的应用。

1952 年,上海虹江机器厂(现上海机床厂)试制出我国第一台自制的液压元件——齿轮油泵。之后,北京机床研究所、济南铸锻机械研究所、大连组合机床研究所、广州机床研究所等单位相继开发出了我国自己的液压元件系列产品,并在各种机械设备上得到了广泛的应用。改革开放几十年来,我国的液压工业在引进吸收国外先进技术、自行开发等方面均得到了飞速的发展。

随着液压机械自动化程度的不断提高,元件小型化、系统集成化是必然的发展趋势。液压元件和液压系统的计算机辅助设计(CAD)、计算机辅助试验(CAT)和计算机实时控制也是当前液压技术的发展方向。

第二节 液压传动系统的工作原理、图形符号和组成

一、液压传动系统的工作原理

图 1-1 所示的液压传动系统可以实现机床工作台的前进、后退、任意位置停止、调速等功能。

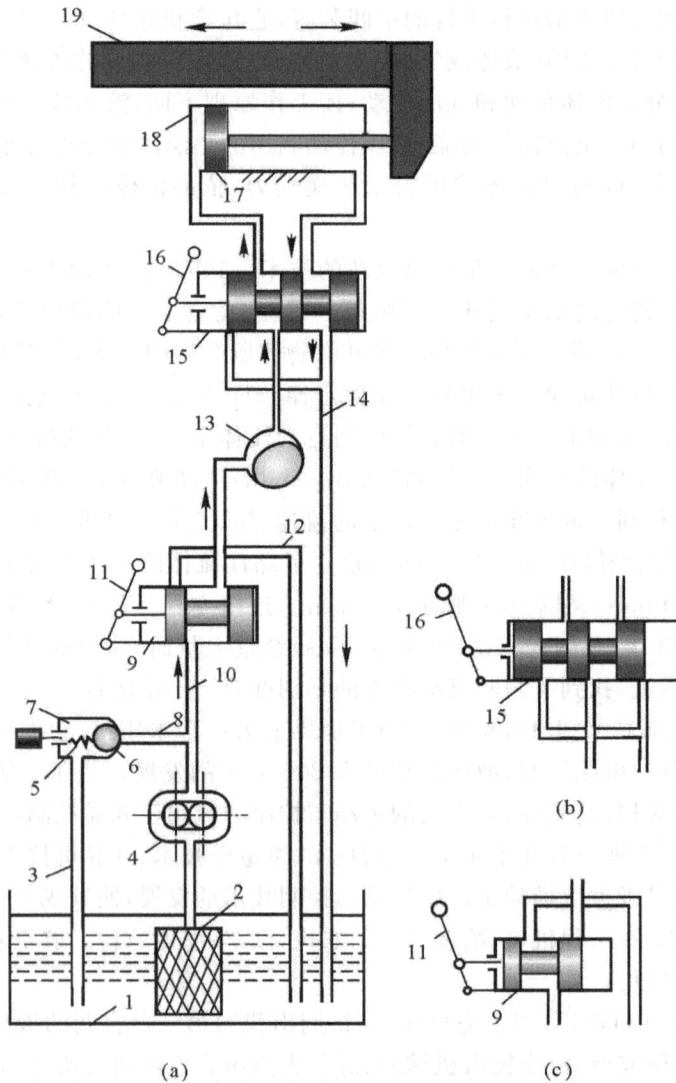

图 1-1 机床工作台液压系统原理结构示意图

如图1-1(a)所示,液压泵4由电机(图中未画)驱动旋转,经滤油器2从油箱1中吸油,来自液压泵的压力油经压力油管10、手动换向阀9、节流阀13、换向阀15进入液压缸18的左腔,推动活塞17和工作台19向右移动,液压缸18右腔的油液经换向阀15、回油管14排回油箱。如图1-1(b)所示,向左扳动换向手柄16使手动换向阀15换向后,压力油进入液压缸18的右腔,推动活塞17和工作台19向左移动,液压缸18左腔的油液经换向阀15、回油管14排回油箱。当换向手柄16处于中间位置时(图中未画),来自液压泵的压力油只能通过溢流阀7、回油管3排回油箱,同时液压缸18的进、回油路均被切断,液压缸处于停止状态。调节节流阀13的开口度,就可以调节液压缸的运动速度。向左扳动换向手柄11将手动换向阀9转换成如图1-1(c)所示的状态,液压泵输出的油液经手动换向阀9流回油箱,这时工作台停止运动,液压系统处在卸荷状态。调节调压弹簧5的压缩量,就可以调节溢流阀7的开启压力,从而调节液压泵4的最高出口压力和液压缸18的最大输出力的大小。

二、液压传动系统的图形符号

图1-1(a)所示的液压系统图是一种半结构式的工作原理图。它直观性强,容易理解,但难于绘制。由于液压元件品种多、形式多、控制方式多,为了便于区分、绘图和交流,就必须对各种液压元件规定出特定的表示方法——即图形符号。在工程实际中,除某些特殊情况外,一般都用国家标准(GB/T 786.1—93)中规定的图形符号来绘制液压系统原理图。图1-1所示的液压系统,若用GB/T 786.1—93中规定的图形符号来绘制,则其原理图如图1-2所示。图中,1为油箱,2为滤油器,3为液压泵,4为溢流阀,5为二位三通手动换向阀,6为节流阀,7为三位四通手动换向阀,8为活塞,9为缸体,10为工作台。图形符号只表示元件的功能、操纵方法等,不表示其具体的结构与参数;只反映各元件在油路连接上的相互关系,不反映其空间安装位置;只反映静止位置或初始位置的工作状态,不反映其过渡过程。

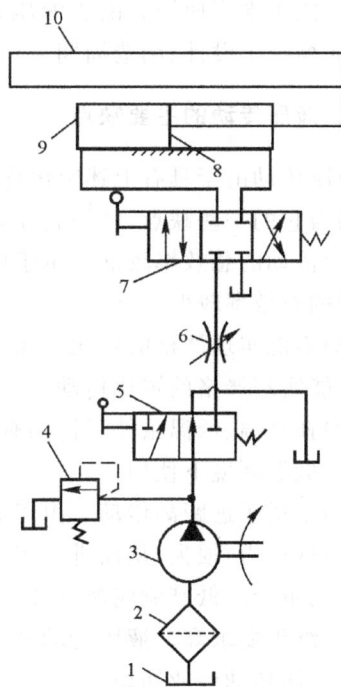

图 1-2 机床工作台液压系统
原理图形符号图

三、液压传动系统的组成

由上面的例子可以看出,一个完整的液压传动系统主要由以下五个部分组成。

(1)动力元件:主要指液压泵。它将原动机输入的机械能转换为液体的压力能。

(2)执行元件:主要指液压缸和液压马达。它将液体的压力能转换成机械能。

(3)控制元件:指各种控制阀。它通过对液体的压力、流量及流向的控制,以满足执行元件对输出力(转矩)、速度(转速)及运动方向的要求。

(4)辅助元件:除上述三项以外的其他元件,包含油箱、油管、管接头、蓄能器、滤油器以及各种指示器和控制仪表等。它主要起连接、储油、保证和改善系统工作性能的作用。

(5)工作介质:即液压油。它是传递运动和动力的载体。

第三节　液压传动的优缺点

一、液压传动的主要优点

(1)传动功率大,且在同等功率下,液压传动装置的体积小、质量轻(如液压马达的质量只有同功率电机的10%~20%)、惯性小。

(2)易实现无级调速,且调速范围大,可达到100:1~2 000:1。

(3)易于实现过载保护。可以很方便地利用压力控制阀控制系统的压力,从而防止系统过载。

(4)寿命长。由于采用油液为工作介质,润滑充分,所以寿命长。

(5)便于推广使用。由于液压元件已经实现了系列化、通用化、标准化,因而便于选择使用,从而缩短了设计、制造周期。

二、液压传动的主要缺点

液压传动由于具有上述突出优点,使得它在国民经济的各个领域得到了广泛的应用,但同时也因为它的一些缺点,使得它在某些方面的应用受到了一定的限制。其主要缺点表现为:

(1)传动的总效率较低。由于传动过程中存在泄漏、压力损失及能量的二次转换,因此液压传动的总效率较低。

(2)不能实现严格的定比传动。由于传动介质的可压缩性和泄露等因素的影响,使得液压传动不能实现严格的定比传动。

(3)在高温、低温条件下使用有一定困难。由于液压油的黏度对温度很敏感,因此它不宜于在高、低温环境下使用。

(4)不适于远距离传动。由于液压油具有较大的黏性,在远距离传动过程中必然要产生较大的能量(压力)损失,从而进一步降低传动效率。同时,由于液压油具有一定的可压缩性,远距离传动也会降低其响应速度,故不适于远距离传动。

(5)维护要求高。液压传动系统的故障往往很少从外观上直接表现出来,需要维修人员有较高的液压传动专业知识。

第四节　液压技术的应用

液压技术由于具有许多突出的优点,使得它在国民经济的各个领域都得到了广泛的应用。

在国防工业中,陆、海、空三军的很多武器装备都采用了液压传动与控制。例如,高炮瞄准液压系统;炮车驱动液压系统;飞机起落架收放、前轮转弯、主轮刹车以及发动机喷口操纵与控制液压系统;坦克火炮稳定器液压系统;船舶舵机液压系统;雷达天线液压系统;战略飞行器姿态控制液压系统等。

在机床工业中,液压传动在金属切削机床行业中得到了极广泛的应用。如磨床、铣床、车床、钻床以及组合机床等的进给装置多采用液压传动,它可以在较大范围内进行无级调速;在龙门刨、牛头刨和拉床等机床上采用液压传动易实现高速往复运动,且换向平稳、冲击小;在机床的辅助装置如夹紧装置、变速操纵装置、工件输送装置中采用液压传动,可简化机床结构,提高自动化程度。

在冶金工业中,如炼钢炉炉前操作机械手液压系统、板带轧钢机弯辊及平衡装置液压系统。

在工程机械中,如挖掘机、装载机、推土机、汽车起重机等普遍采用了液压传动。

在农业机械中,如联合收割机、拖拉机的液压操纵系统等。

在石油机械中,如钻井平台桩腿升降液压系统、钻机液压系统等。

在煤炭机械中,如液压支架液压系统。

在汽车工业中,液压越野车、液压自卸式汽车、液压高空作业车和消防车等均采用了液压技术。

在轻纺工业中,如塑料注射成型机液压系统、纸张张力控制液压系统、整经机液压系统等。

近几年,又在太阳跟踪系统、海浪模拟装置、船舶驾驶模拟器、地震再现、火箭助飞发射装置、宇航环境模拟和高层建筑防震系统及紧急刹车装置等设备中,也采用了液压技术。

总之,一切工程领域,凡是有机械设备的场合,均可找到液压技术的身影。

据统计,如今发达国家生产的95%的工程机械、90%的数控加工中心、95%以上的自动线都采用了液压传动。采用液压传动的程度已成为衡量一个国家工业发展水平的重要标志之一。

第五节 液压传动的工作介质

一、液压油的编号

液压油的种类繁多,分类方法各异。长期以来,习惯以用途进行分类,也有根据油品类型、化学组分或可燃性分类的。

1982 年,国际标准化组织(ISO)提出了《润滑剂、工业润滑油和有关产品(L 类)》第四部分 H 组(液压系统)分类,即 ISO 6743/4—1982。我国 GB 7631.2—87 等效采用了 ISO 6743/4 的规定,统一了液压油的命名方式,其一般形式如下:

类-品种-数字

例如,L-HV 32,其中:

L 表示类别(润滑剂及有关产品,GB 7631.1);

HV 表示品种(低温液压油);

32 表示牌号(GB 3141 规定,等效采用 ISO 的黏度分类法,以液压油 40℃时运动黏度的中心值来划分牌号)。

二、液压油的种类

液压油主要有石油基液压油和难燃液压液两大类。

(一)石油基液压油

主要品种:

(1)L-HL 液压油(普通液压油)。以精制矿物油为基础,加入部分添加剂调和而成。它是目前供应量最大的液压油品种,主要用于 0℃以上的中低压液压系统。

(2)L－HM 液压油(抗磨液压油)。在普通液压油的基础上,加入适量抗磨剂,以减少液压元件的磨损。它特别适用于高压叶片泵液压系统。

(3)L－HV 液压油(低温液压油)。以深度脱蜡的精制矿物油为基础,加入适量添加剂调和而成。其黏度随温度变化小,适用于野外低温高压液压系统和精密数控机床液压系统。

(4)L－HG 液压油(液压－导轨油)。在普通液压油的基础上,加入适量油性剂,以具有很好的防爬性能。它适用于液压与导轨润滑合用的精密机床液压系统。

(二)难燃液压液

难燃液压液可分为合成液、乳化液和高水基液压液三大类。

主要品种:

(1)L－HFC 液压液(水－乙二醇液压液)。它由 35%～55% 的水、乙二醇和各种添加剂组成,抗燃性好。

(2)L－HFDR 液压液(磷酸酯液压液)。其抗燃性好,使用温度范围宽(－54℃～135℃),但价格昂贵(为液压油的 5～8 倍)。

(3)L－HFAE 液压液(水包油型乳化液)。它由 80% 以上的水、矿物油和添加剂组成。其价格低廉,但润滑性差,多用于煤矿液压支架及用液量特别大的液压系统。

(4)L－HFB 液压液(油包水型乳化液)。它由 60% 的矿物油、水和添加剂组成。其性能和价格也介于矿物油和水包油型乳化液之间。

(5)L－HFAS 液压液(高水基液压液)。这是一种含化学添加剂的高水基液压液,含水量在 95% 以上。其抗燃性好、价格便宜,但润滑性差。

三、液压油的性质

(一)密度

单位体积液体所具有的质量定义为液体的密度。体积为 $V(\mathrm{m}^3)$、质量为 $m(\mathrm{kg})$ 的液体的密度 $\rho(\mathrm{kg/m}^3)$ 为

$$\rho = \frac{m}{V} \tag{1-1}$$

液压油的密度随温度升高而稍有减小,随压力的升高而稍有增大,但变化很小,可认为是常值。一般矿物油的密度可取 900 kg/m³。

(二) 可压缩性

在系统压力很高或研究液压系统的动态特性时,必须考虑液压油的可压缩性。

液压油在受压之后,体积缩小、密度增大的现象称为液压油的可压缩性。其大小用体积压缩系数 β 来表示。

体积压缩系数 β 定义:液体在单位压力变化下体积的相对变化量,即

$$\beta = -\frac{1}{\Delta p}\frac{\Delta V}{V} \tag{1-2}$$

式中，Δp 为压力的变化值，Pa；ΔV 为体积的变化量，m^3；V 为被压缩前的体积，m^3。

因 Δp 与 ΔV 的方向相反，为使 β 为正值，故在公式中人为加了一个负号。β 值越大，说明该液体越容易被压缩。

液体体积压缩系数 β 的倒数定义为液体的体积弹性模量，用 K 来表示，即

$$K = \frac{1}{\beta} = -\frac{V \Delta p}{\Delta V} \tag{1-3}$$

K 值越大，说明该液体越不容易被压缩。

工程上一般取液压油的体积弹性模量 $K = (1.4 \sim 2.0) \times 10^3$ MPa。当油中含有空气时，其体积弹性模量会大大降低。

（三）黏性和黏度

1. 黏性

液体在外力作用下流动时，分子间的内聚力会阻碍其相对运动，即产生内摩擦力，这种性质称为液体的黏性。黏性是液体的固有特性，但只有在液体流动时才能显现出来。黏性只能延缓液层间的相对滑动，而不能消除这种滑动。

2. 黏度

表示黏性大小的物理量就是液体的黏度。常用的黏度表示方法有三种，即动力黏度、运动黏度和相对黏度。

（1）动力黏度 μ。动力黏度又称绝对黏度，它是由牛顿内摩擦定律推导出来的。

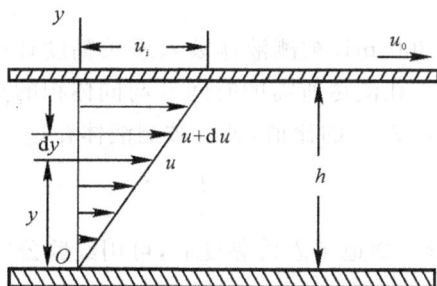

图 1-3　液体的黏性

如图 1-3 所示，两个平行平板之间充满了密度为 ρ 的液体，其中下平板固定不动，上平板以速度 u_0 向右运动。由于液体的吸附作用，紧贴上平板的一层液体速度为 u_0，紧贴下平板的一层液体速度为零，中间液体的速度呈线性分布。如果把液体分成许多无限薄的液层，则根据实测数据可知：相邻两个液层间的内摩擦力 F 与液层之间的接触面积 A 和液层之间相对流速 du 的乘积成正比，而与液层之间的距离 dy 成反比，其比例系数 μ 即为动力黏度，即

$$F = \mu A \frac{du}{dy} \tag{1-4}$$

式（1-4）也可以写成

$$\tau = \frac{F}{A} = \mu \frac{du}{dy} \tag{1-5}$$

这就是牛顿内摩擦定律。其中，τ 为液层间的切应力，du/dy 定义为速度梯度。

动力黏度 μ 的物理意义是：液体在单位速度梯度下流动时，液层间的切应力，即

$$\mu = \frac{\tau}{\dfrac{du}{dy}} \tag{1-6}$$

μ 的 SI 单位为 $N \cdot s/m^2$ 或 $Pa \cdot s$（帕·秒）。

当速度梯度变化时，μ 为常数的液体称为牛顿液体，μ 为变数的液体称为非牛顿液体。除高黏度或含有特种添加剂的液压油外，一般工程用液压油均可看做牛顿液体。

（2）运动黏度 ν。同一温度下液体的动力黏度 μ 与密度 ρ 的比值称为液体在该温度下的运动黏度，即

$$\nu = \frac{\mu}{\rho} \tag{1-7}$$

运动黏度 ν 的 SI 单位为 m^2/s。在 CGS 制单位中用斯（St）表示，斯的 1/100 为厘斯（cSt），关系为

$$1\ m^2/s = 10^4\ St(cm^2/s) = 10^6\ cSt(mm^2/s)$$

运动黏度 ν 没有明确的物理意义，它之所以被称为运动黏度，是由于在它的量纲中只有运动学的要素 —— 长度和时间 —— 的缘故。液压油的牌号就是以 40℃ 时运动黏度（cSt）的中心值来划分的，如 32 号液压油就是指这种液压油在 40℃ 时运动黏度的中心值为 $32\ mm^2/s(cSt)$。

（3）相对黏度。相对黏度是以相对于蒸馏水的黏性的大小来表示液体的黏性。各国所采用的相对黏度单位不尽相同，有赛氏黏度、雷氏黏度、恩氏黏度等，我国采用恩氏黏度，用符号 $°E$ 表示。

恩氏黏度的测量方法：将 200 mL 被测液体装入恩氏黏度计中，在某一温度下，测出液体经容器底部直径为 $\phi2.8\ mm$ 小孔流尽所需的时间 t_1 与同体积的蒸馏水在 20℃ 时流过同一小孔所需的时间 t_2（通常为 $50 \sim 52\ s$）的比值，就是被测液体在这一温度时的恩氏黏度，即

$$°E = \frac{t_1}{t_2} \tag{1-8}$$

恩氏黏度是一个无量纲量。知道了恩氏黏度后，可用经验公式

$$\nu = 7.31°E - \frac{6.31}{°E} \quad (mm^2/s) \tag{1-9}$$

将其换算成运动黏度。

3. 黏温关系

黏温关系又称黏温特性。液压油的黏度一般随温度的升高而降低，黏度随温度的变化越小，它的黏温特性越好。

（1）黏温图。黏度随温度变化的程度可用黏温图来表示。我国常用液压油的黏温曲线如图 1-4 所示。

黏度随温度变化的程度也可用相关公式近似计算（请查阅相关手册）。

（2）黏度指数（VI）。液压油的黏度指数表示被测液压油的黏度随温度变化的程度与标准液压油黏度随温度变化程度比较的相对值（查阅 GB/T1995—85 石油产品黏度指数计算方法）。一般液压油的 VI 值要求大于 90。VI 值越大，说明其黏度随温度变化越小，黏温特性越好。

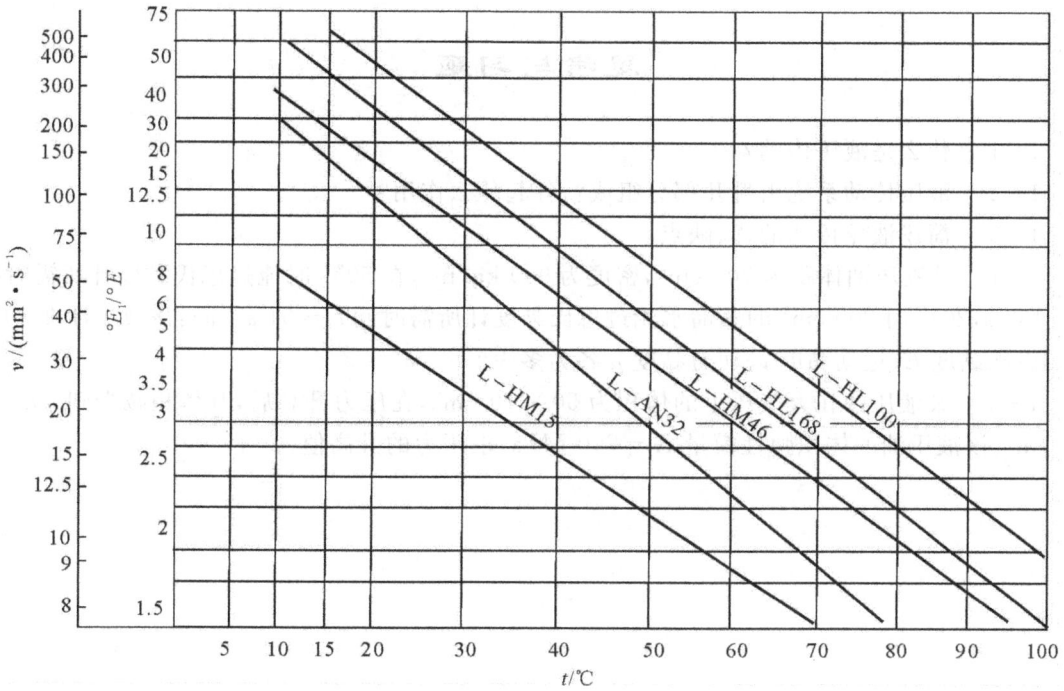

图 1 - 4 液压油的黏温曲线

4.黏压关系

当液体所受压力增大时,分子之间的距离就缩小,内聚力就会增大,其黏度也会随之增大,但压力对黏度的影响相对较小。在工程上当压力小于 5 MPa 时,其对黏度的影响可忽略不计,但在压力大于 20 MPa 或压力变化很大的情况下,其对黏度的影响就不能忽略。

四、液压油的选用

液压油在液压传动系统中,既要起到传递运动和动力的作用,又要起到润滑剂的作用,所以液压油选用的合理与否对系统能否正常工作起着至关重要的作用。从液压油的编号可知,液压油的选用主要是品种和牌号的选用。应根据所设计液压系统的工作环境与条件要求选择液压油的品种(如普通液压油等)。在品种确定之后,主要就是确定其牌号(黏度)。黏度的选择既要满足所选液压元件的使用黏度范围,又要考虑以下因素。

1.液压系统的工作压力

工作压力较高时宜选用黏度较大的液压油以减少泄漏;反之,宜选用黏度较小的液压油以减少压力损失。

2.液压系统工作的环境温度

环境温度高时宜选用黏度较大的液压油;反之,宜选用黏度较小的液压油以满足在工作温度下的黏度要求。

3.液压系统工作部件的运动速度

工作部件的运动速度较高时宜选用黏度较小的液压油以减少压力损失;反之,宜选用黏度较大的液压油以减少泄漏。

思考与习题

1-1　什么是液压传动?

1-2　液压传动系统由哪几部分组成?各起什么作用?

1-3　简述液压传动的优、缺点。

1-4　某液压油体积为 200 cm³,密度为 900 kg/m³,在 50℃ 时流过恩氏黏度计所需时间 $t_1 = 153$ s,20℃ 时 200 cm³ 的蒸馏水流过恩氏黏度计所需时间 $t_2 = 51$ s。问:该液压油在 50℃ 时的恩氏黏度 °E、运动黏度 ν、动力黏度 μ 各为多少?

1-5　某液压油在大气压下的体积为 50×10^{-3} m³,在压力升高后,其体积减少到 49.9×10^{-3} m³,该液压油的体积弹性模量 $K = 700$ MPa,求压力的升高值。

第二章 液压流体力学基础

第一节 液体静力学

液体静力学主要研究液体在静止状态下的平衡规律以及这些规律的应用。所谓"静止"是指液体宏观质点之间没有相对运动,但液体可以作为一个整体随同包容它的容器一起运动(如等速直线运动、等加速直线运动、等角速回转运动等)。静止分为绝对静止和相对静止。当液体宏观质点相对于地球没有运动时,就称其处于绝对静止状态;当液体宏观质点相对于运动的容器没有运动时,就称其处于相对静止状态。静止液体不显现黏性,即没有切应力,只有法向应力。在此只研究液体处于绝对静止状态下的平衡规律。

一、静压力及其特性

作用于液体上的力有两种,即表面力和质量力。表面力作用于液体的表面上,与液体的表面积成正比,如法向力、切向力。表面力可以是其他物体(如活塞、大气层)作用于液体表面上的力,也可以是液体间一部分液体作用于另一部分液体表面上的力。质量力作用于液体所有质点上,其大小与质量成正比,如重力、惯性力等。

所谓静压力就是静止液体单位面积上所受的法向力。静压力也称静压强,但在液压传动中习惯称为静压力,通常用 p 表示。

若在面积 A 上均匀作用着法向力 F,则压力 p 可表示为

$$p = \frac{F}{A} \tag{2-1}$$

静压力具有两个重要特征:
(1) 静压力指向作用面的内法线方向(因为液体具有易流性,且只能受压不能受拉)。
(2) 在静止液体中,任何一点所受到的各个方向的静压力都相等(否则就不会静止)。

二、压力的表示方法及单位

在地球表面上,一切物体都受到大气压力的作用。压力根据所选基准的不同,可分为绝对压力和相对压力。

以大气压力为基准(零值)所表示的压力称为相对压力;以绝对真空为基准(零值)所表示的压力称为绝对压力。

仅在大气压力作用下压力表显示的压力值为零,它所显示的压力是高于大气压力的那部分压力,称其为表压力。若液体中某点的绝对压力小于大气压力,则其差值称为真空度,其最大值不超过一个大气压力。

绝对压力、相对压力、表压力和真空度之间的关系可用图 2-1 表示。

相对压力 ＝ 绝对压力 － 大气压力

真空度 ＝ 大气压力 － 绝对压力

压力 p 的 SI 单位为 Pa(帕斯卡,简称帕),1 Pa ＝ 1 N/m²。帕的单位太小,工程上常用的压力单位还有兆帕(MPa)和巴(bar)。其关系为

$$1 \text{ MPa} = 10^6 \text{ Pa} = 10 \text{ bar}$$

另外,还有工程大气压(at)和标准大气压(atm),其与帕之间的关系为

$$1 \text{ at} = 1 \text{ kgf/cm}^2 = 9.81 \times 10^4 \text{ Pa}$$

$$1 \text{ atm} = 1.013\ 25 \times 10^5 \text{ Pa}$$

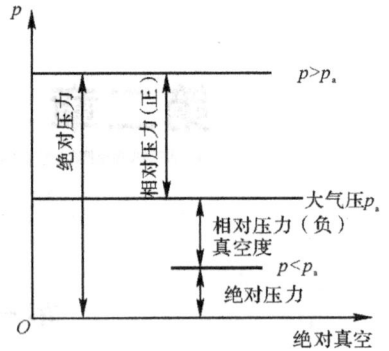

图 2-1　绝对压力、相对压力和真空度

三、静压力的基本方程及其物理意义

1. 静压力的基本方程

如图 2-2(a) 所示,密度为 ρ 的液体在密封容器中处于静止状态,液面压力为 p_0。为了求液体中任意一点 A 处(距液面深度为 h)的压力 p,可以取上面与液面重合,下面包含 A 点,面积为 $\mathrm{d}A$ 的小液柱(见图 2-2(b))作为研究对象,通过分析其 z 方向上的受力平衡,得出压力 p 的分布规律。

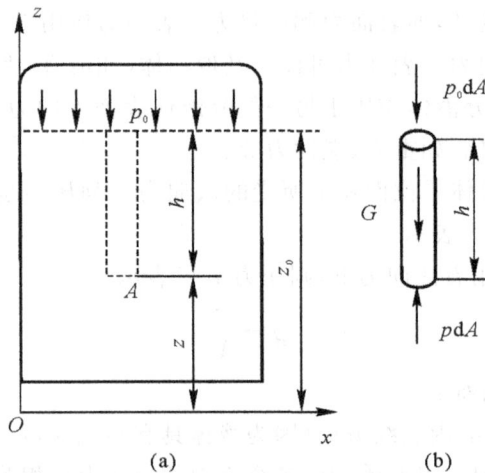

图 2-2　静压力的分布规律

在 z 方向上小液柱所受的力有液柱顶面的表面力 $p_0\mathrm{d}A$(方向向下)、液柱底面所受的表面力 $p\mathrm{d}A$(方向向上)、液柱自身重力 $\rho g h\,\mathrm{d}A$(方向向下)。由于小液柱处于静止平衡状态,所以

$$p\mathrm{d}A = p_0\mathrm{d}A + \rho g h\,\mathrm{d}A$$

简化后得

$$p = p_0 + \rho g h \tag{2-2}$$

式中,g 为重力加速度。

由式(2-2)可知:

(1)静止液体中任一点的压力 p 均由液面压力 p_0 和液柱自重所产生的压力 $\rho g h$ 两部分组成。

(2)静止液体中的压力随深度 h 的增大而线性增加,h 相同则压力相等。由压力相等的点所组成的面称为等压面。很显然,在重力作用下(绝对)静止液体的等压面为一个水平面。

2.静压力基本方程的物理意义

在图 2-2(a)中,坐标系选定后,则有 $h=z_0-z$,代入式(2-2)并整理后得

$$\frac{p}{\rho}+zg=\frac{p_0}{\rho}+z_0g=常量 \qquad (2-3)$$

式(2-3)是静压力基本方程的另一种形式。式中,z_0 为液面到基准水平面的高度;z 为任意点 A 点到基准水平面的高度。

若 A 点液体质点的质量为 m,则其相对于基准面所具有的位置势能 mgz,除以质量 m 可得到单位质量液体所具有的位置势能 zg。即:zg 表示 A 点单位质量液体所具有的位置势能;$\frac{p}{\rho}$ 表示 A 点单位质量液体所具有的压力能。当点的位置变化时,zg 和 $\frac{p}{\rho}$ 也会随之变化,但总和不变。

所以,静压力基本方程的物理意义可表述为:在静止液体中具有两种形式的能量 —— 单位质量液体所具有的位能和单位质量液体所具有的压力能,两种形式的能量之间可以相互转换,但总能量保持不变。

四、帕斯卡原理

由式(2-2)可以看出,当液面压力 p_0 变化时,液体任意一点 A 点的压力也将产生同样大小的变化。即:在密封容器内,施加于静止液体液面的压力等值地传递到液体中的任一点。这就是帕斯卡原理或静压力传递的基本原理。液压千斤顶就是根据这一原理制成的,如图 2-3 所示。

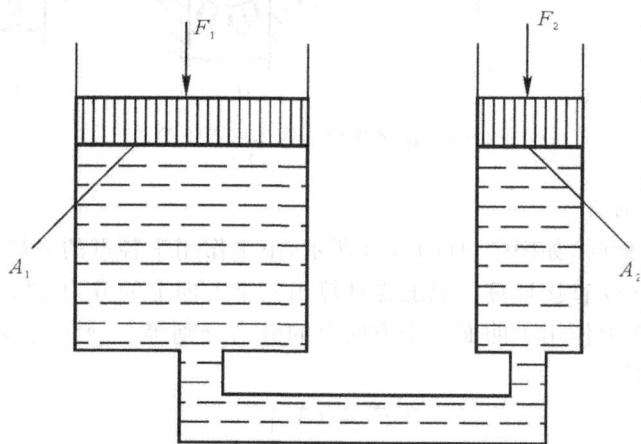

图 2-3 帕斯卡原理的工程应用

大小两个液压缸相连通,大缸(负载缸)面积为 A_1,负载为 F_1;小缸面积为 A_2。为了能顶起负载 F_1 或防止其下降,在小缸上就要施加一定的力 F_2。

由于液柱自重所产生的压力 ρgh 相比系统工作压力(液面压力)要小得多,可近似认为静止液体中各点压力相等,即

$$\frac{F_1}{A_1}=\frac{F_2}{A_2}$$

或 $$F_1 = F_2 \frac{A_1}{A_2} \qquad (2-4)$$

式(2-4)表明,只要 A_1/A_2 足够大,就可以用很小的力 F_2 使大缸顶起很大的负载 F_1。

由上面的例子可以看出,在液压传动中,力不仅可以传递、放大,还可以改变方向。从负载和压力的关系还可以发现,当负载 $F_1 = 0$ 时,若不考虑活塞自重和其他阻力,则无论怎样推动小缸活塞,都不能在液体中形成压力。这说明液体中的压力决定于负载,且先有负载后有压力。

五、液体静压力对固体壁面的作用力

静止液体和固体壁面接触时,其静压力也会对固体壁面产生作用力。若忽略液柱自重所产生的压力 $\rho g h$,则可认为作用于固体壁面各点上的压力相等,且指向作用面的内法线方向。

1. 作用在平面上的力

当固体壁面为平面(如活塞端面)时,由于各点压力的方向相同且垂直于活塞端面,所以总作用力 F 的大小等于压力 p 与活塞端面积 A 的乘积,即

$$F = pA \qquad (2-5)$$

方向垂直于活塞端面,如图 2-4(a) 所示。

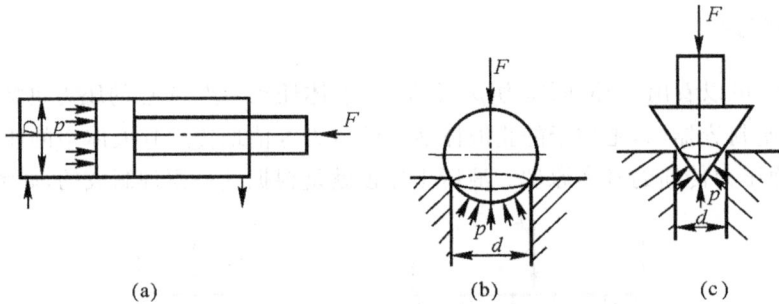

图 2-4 液体作用于固体壁面上的力

2. 作用在曲面上的力

当固体壁面为曲面时,如图 2-4(b),(c) 所示,由于作用于各点的力虽然大小相等,但不平行,所以不能用式(2-5)直接计算。只能先计算出三个方向上的分力,然后再求合力的大小和方向。可以证明,静压力作用于曲面三个方向上的分力分别等于静压力 p 与曲面在三个方向上投影面积的乘积,即

$$\left. \begin{array}{l} F_x = pA_x \\ F_y = pA_y \\ F_z = pA_z \end{array} \right\} \qquad (2-6)$$

总作用力(合力)为

$$F = \sqrt{F_x^2 + F_y^2 + F_z^2} \qquad (2-7)$$

如图 2-4(b),(c) 所示,虽然曲面的形状不同(分别为球面和锥面),但静压力作用于其上垂直方向上的力 F 均为

$$F = pA = p\frac{\pi}{4}d^2$$

第二节　液体动力学

液体动力学主要研究流动液体的流动状态、运动规律、能量转换及其与固体壁面的相互作用力等问题。具体地说,主要讲三大基本方程 —— 连续性方程、伯努利方程和动量方程。它们分别是刚体的质量守恒定律、能量守恒定律和动量定理在流体力学中的具体体现。这些内容不仅构成了流体力学的基础,同时也是液压技术中分析问题和设计计算的理论依据。

一、基本概念

(一)理想液体和实际液体

理想液体:既无黏性又不可压缩的液体称为理想液体。

实际液体:既有黏性又可压缩的液体称为实际液体。

研究实际液体的流动时,必须考虑其黏性和可压缩性。液体的可压缩性本身就很小,在一般研究系统的静态性能时可以不考虑。但液体的黏性是比较大的,对液压系统性能的影响也是很大的,必须考虑。液体的黏性阻力是一个很复杂的问题,考虑它必将使对流动液体的研究变得很难,因此,可先将其忽略,使问题简化。即:首先对理想液体进行研究,得出理想结论,然后再通过实验验证的方法对理想结论进行补充和修正,从而得出符合实际情况的结果。这也是工程上分析复杂问题的常用方法。

(二)恒定流动和非恒定流动

流动液体任一点的各个物理量如压力 p、流速 u 及密度 ρ 可以看做空间坐标和时间的连续函数,即

$$\left. \begin{array}{l} p = f_1(x, y, z, t) \\ u = f_2(x, y, z, t) \\ \rho = f_3(x, y, z, t) \end{array} \right\} \qquad (2-8)$$

式中,t 为时间;x, y, z 为位置坐标。

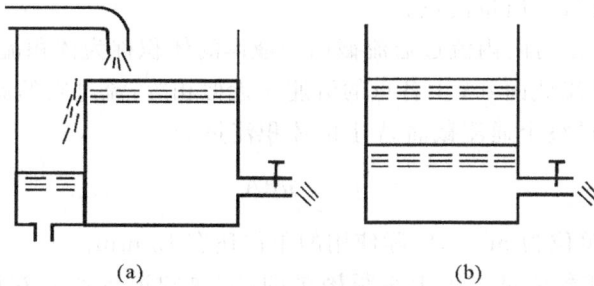

图 2-5　恒定流动和非恒定流动

若压力 p、流速 u 及密度 ρ 只随空间点的坐标变化,不随时间变化,这种流动称为恒定流动;若压力 p、流速 u 及密度 ρ 既随空间点的坐标变化,又随时间变化,这种流动称为非恒定流动。在图 2-5(a) 中,由于液面高度 H 不变,虽然不同点上压力 p、流速 u 及密度 ρ 会不同,但

在同一点上这些参数保持不变(不会随时间变化),这就是恒定流动。图 2-5(b) 中,由于液面高度 H 逐渐降低,不仅不同点上压力 p、流速 u 及密度 ρ 会不同,同一点上这些参数也会随时间变化,这就是非恒定流动。

(三) 迹线、流线、流管、流束、通流截面和微小流束

液体的流动情况很复杂,可以用一些线条来描述它。

迹线:流动液体的某一质点在某一时间间隔内所留下的空间运动轨迹就是它的迹线。

流线:流线是表示某一瞬时液流中各质点运动状态的一条条曲线,其上任一点的切线方向就是此时该点流体质点的流速方向。恒定流动时,流线与迹线重合;非恒定流动时,流线形状随时间变化。由于任一流体质点在某一瞬时只能有一个速度,所以流线之间不可能相交,也不可能突然转折,只能是一条光滑的曲线,如图 2-6 所示。

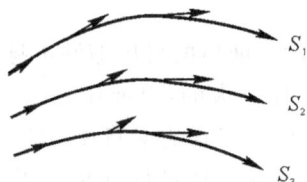

图 2-6 流线

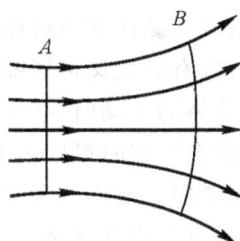

图 2-7 流束和通流截面

流管:在流场内作一条封闭曲线,过该曲线上各点的流线所构成的管状表面称为流管。由于流线不能相交,所以流管内外的流线均不能穿越流管表面。

流束:流管内所有流线的集合称为流束,如图 2-7 所示。

通流截面:垂直于流束的截面称为通流截面。通流截面上各点的运动速度均垂直于通流截面。通流截面可以是平面(见图 2-7 中的 A 面),也可以是曲面(见图 2-7 中的 B 面)。

微小流束:通流截面无限小的流束称为微小流束。

(四) 流量

流量可分为体积流量和质量流量。

(1) 体积流量 q:单位时间内流过通流截面的液体的体积称为体积流量,简称流量。

由于微小流束的通流截面 $\mathrm{d}A$ 上各点的流速 u 近似相等,流过它的流量为 $\mathrm{d}q = u\mathrm{d}A$,对此式进行积分,可得到流过整个通流截面 A 上的体积流量为

$$q = \int_A u\mathrm{d}A \tag{2-9}$$

体积流量 q 的 SI 单位为 $\mathrm{m^3/s}$,实际使用的单位还有 $\mathrm{L/min}$。

用式(2-9)计算体积流量实际上是很困难的,需要知道流速 u 在通流截面上的分布规律。为此,我们假想流速在通流截面上是均匀分布的,即引入平均流速 v 的概念。

此时,式(2-9)可以写成

$$q = \int_A u\mathrm{d}A = vA$$

故平均流速

$$v = \frac{q}{A} \tag{2-10}$$

（2）质量流量 q_m：单位时间内流过通流截面的液体的质量称为质量流量。

$$q_m = \int_A \rho u \, \mathrm{d}A = \rho \int_A u \, \mathrm{d}A = \rho q \tag{2-11}$$

（五）液体的流动状态与雷诺数

1. 液体的流动状态

19 世纪末，英国物理学家雷诺通过大量实验发现，液体在管道中流动时存在两种流动状态，即层流和紊流。雷诺实验装置如图 2-8(a) 所示。

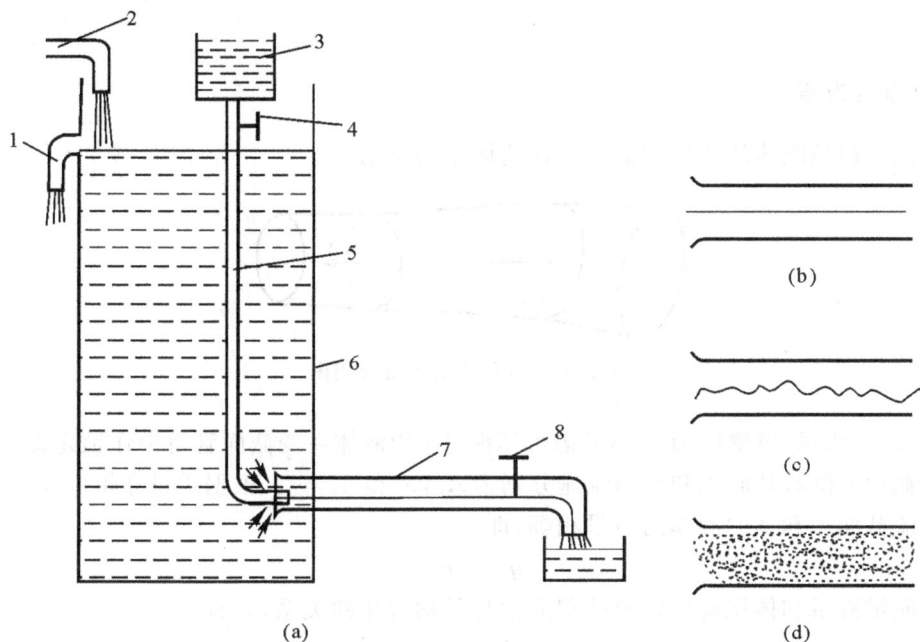

图 2-8　雷诺实验装置

容器 6 和 3 中分别装有水和与水密度相同的红色液体。通过供水管 2 和溢流管 1 保持容器 6 液面高度不变。打开阀门 8 让水从玻璃管 7 中流出，然后打开阀门 4 让红色液体从细管 5 流入玻璃管 7 中。调节阀门 8 的开口度可以调节玻璃管 7 中液体的流速。

当玻璃管中水的流速较小时，红色液体在玻璃管 7 中呈一条明显的细实线流动，这说明此时玻璃管中液体只有轴向运动，没有径向运动，这种流动状态称为层流，如图 2-8(b) 所示。层流时液体质点间的黏性力起主导作用，液体不能随意流动。

当玻璃管中水的流速增大至某一值时，红色细实线开始抖动变形，如图 2-8(c) 所示。

当玻璃管中水的流速继续增大时，红色细实线消失，这说明玻璃管中液体既有轴向运动，也有径向运动，这种流动状态称为紊流，如图 2-8(d) 所示。紊流时惯性力起主导作用。

2. 雷诺数 Re

大量实验结果表明，液体在圆管中的流动状态与管内液体的平均流速 v、管道内径 d 以及液体的运动黏度 ν 所组成的无量纲数——雷诺数 Re——有关，且

$$Re = \frac{vd}{\nu} \tag{2-12}$$

雷诺数相同,则液体的流动状态相同。液体由层流变为紊流和由紊流变为层流时的雷诺数是不相同的,后者的值较小,所以一般用由紊流变为层流时的雷诺数作为判断流动状态的依据,称为临界雷诺数。临界雷诺数由实验确定,可查阅相关设计手册。其中液压传动中常用的光滑金属圆管的临界雷诺数为 2 320。

对于非圆截面管道,式(2-12)中的 d 用水利直径 d_H 代替,且

$$d_H = \frac{4A}{x} \tag{2-13}$$

式中,A 为通流截面的面积(m^2);x 为通流截面上与液体相接触的固体周界长度,称为湿周长度(m)。

二、连续性方程

连续性方程是刚体的质量守恒定律在流体中的应用。

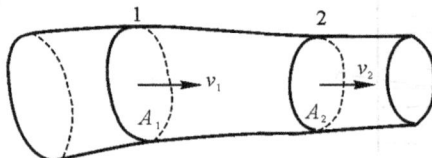

图 2-9 连续性方程推导用图

如图 2-9 所示,设密度为 ρ(不考虑可压缩性)的液体在变截面管道中作恒定流动。任取两个通流截面 1 和 2,其面积和平均流速分别为 A_1,v_1 和 A_2,v_2。根据质量守恒定律,单位时间内流过通流截面 1 和 2 的液体的质量相等,即

$$q_{m1} = q_{m2}$$

根据质量流量和体积流量以及体积流量与平均流速的关系,则有

$$\rho v_1 A_1 = \rho v_2 A_2$$

或写成

$$q_1 = q_2 = q = v_1 A_1 = v_2 A_2 = 常量 \tag{2-14}$$

这就是液体的连续性方程,它说明不可压缩液体在恒定流动时流过变截面管道任意截面的流量相等,其流速与管道通流截面的面积成反比。

三、伯努利方程

伯努利方程是刚体的能量守恒定律在流体中的应用。

1. 理想液体微小流束上的伯努利方程

如图 2-10 所示,在微小流束上取截面 1 和 2,其上流速和压力分别为 p_1,u_1 和 p_2,u_2。对于流动液体,在两个微小截面上除具有单位质量液体的势能 zg 和单位质量液体的压力能 p/ρ 之外,还具有单位质量液体的动能 $u^2/2$。由于理想液体没有黏性,流动中就没有能量损失,所以任意截面上的总能量相等,即

$$\frac{p_1}{\rho} + z_1 g + \frac{u_1^2}{2} = \frac{p_2}{\rho} + z_2 g + \frac{u_2^2}{2} = 常量 \tag{2-15}$$

这就是理想液体微小流束上的伯努利方程。

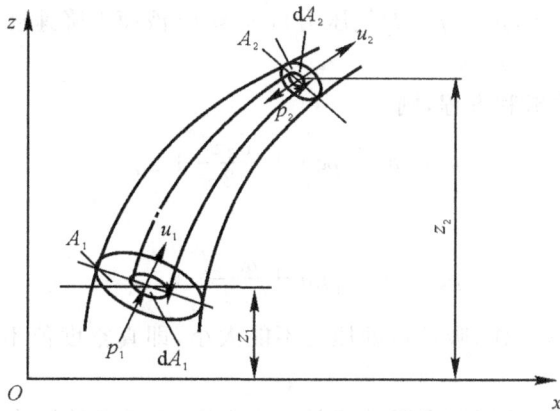

图 2-10　伯努利方程推导用图

2. 实际液体总流上的伯努利方程

由于实际液体具有黏性,所以流动过程中就有能量损失,截面 1 上的总能量应等于截面 2 上的总能量与损失掉的能量之和。另外,扩展到整个管道截面(即"总流")上后,由于截面面积增大,各点流速不一样,为了方便起见,用平均流速 v 代替实际流速 u,同时引入动能修正系数 α 以保持所计算的动能不变,则

$$\frac{p_1}{\rho} + z_1 g + \frac{\alpha_1 v_1^2}{2} = \frac{p_2}{\rho} + z_2 g + \frac{\alpha_2 v_2^2}{2} + h_{\mathrm{w}} g \tag{2-16}$$

这就是实际液体总流上的伯努利方程。式中,α 为动能修正系数,层流时取 $\alpha = 2$,紊流时取 $\alpha = 1$;$h_{\mathrm{w}} g$ 为损失掉的能量。

式(2-16)也可以写成

$$p_1 + \rho g z_1 + \frac{\alpha \alpha_1 v_1^2}{2} = p_2 + \rho g z_2 + \frac{\alpha \alpha_2 v_2^2}{2} + \Delta p_{\mathrm{w}} \tag{2-17}$$

式中,Δp_{w} 为损失掉的压力,且 $\Delta p_{\mathrm{w}} = \rho g h_{\mathrm{w}}$。

例 2-1　如图 2-11 所示,已知液压泵吸油口至油箱液面的高度为 h,求泵吸油口的真空度。

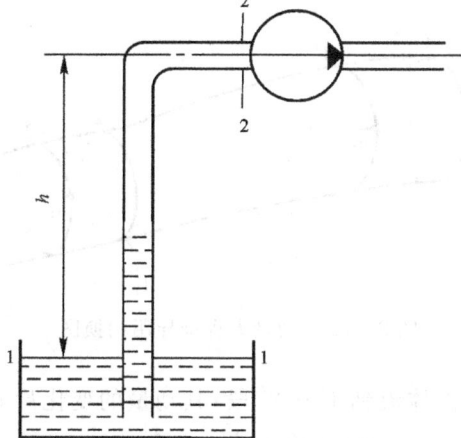

图 2-11　液压泵吸油装置

解　取油箱液面为截面 1—1 和基准面，液压泵吸油口处为截面 2—2。

截面 1—1 参数：$z_1 = 0$，$p_1 = p_a$（大气压力），$v_1 \approx 0$（液面下降速度）；

截面 2—2 参数：$z_2 = h$，p_2，v_2。

应用式（2-17）列伯努利方程，则

$$p_a = p_2 + \rho g h + \frac{\alpha_2 v_2^2}{2} + \Delta p_w$$

泵吸油口的真空度为

$$p_a - p_2 = \rho g h + \frac{\alpha_2 v_2^2}{2} + \Delta p_w$$

为了保证液压泵正常工作，吸油口处压力不能太小，即真空度值不能太大，否则就有可能产生气穴现象。

由计算结果可以看出，要限制泵吸油口处的真空度，可采取的措施有：增大吸油管直径（降低流速），缩短吸油管长度与高度，减少吸油滤油器阻力等。

从上述例题也可以总结出用伯努利方程解决工程实际问题的一般步骤：

（1）选取合适的计算截面，其中一个截面包含已知参数，另一截面包含待求参数。

（2）选取合适的基准，如取在位置较低的计算截面上。

（3）沿流动方向列伯努利方程。

四、动量方程

动量方程是刚体的动量定理在流体中的应用。刚体动量定理：作用于物体上全部外力的矢量和的大小等于物体在力作用方向上动量的变化率，即

$$F = \frac{\mathrm{d}I}{\mathrm{d}t}$$

如图 2-12 所示，设不可压缩液体在管中作恒定流动，取两个通流截面 1，2 和这段管道所包围的液体作为研究对象。设截面 1 的面积为 A_1，平均流速为 v_1，实际流速为 u_1，通过截面 1 流入的液体流量为 q_1；截面 2 的面积为 A_2，平均流速为 v_2，实际流速为 u_2，通过截面 2 流出的液体流量为 q_2。由于用平均流速 v 代替实际流速 u 计算动量时有误差，所以同时引入动量修正系数 β。

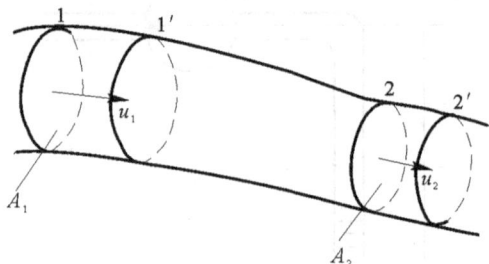

图 2-12　动量方程推导用图换图

经过 $\mathrm{d}t$ 时间后，1—2 段液体流到 $1'-2'$ 段，其动量的变化量 $\mathrm{d}I$ 为

$$\mathrm{d}I = \rho q \beta_2 v_2 \mathrm{d}t - \rho q \beta_1 v_1 \mathrm{d}t$$

则根据动量定理可得出作用于 1，2 段液体上全部外力的矢量和 F 的大小为

$$F = \frac{dI}{dt} = \rho(q_2 \beta_2 v_2 - q_1 \beta_1 v_1)$$

根据连续性方程 $q_1 = q_2 = q$,有

$$F = \rho q(\beta_2 v_2 - \beta_1 v_1) \tag{2-18}$$

式中,β 为动量修正系数,层流时取 $\beta = 4/3$;紊流时取 $\beta = 1$。

式(2-18)就是不可压缩液体作恒定流动时的动量方程。该式为矢量表达式,要求液体某一方向上所受的合力,只需以该方向上的速度分量代入即可。

例 2-2　求图 2-13 中流动液体对弯管的作用力。

解　取包含弯管的截面 1—1,2—2 之间的液体作为分析对象,两个截面上的平均流速 v、截面积 A、动量修正系数 β 均相同。设弯管对流动液体的作用力为 F,x,y 方向上的分力分别为 F_x 和 F_y。

在 x 方向上应用动量方程,有

$$p_1 A - F_x - p_2 A\cos\alpha = \rho q \beta v(\cos\alpha - 1)$$

在 y 方向上应用动量方程,有

$$F_y - p_2 A\sin\alpha = \rho q \beta v\sin\alpha$$

通过以上两个方程可求出 F_x 和 F_y,合成后得弯管对流动液体的作用力

$$F = \sqrt{F_x^2 + F_y^2}$$

而流动液体对弯管的作用力 $F' = -F$。

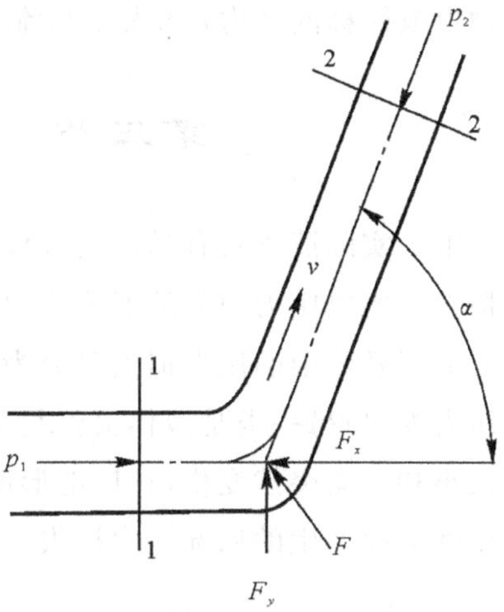

图 2-13

例 2-3　求图 2-14 中液流对滑阀阀芯的作用力 F。

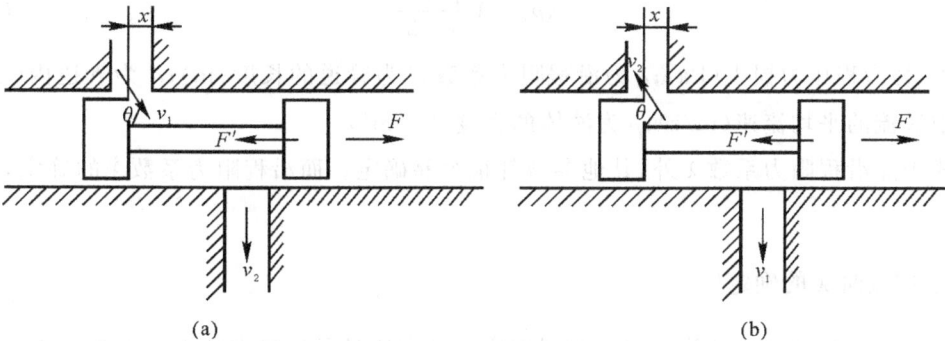

(a)　　　　　　　　　　　　　(b)

图 2-14　滑阀上的液动力

取阀进出口之间的液体为分析对象。

当液流从阀口流入时(见图 2-14(a)),在阀芯轴线方向应用动量方程可求得阀芯作用于液体的力为

$$F' = -\rho q \beta v_1 \cos\theta$$

负号表示 F' 的方向与 v_1 在轴线方向的分量速度方向相反,即向左。

$$F = -F' = \rho q \beta v_1 \cos\theta$$

方向向右,使阀口关闭的方向。

当液流从阀口流出时(见图 2-14(b)),在阀芯轴线方向应用动量方程可求得阀芯作用于液体的力为

$$F' = \rho q \beta v_2 \cos \theta$$

$$F = -F' = -\rho q \beta v_2 \cos \theta$$

方向向右,使阀口关闭的方向。式中,θ 为射流角(流速与阀芯轴线之间的夹角)。

可见,流经滑阀阀口的液体(不管是由阀口流入还是流出),对滑阀阀芯作用力(也称稳态液动力或简称液动力)的大小与流量 q 成正比,方向总是使阀口关闭的方向。

第三节　液体流动时的压力损失

由于实际液体具有黏性,在流动时就有阻力,为了克服阻力就要消耗一部分能量,这种能量损失主要以压力损失的形式表现出来,这就是实际液体伯努利方程中 Δp_w 项的含义。

液压系统中的压力损失可分为两类:一类是液体流经等径直管时因黏性摩擦而产生的沿程压力损失;另一类是液体流经局部障碍(如弯管、接头、管道截面突变等)时,由于液流流速的大小和方向突然变化,在局部形成漩涡,引起液体质点间以及质点与固体壁面间相互碰撞和剧烈摩擦而产生的局部压力损失。

一、沿程压力损失计算

沿程压力损失可用达西(Darcy)公式来表示,即

$$\Delta p_\lambda = \lambda \frac{l}{d} \frac{\rho v^2}{2} \tag{2-19}$$

式中,Δp_λ 为沿程压力损失(Pa);λ 为沿程阻力系数;l 为管道的长度(m);d 为管道内经(m);v 为管道中液流的平均流速(m/s);ρ 为液体的密度(kg/m³)。

公式中除沿程阻力系数 λ 外,其他参数都很容易确定。而沿程阻力系数 λ 的确定,与流动状态有关。

(一) 层流时 λ 的确定

层流时可以通过理论计算求得 λ 的理论值。其方法是通过受力分析找出其流速 u 的分布规律,然后通过积分计算出其流量 q,最后把它写成达西公式的形式以得到沿程阻力系数 λ 的理论值。

1. 通流截面上流速的分布规律

如图 2-15 所示,液体在直径为 d 的水平直管中自左向右作层流流动。取一轴线与管道轴线重合,半径为 r,长度为 l 的小液柱作为受力分析对象。作用在小液柱左右两端的压力为 p_1 和 p_2(p_1 大于 p_2),小液柱圆柱表面作用有切应力 τ。其在轴线方向上的受力平衡方程为

$$(p_1 - p_2) \pi r^2 - 2\pi r l \tau = 0$$

由牛顿内摩擦定律可知

$$\tau = -\frac{\mathrm{d}u}{\mathrm{d}r}$$

由于流速 u 随 r 的增加而降低,图中切应力 τ 的方向已经确定,为使其值为正,因此增加一个负号。

通过以上两个式子,同时考虑到边界条件 $r = d/2$ 时,$u = 0$,即可得到

$$u = \frac{\Delta p}{4\mu l}\left(\frac{d^2}{4} - r^2\right) \tag{2-20}$$

式中,$\Delta p = p_1 - p_2$。从式(2-20)中可以看出,液体作层流流动时,在通流截面上速度的分布规律呈旋转抛物体状。当 $r = 0$(中心线上)时,速度最大,其值为

$$u_{max} = \frac{\Delta p d^2}{16\mu l} \tag{2-21}$$

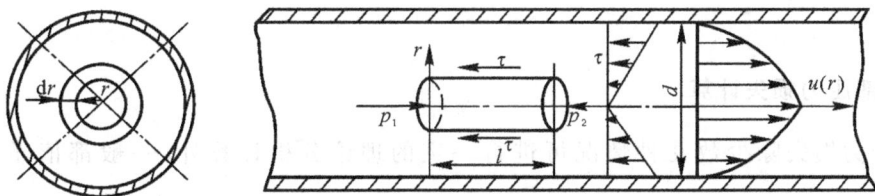

图 2-15　圆管中的层流

2. 流量计算

在半径为 r 处,取一层厚度为 $\mathrm{d}r$ 的微小圆环面积 $\mathrm{d}A = 2\pi r\mathrm{d}r$。将 $\mathrm{d}A$ 和式(2-20)代入式(2-9)并积分,可求得流量

$$q = \int_A u\mathrm{d}A = \int_0^{d/2} \frac{\Delta p}{4\mu l}\left(\frac{d^2}{4} - r^2\right)2\pi r\mathrm{d}r = \frac{\pi d^4}{128\mu l}\Delta p \tag{2-22}$$

3. 层流时 λ 的确定

由于液体在管道中作层流流动,其压力损失 Δp 就是压力损失 Δp_λ,同时考虑到

$$q = v\frac{\pi d^2}{4} \quad 和 \quad \mu = \nu\rho$$

代入式(2-22)并写成达西公式的形式,即

$$\Delta p_\lambda = \frac{64}{\underset{\nu}{\frac{vd}{\nu}}}\frac{l}{d}\frac{\rho v^2}{2} = \frac{64}{Re}\frac{l}{d}\frac{\rho v^2}{2}$$

对照达西公式,可知层流时沿程阻力系数 λ 的理论值为 $64/Re$。实际使用时考虑其他影响因素后,对光滑金属圆管取 $\lambda = 75/Re$,对于橡胶管取 $\lambda = 80/Re$。

(二) 紊流时 λ 的确定

液体在等径直管中作紊流运动时的沿程压力损失要比层流时大得多,而且紊流的流动状况也很复杂,理论研究至今未获得令人满意的结果。现在仍采用实验研究,并辅以理论解释。紊流时的 λ 值不仅与雷诺数 Re 有关,还与管壁表面粗糙度有关,具体见表 2-1。

表 2 - 1　圆管紊流时的 λ 值

雷诺数 Re		λ 值计算公式
$Re < 22\left(\dfrac{d}{\Delta}\right)^{\frac{8}{7}}$	$3000 < Re < 10^5$	$\lambda = 0.316\,4/Re^{0.25}$
	$10^5 \leqslant Re \leqslant 10^8$	$\lambda = 0.308/(0.842 - \lg Re)^2$
$22\left(\dfrac{d}{\Delta}\right)^{\frac{8}{7}} < Re < 597\left(\dfrac{d}{\Delta}\right)^{\frac{9}{8}}$		$\lambda = \left[1.14 - 2\lg\left(\dfrac{\Delta}{d} + \dfrac{21.25}{Re^{0.9}}\right)\right]^{-2}$
$Re > 597\left(\dfrac{d}{\Delta}\right)^{\frac{9}{8}}$		$\lambda = 0.11\left(\dfrac{\Delta}{d}\right)^{0.25}$

注：钢管 $\Delta = 0.004$ mm，铜管 $\Delta = 0.001\,5 \sim 0.01$ mm，橡胶软管 $\Delta = 0.03$ mm。

二、局部压力损失计算

局部压力损失除少数几种情况可进行一定的理论分析计算外，一般都依靠实验方法求得。

局部压力损失的计算公式为

$$\Delta p_\zeta = \zeta \frac{\rho v^2}{2} \tag{2-23}$$

式中，ζ 为局部阻力系数，一般由实验确定，可查阅有关液压传动设计手册。v 为液体的平均流速，一般情况下取局部阻力后部的平均流速，但在管道突然扩大时，取局部之前的平均流速，且此时局部阻力系数 $\zeta = (1 - A_1/A_2)^2$（A_1，A_2 分别为突然扩大之前、之后管道的面积）。当 $A_2 \gg A_1$ 时，$\zeta = 1$。这说明此时液体的全部动能都会损失掉。

液流通过各种标准液压元件所产生的局部压力损失，可从产品技术规格中查出，但所查到的数据是在通过额定流量 q_n 时的压力损失。若实际通过的流量 q 与额定流量 q_n 不一致，可按下面公式计算其实际压力损失，即

$$\Delta p = \left(\frac{q}{q_n}\right)^2 \Delta p_n \tag{2-24}$$

三、总压力损失计算

在计算出液压系统中各段管路的沿程压力损失和各局部压力损失之后，整个系统总的压力损失应为所有沿程压力损失与所有局部压力损失之和，即

$$\sum \Delta p = \sum \Delta p_\lambda + \sum \Delta p_\zeta \tag{2-25}$$

应用式（2-25）时，相邻两个局部损失之间的距离应大于管道内径的 $10 \sim 20$ 倍，否则实际压力损失会因为严重的液流扰动而增大 $2 \sim 3$ 倍。

第四节　小孔及缝隙流动

在液压传动系统中经常会遇到液流流经小孔和缝隙的情况，如流量控制阀中的节流小孔

和液压缸、液压泵、液压阀相对运动表面间的各种间隙等。研究液流流经各种缝隙的压力流量特性是分析和计算液压系统泄漏的依据;研究液流流经各种小孔的压力流量特性是选择孔口形式、分析节流调速性能的依据。

一、小孔流动

1. 小孔的分类

按照小孔的通流长度 l 和孔径 d 之比,可将小孔分为薄壁小孔($l/d \leqslant 0.5$)、短孔($0.5 < l/d \leqslant 4$)和细长孔($l/d > 4$)。

2. 薄壁小孔流量计算

如图 2-16 所示,一般薄壁小孔的孔口边缘都做成刃口形式。

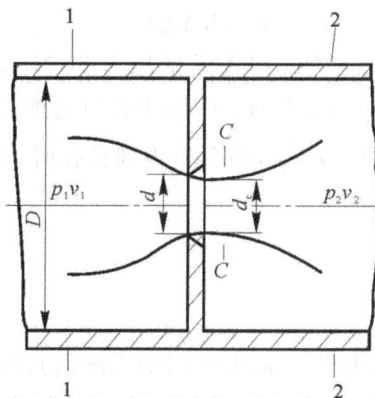

图 2-16　薄壁小孔的流量计算

当液流经小孔流出时,由于液体惯性的作用,在流过小孔之后才形成最小收缩断面 C—C,然后再突然扩大。当孔前通道直径与小孔直径之比 $D/d \geqslant 7$ 时,液流的收缩作用不受孔前通道内壁的影响,此时的收缩为完全收缩;当 $D/d < 7$ 时,孔前通道对液流进入小孔起导向作用,此时的收缩为不完全收缩。设收缩断面面积 A_c 与小孔面积 A 之比 $A_c/A = C_c$(称为收缩系数)。

取小孔前通流截面 1—1 和孔后通流截面 2—2,应用式(2-17)列伯努利方程(基准取在中心线上,且 $v_1 = v_2$),则有

$$p_1 = p_2 + \Delta p_{\mathrm{w}}$$

由于只有截面突然缩小、截面突然扩大所产生的局部压力损失,所以

$$\Delta p_{\mathrm{w}} = \Delta p_{\zeta} = \zeta \frac{\rho v_{\mathrm{c}}^2}{2} + \left(1 - \frac{A_{\mathrm{c}}}{A_2}\right)^2 \frac{\rho v_{\mathrm{c}}^2}{2}$$

由于 $A_{\mathrm{c}} \ll A_2$,所以 $(1 - A_{\mathrm{c}}/A_2)^2 \approx 1$。令 $p_1 - p_2 = \Delta p$(小孔前后压力差),则有

$$v_{\mathrm{c}} = \frac{1}{\sqrt{1+\zeta}} \sqrt{\frac{2}{\rho} \Delta p} = C_v \sqrt{\frac{2}{\rho} \Delta p}$$

式中,C_v 为速度系数,$C_v = 1/\sqrt{1+\zeta}$。

由此可得到薄壁小孔的流量计算公式为

$$q = A_{\mathrm{c}} v_{\mathrm{c}} = C_{\mathrm{c}} C_v A \sqrt{\frac{2}{\rho} \Delta p} = C_{\mathrm{d}} A \sqrt{\frac{2}{\rho} \Delta p} \tag{2-26}$$

式中，C_d 为流量系数，$C_d = C_c C_v$。完全收缩时，$C_d = 0.61 \sim 0.62$。

由于流过薄壁小孔的流量与油液黏度无关，即对温度变化不敏感，所以节流元件节流孔口的形式常采用薄壁小孔。

3. 短孔流量计算

流经短孔的流量可用薄壁小孔的流量计算公式计算，但流量系数取值不同。当雷诺数较大时，C_d 基本稳定在 0.82 左右。短孔易加工，常用做固定节流器。

4. 细长孔流量计算

液流流经细长孔时一般为层流，其流量可用式（2-22）计算。由于其公式中含有黏度 μ，所以流量受温度影响较大，在液压技术中常用做阻尼孔。

为了便于分析不同孔口的流量及其特性，可将式（2-22）和式（2-26）写成通用表达式，即

$$q = KA\Delta p^m \qquad (2-27)$$

式中，A 为孔口截面面积（m^2）。Δp 为孔口前后的压力差（N/m^2）；m 为由孔口形式决定的指数，$0.5 \leqslant m \leqslant 1$。当孔口为薄壁小孔时，$m = 0.5$；当孔口为细长孔时，$m = 1$。$K$ 为孔口的形状系数，当孔口为薄壁小孔时，$K = C_d \sqrt{2/\rho}$；当孔口为细长孔时，$K = d^2/(32\mu l)$。

二、缝隙流动

（一）平行平板缝隙

如图 2-17 所示，设平行平板长为 l，宽为 b（图中未画出），间隙为 h，两端的压力分别为 p_1，p_2。

1. 压差流动

当两个平行平板均固定，只有压力差（$\Delta p = p_1 - p_2$）存在时，液流将从高压端流向低压端，这种流动称为压差流动。

其流量的计算方法可参照水平等径直管的流量计算。其流量计算公式为

$$q = \frac{bh^3}{12\mu l}\Delta p \qquad (2-28)$$

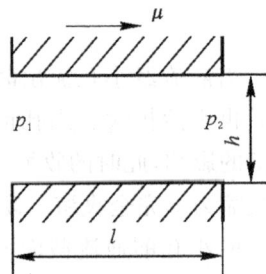

2. 剪切流动

当压力差 $\Delta p = 0$，一个平板不动，另一个平板以速度 u 作相对运动时，也会将液流从一端沿运动方向带到另一端，这种流动称为剪切流。

此时，平均流速 $v = \dfrac{u}{2}$，通流截面的面积 $A = bh$，所以流量为

$$q = \frac{u}{2}bh \qquad (2-29)$$

图 2-17

3. 联合流动

当两个平行平板间既有压力差又有相对运动时，液流的流动称为联合流动。其流量为

$$q = \frac{bh^3}{12\mu l}\Delta p \pm \frac{u}{2}bh \qquad (2-30)$$

式中，当速度 u 和压力差 Δp 同向时取"$+$"号，反之取"$-$"号。

(二) 圆柱环形缝隙

图 2-18 所示为同心环形缝隙。若将其沿圆周方向展开,即变成平行平板缝隙,且 $b = \pi d$。代入式(2-29),可得到同心环形缝隙的流量计算公式,即

$$q = \frac{\pi d h^3}{12 \mu l} \Delta p \pm \frac{u}{2} \pi d h \tag{2-31}$$

偏心环形缝隙的流量会比同心环形缝隙大,在最大偏心情况下,其流量为同心环形缝隙的 2.5 倍。

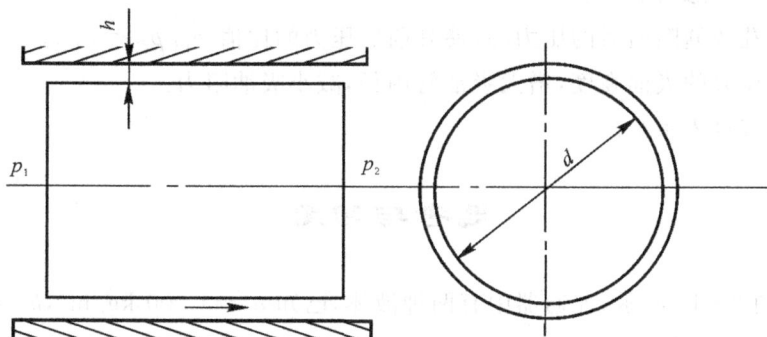

图　2-18

第五节　　液压冲击与气穴现象

一、液压冲击现象

在液压系统中,由于某种原因导致液体压力瞬间突然升高,产生很高的压力峰值,这种现象称为液压冲击。

液压冲击的类型有:管道阀门突然关闭时,由液流的惯性所产生的液压冲击(也称水锤现象),以及运动部件制动时由于运动部件的惯性所产生的压力冲击。其大小都可用动量方程求得。

液压冲击所产生的压力峰值往往比工作压力大得多,可能损坏管路和液压元件,引起系统误动作,影响设备精度与寿命。

减少压力冲击的措施有:

(1) 增大阀门关闭时间。

(2) 限制液流流速。

(3) 控制运动部件速度,延长制动或换向时间。

(4) 在冲击源处设置蓄能器或安全阀。

二、气穴现象

油液中能溶解的空气量与绝对压力成正比,常压下液压油中溶解 6% ~ 12% 体积的空

气。当压力小于空气分离压 p_g 时,原来溶解于油中的空气就会分离出来,导致液体中出现大量的气泡,这种现象称为气穴现象。

气穴现象多发生在液压阀阀口(此处一般流速很高,导致压力降低)和液压泵吸油口处(吸油阻力太大,导致吸油口处压力过低)。

产生气穴现象时,大量的气泡破坏了液流的连续性,会造成压力和流量的脉动,影响系统的稳定性。另外,当气泡随液流进入高压区时又会急剧破灭,产生噪声与振动。当附着在金属表面的气泡破灭时,它所产生的局部高温和高压会使金属表层剥蚀,这种现象称为气蚀。

减少气穴与气蚀发生的措施:

(1)减小小孔或缝隙前后的压力降,使其前后压力的比值 $p_1/p_2 < 3.5$。

(2)降低液压泵的吸油高度,增大吸油管内径,减小吸油阻力。

(3)防止空气进入系统。

思考与习题

2-1 如图 2-19 所示,连通器中有两种液体,已知 $\rho_1 = 1\,000\ \text{kg/m}^3$,$h_1 = 0.60\ \text{m}$,$h_2 = 0.75\ \text{m}$,试求另一种液体的密度 ρ_2。

2-2 如图 2-20 所示,用多个 U 形管汞压强计测量水管中 A 点的压力。已知 $y = 0.3\ \text{m}$,$h_1 = 0.1\ \text{m}$,$h_2 = 0.2\ \text{m}$,试求 A 点的压力。

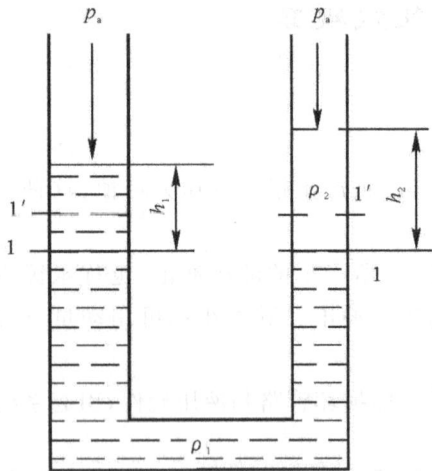

图 2-19 题 2-1 图

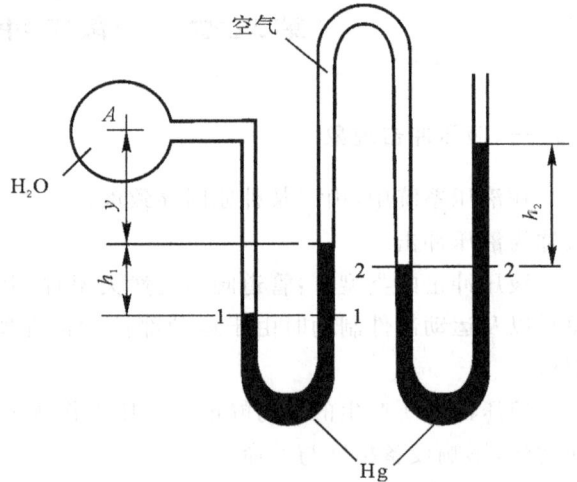

图 2-20 题 2-2 图

2-3 如图 2-21 所示,具有一定真空度的容器用一管子倒置于一液面与大气相通的槽中,液体在管中上升的高度 $h = 0.5\ \text{m}$,若液体的密度 $\rho = 1\,000\ \text{kg/m}^3$,试求容器内的真空度。

2-4 如图 2-22 所示,直径为 d、质量为 m 的柱塞浸入充满液体的密闭容器中,在力 F 的作用下处于平衡状态。若浸入深度为 h,液体密度为 ρ,试求液体在测压管内上升的高度 x。

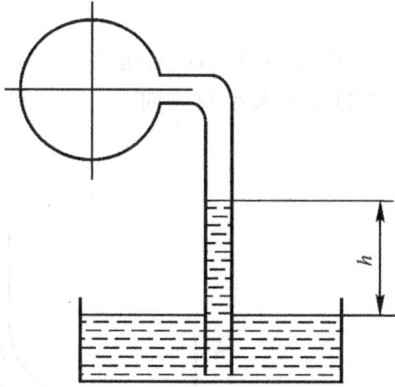
图 2-21　题 2-3 图

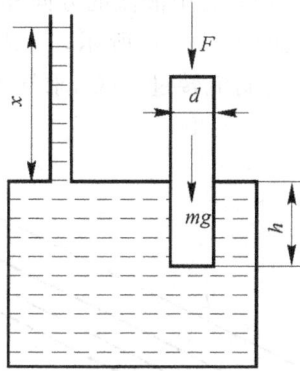
图 2-22　题 2-4 图

2-5　如图 2-23 所示,将流量 $q=16$ L/min 的液压泵安装在油面以下,已知油的运动黏度 $\nu=0.11$ cm²/s,油的密度 $\rho=880$ kg/m³,弯头处的局部阻力系数 $\xi=0.2$,求液压泵入口处的绝对压力。

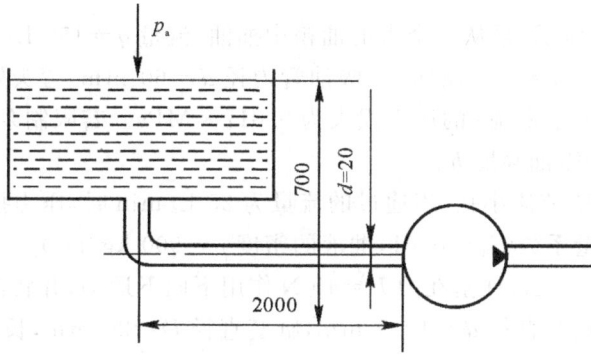
图 2-23　题 2-5 图

2-6　图 2-24 所示为一种抽吸设备,水平管出口通大气,当水平管内液体流量达到某一数值时,处于面积为 A_1 处的垂直管子将从液箱内抽吸液体。液箱表面与大气相通,水平管内液体和被抽吸液体相同。已知面积 $A_1=3.2$ cm²,$A_2=4A_1$,$h=1$ m,若不计液体流动时的能量损失,问水平管内流量达到多大时才能开始抽吸?

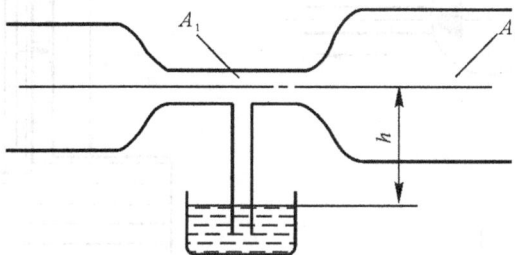
图 2-24　题 2-6 图

2-7　如图 2-25 所示,管道内输送 $\rho=900$ kg/m³ 的液体。已知:$d=10$ mm,$L=20$ m,$h=15$ m,液体运动黏度 $\nu=45\times10^{-2}$ m²/s,点 1 处的压力为 4.5×10^5 Pa,点 2 处的压力为

$4×10^5$ Pa,试判断管中液流的方向和流量。

2-8 如图 2-26 所示,一固定导流板将直径为 0.1 m,流速为 20 m/s,密度为 1 000 kg/m^3 的射流转过 90℃,求导流板作用于液体的合力大小及方向。

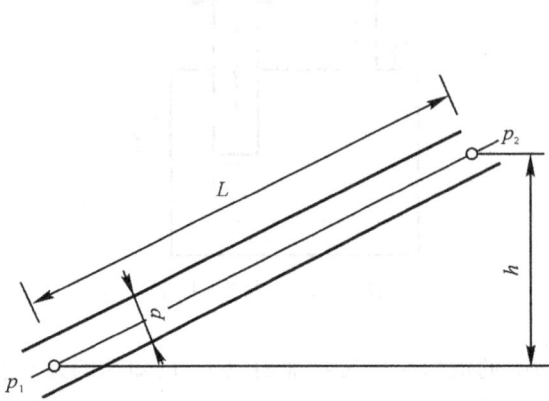

图 2-25 题 2-7 图

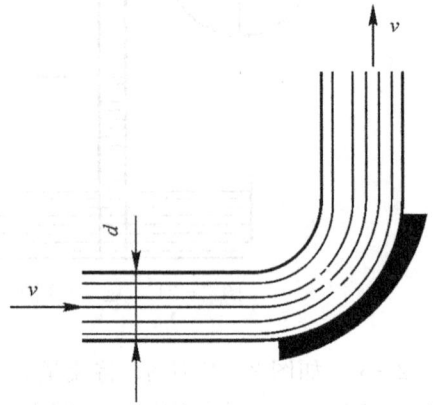

图 2-26 题 2-8 图

2-9 如图 2-27 所示,泵从一个大的油箱中抽油,流量 $q=150$ L/min,油液的运动黏度 $\nu=34×10^{-6}$ m^2/s,密度 $\rho=900$ kg/m^3。吸油管内径 $d=60$ mm,弯头处的局部阻力系数 $\xi=0.2$,吸油管上滤油器(图中未画)的压力损失为 0.017 8 MPa。若限制泵吸油口处的真空度不大于 0.04 MPa,求泵的吸油高度 h。

2-10 有一个薄壁节流小孔,当通过的流量为 25 L/min 时,压力损失为 0.3 MPa,试求节流孔的通流面积(流量系数 $C_d=0.61$,油液的密度 $\rho=900$ kg/m^3)。

2-11 如图 2-28 所示,柱塞在力 $F=40$ N 作用下向下运动,并将油液从缝隙中挤出,柱塞与缸套同心。已知:柱塞直径 $d=19.9$ mm,缸套直径 $D=20$ mm,长度 $l=70$ mm,油液的动力黏度 $\mu=0.784×10^{-3}$ Pa·s,求柱塞下降 0.1 m 所需的时间。

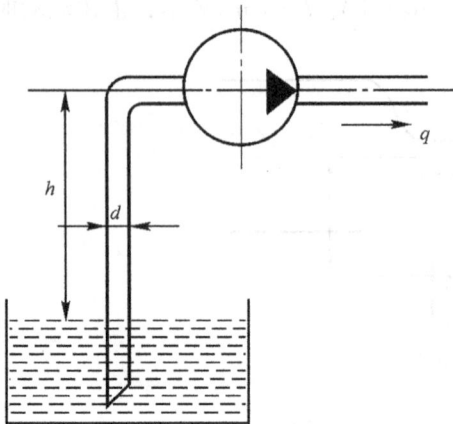

图 2-27 题 2-9 图

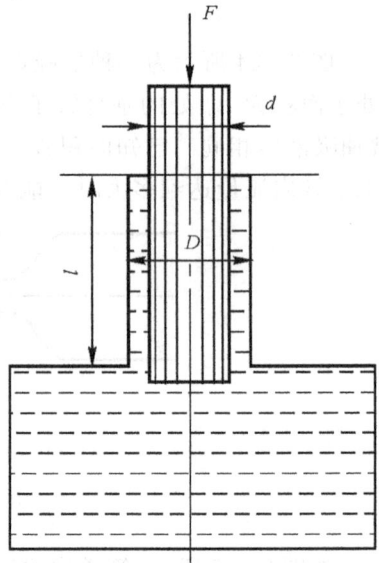

图 2-28 题 2-11 图

第三章 液 压 泵

第一节 液压泵概述

液压泵是液压系统中的能量转换元件,它把原动机(一般为电机)输入给它的机械能(转矩和转速)转换为工作液体的压力能(压力和流量)。

一、液压泵的工作原理

液压泵的类型很多,结构差异也很大,但其工作原理都是相同的,都是靠密封容积的变化来工作的,因此也称为容积式泵。容积式泵的工作原理可用图 3-1 所示单柱塞泵的工作原理来说明。它由偏心轮1、柱塞2、缸体3、弹簧4和单向阀5、6等组成。柱塞与缸体孔之间形成密封容积 a。偏心轮由电动机带动作旋转运动,柱塞则在缸体内作往复直线运动。当柱塞向右移动时,密封容积增大,形成真空,油箱中的油液在大气压力作用下经单向阀5进入密封容积(此时,单向阀5打开,单向阀6关闭),完成吸油;当柱塞向左移动时,密封容积减小,压力升高,密封容积中的油液经单向阀6进入液压系统(此时,单向阀6打开,单向阀5关闭),完成排油。偏心轮旋转一周完成一次吸油、一次排油,偏心轮连续旋转则泵连续实现吸、排油。

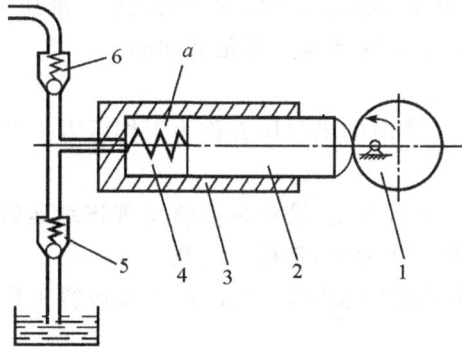

图 3-1 单柱塞泵的工作原理

由上述分析可知,容积式泵工作的必要条件:

(1)必须有一个或若干个周期性变化的密封容积。

(2)必须有配流装置。其作用是当密封容积增大时,保证密封容积只和吸油腔(油箱)相通;当密封容积减小时,保证密封容积只和压油腔(液压系统)相通。

液压泵的结构原理不同,其配流装置的形式也不同。图 3-1 中的配流装置就是单向阀5和6。

二、液压泵的主要性能参数

1. 排量 V

液压泵每转一周(如单柱塞泵中的偏心轮转一圈),由其密封容积几何尺寸变化计算出来的所能排出的液体的体积称为液压泵的排量。排量可以调节的液压泵称为变量泵;排量不可以调节的液压泵称为定量泵。排量只和液压泵的几何尺寸有关(如图 3-1 中的柱塞直径和偏心轮的偏心距),与运动参数无关。排量的国际单位为 m^3/r。

2. 流量

(1) 理论流量 q_t。液压泵在单位时间内,由其密封容积几何尺寸变化计算出来的所能排出的液体的体积称为液压泵的理论流量。液压泵的理论流量既与其几何尺寸有关,也与其运动参数(如图 3-1 中偏心轮的转速)有关。液压泵理论流量与其排量 V 和转速 n 之间的关系为

$$q_t = Vn \tag{3-1}$$

式中,转速 n 的国际单位为 r/s;理论流量 q_t 的国际单位为 m^3/s。

(2) 实际流量 q。液压泵在某一工况(转速、压力)下,单位时间内实际所排出的液体的体积称为液压泵的实际流量。它与理论流量和损失流量(主要是泄漏流量,也包含微量的压缩损失流量(一般可忽略))之间的关系为

$$q = q_t - q_l \tag{3-2}$$

式中,q_l 为泄漏流量。泄漏流量随液压泵工作压力的增大而增加,当液压泵工作压力为零时,其泄漏量也为零,此时实际流量与理论流量相等。

(3) 额定流量 q_n。液压泵在额定转速、额定压力下,按实验标准规定必须保证的流量称为额定流量。

液压泵的理论流量、实际流量、额定流量均为平均流量。液压泵在每一瞬时的流量称为瞬时流量(一般指瞬时理论流量)。瞬时流量一般是波动的。

3. 压力

(1) 工作压力 p。液压泵工作时的出口压力称为工作压力。工作压力取决于负载的大小,而与液压泵的流量大小无关。

(2) 额定压力 p_n。按实验标准规定,液压泵能够实现连续运转的最高压力称为液压泵的额定压力。当工作压力超过额定压力时,就称为过载。

(3) 最高允许压力。根据实验标准规定,允许液压泵短暂工作的最高压力称为液压泵的最高允许压力。

4. 液压泵的功率

(1) 输入功率 P_i。驱动液压泵轴的机械功率称为液压泵的输入功率。若输入的转矩为 T_i、角速度为 ω,则输入功率为

$$P_i = T_i \omega \tag{3-3}$$

(2) 输出功率 P。液压泵实际输出的流量与工作压力的乘积称为液压泵的输出功率,即

$$P = pq \tag{3-4}$$

当不考虑摩擦损失和泄漏损失时,液压泵的输入功率与输出功率相等,此时的输入转矩为理论输入转矩(T_t),输出流量为理论输出流量。则有

$$P_i = T_t \omega = 2\pi n T_t = P = pq_t = pVn$$

由此可得出

$$T_t = \frac{pV}{2\pi}$$ （3-5）

5. 液压泵的效率

液压泵在能量转换过程中是有损失的,包括由于泄漏所产生的容积损失和由于摩擦所产生的机械损失两部分。容积损失的大小用容积效率来衡量;机械损失的大小用机械效率来衡量;功率损失的大小用总效率来衡量。

（1）容积效率 η_V。液压泵的理论输出流量与实际输出流量的比值称为液压泵的容积效率,即

$$\eta_V = \frac{q}{q_t} = \frac{q_t - q_l}{q_t} = 1 - \frac{q_l}{q_t}$$ （3-6）

液压泵的泄漏流量与其工作压力成正比,即

$$q_l = k_l p$$ （3-7）

式中,k_l 为泄露系数。因此,有

$$\eta_V = 1 - \frac{k_l p}{q_t}$$ （3-8）

可见,液压泵的容积效率随其工作压力的增大而减小。

（2）机械效率 η_m。液压泵的理论输入转矩与实际输入转矩的比值称为液压泵的机械效率,即

$$\eta_m = \frac{T_t}{T}$$ （3-9）

（3）总效率 η。液压泵实际输出的液压功率与实际输入的机械功率的比值称为液压泵的总效率,即

$$\eta = \frac{P}{P_i} = \eta_V \eta_m$$ （3-10）

液压泵的容积效率、机械效率、总效率、输入功率与压力的关系如图3-2所示。

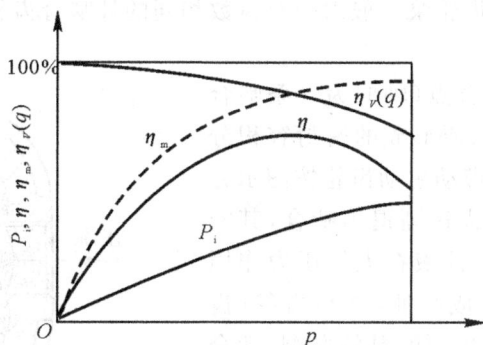

图 3-2 液压泵的性能曲线

三、液压泵的分类

液压泵按其结构形式可分为齿轮泵(含外啮合齿轮泵和内啮合齿轮泵)、叶片泵(含双作用叶片泵和单作用叶片泵)、柱塞泵(含轴向柱塞泵和径向柱塞泵)和螺杆泵(含单螺杆泵、双螺

杆泵和三螺杆泵)。

液压泵按其排量能否调节,可分为定量泵(排量不可调)和变量泵(排量可调)。

液压泵按其旋转方向能否改变,可分为单向泵(只能沿一个方向旋转)和双向泵(可双向旋转)。

四、液压泵的图形符号

图 3-3(a)所示为单向定量泵;图(b)为单向变量泵;图(c)为双向定量泵;图(d)为双向变量泵。

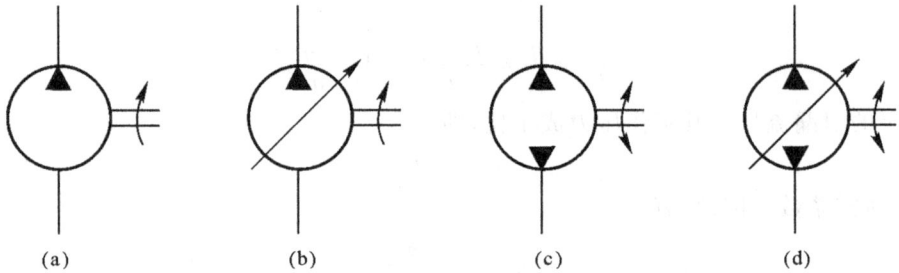

(a)   (b)   (c)   (d)

图 3-3　液压泵的图形符号

第二节　齿　轮　泵

齿轮泵是液压系统中广泛采用的一种液压泵,它一般做成定量泵。按照啮合形式不同,齿轮泵可分为外啮合齿轮泵和内啮合齿轮泵,其中以外啮合齿轮泵应用最广。

一、外啮合齿轮泵

1. 外啮合齿轮泵的结构与工作原理

如图 3-4 所示,外啮合齿轮泵一般由一对齿数相同的外啮合齿轮、泵轴、前后端盖(图中未画)和壳体组成。

当齿轮泵工作时,其啮合点(轴向为一条啮合线)将壳体、前后端盖和齿面所形成的密封容积分隔成左、右两部分。当电机带动主动齿轮按图示方向旋转时,啮合点右侧的轮齿逐渐退出啮合,其密封容积增大,形成部分真空,油液在大气压力作用下经吸油管道进入油泵,完成吸油,并在齿谷(齿槽)中随旋转的齿轮一起被带到油泵的左侧;啮合点左侧的轮齿逐渐进入啮合,其密封容积减小,使油液从左侧油口流出,完成压油(排油)。当齿轮连续转动时,油泵就连续地完成吸油和压油。啮合点(线)将吸油腔和压油腔分开,起配流作用。

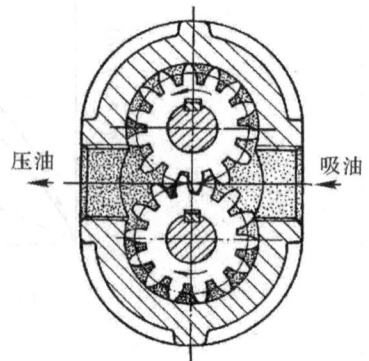

图 3-4　外啮合齿轮泵的工作原理

2. 外啮合齿轮泵的流量计算

齿轮泵每转一周，把两个齿轮所有齿谷（不包含齿根间隙中的油液）中所存的油液排出。由于齿谷的容积（除去齿根间隙）近似等于齿体的体积，所以齿轮泵的排量近似等于一个齿轮的所有齿谷容积（除去齿根间隙部分）和齿体体积之和，即相当于外径（齿顶圆直径）为 $mz + 2m$，内径为 $mz - 2m$，厚度为齿宽 B 的圆环体的体积，即

$$V = \frac{\pi}{4} \left[(mz + 2m)^2 - (mz - 2m)^2 \right] B = 2\pi m^2 zB \qquad (3-11)$$

式中，m 为齿轮模数（m）；B 为齿轮宽度（m）；z 为齿数。

由于齿谷的容积略大于齿体的体积，所以通常以 6.66 代替 2π，即

$$V = 6.66 m^2 zB \qquad (3-12)$$

齿轮泵的实际输出流量为

$$q = 6.66 m^2 zBn \eta_V \qquad (3-13)$$

式中，n 为齿轮泵的转速（r/s）；η_V 为泵的容积效率。

由式（3-13）可知，由于 $m^2 z = mz \cdot m$，保持 mz 不变（此时泵的体积基本不变），减少齿数，增大模数，可以在基本不增大泵体积的前提下提高泵的输出流量。

3. 流量脉动率

式（3-13）计算的是外啮合齿轮泵的平均流量，由于其密封容积的变化是不均匀的（为转角的周期函数），所以其瞬时流量也是脉动的。流量的脉动会引起压力的脉动，并使液压系统产生振动和噪声。流量脉动的大小用流量脉动率来衡量：

$$\sigma = \frac{q_{max} - q_{min}}{q} \qquad (3-14)$$

式中，σ 为液压泵的流量脉动率；q_{max} 为液压泵最大瞬时流量（m³/s）；q_{min} 为液压泵最小瞬时流量（m³/s）；q 为液压泵的平均流量（m³/s）。

外啮合齿轮泵齿数越少，流量脉动率就越大，其最大值可达 20% 以上。

4. 外啮合齿轮泵的不平衡径向力

外啮合齿轮泵一侧为吸油腔，另一侧为压油腔，油液作用在齿轮外缘上的压力是不均匀的，从吸油腔到压油腔，压力逐齿递增，产生不平衡的液压径向力，且工作压力越高，所产生的不平衡液压径向力越大。另外，齿轮啮合时传递转矩也要产生径向力。其合力的大小可用下式近似计算：

$$F = KpBD_e \qquad (3-15)$$

式中，K 为系数。对主动齿轮，$K = 0.75$；对从动齿轮，$K = 0.85$。p 为压油腔的压力；B 为齿轮宽度；D_e 为齿顶圆直径。

不平衡径向力不仅会加剧轴承的磨损，降低轴承的使用寿命，还会造成泵轴弯曲变形，使齿顶与泵体内孔接触并产生摩擦。

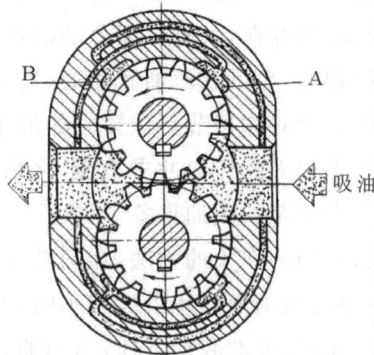

图 3-5　径向力平衡措施

减小不平衡径向力的措施：

（1）扩大压油腔或吸油腔，只保留靠近吸油腔或压油腔的一两个齿起密封作用，使齿轮圆

周方向很大范围内径向液压力得到平衡,从而减小不平衡径向力。

(2) 在前后端盖上开与吸、压油口相对称的平衡槽 A,B,如图 3-5 所示。

上述两种措施都会使液压泵径向密封长度缩短,增大径向间隙泄漏。

5.外啮合齿轮泵的泄漏

外啮合齿轮泵压油腔的高压油可通过以下三条途径泄漏到吸油腔:

(1) 通过齿轮啮合线处的间隙,约占总泄漏量的 5% 左右。

(2) 通过齿顶和泵体之间的径向间隙,约占总泄漏量的 20% 左右。

(3) 通过齿轮两端面和端盖之间的端面间隙,约占总泄漏量的 75% 左右。

可见,外啮合齿轮泵泄漏的主要途径是端面间隙泄漏,它也是限制外啮合齿轮泵压力提高的主要原因之一。可采用图 3-6 所示的端面间隙自动补偿方法,即将压力油引到浮动轴套的外侧,产生液压作用力,使浮动轴套始终压向齿轮端面,从而起到间隙自动补偿的作用。

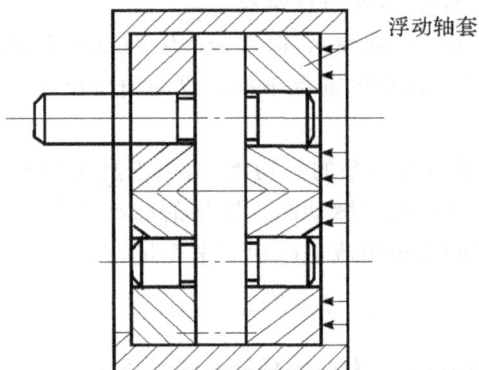

图 3-6　外啮合齿轮泵端面间隙自动补偿

6.外啮合齿轮泵困油现象

齿轮泵要平稳工作,其重叠系数必须大于 1(一般取 1.05～1.10),即前一对齿尚未脱离啮合之前,后一对齿就已经进入啮合,就会出现两对齿同时啮合的现象。此时,由于齿侧间隙、齿根间隙的存在,就有一部分油液被困在由两个齿面和前后端盖所形成的密封容积内,既不和吸油腔相通,也不和压油腔相通(见图 3-7(a))。此密封容积随着齿轮的旋转从刚形成时的最大逐渐变为对称于节点位置时的最小(见图 3-7(b)),导致压力急剧升高,通过齿面使泵轴和轴承产生很大的径向冲击载荷;之后又会逐渐增大(见图 3-7(c)),产生气穴和气蚀。这种现象称为齿轮泵的困油现象。

消除困油现象的方法:在两端盖板或浮动轴套上开卸荷槽(如图 3-7 中虚线所示)。其开设原则是:当困油容积由大变小时,通过卸荷槽使之始终与压油腔相通;当困油容积最小时,使之和压油腔、吸油腔均不通;当困油容积由小变大时,通过卸荷槽使之始终与吸油腔相通。

7.外啮合齿轮泵的优缺点

外啮合齿轮泵的主要优点:结构紧凑,价格便宜,自吸能力强,对油液污染不敏感,工作可靠。其主要缺点:流量脉动大,噪声大,压力较低(一般为 2.5 MPa,采取一定措施后,其压力也可达 32 MPa)。

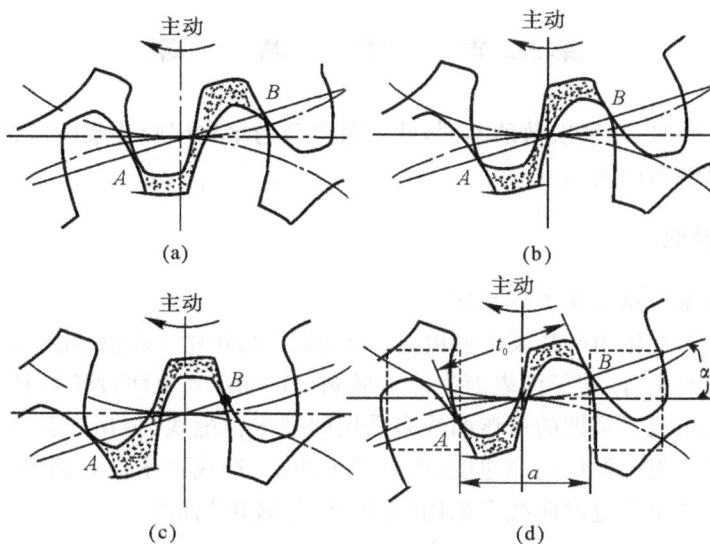

图 3 - 7　外啮合齿轮泵的困油现象

二、内啮合齿轮泵简介

内啮合齿轮泵有渐开线齿形的内啮合齿轮泵(见图 3 - 8(a))和摆线齿形的内啮合齿轮泵(也称转子泵,见图 3 - 8(b))。

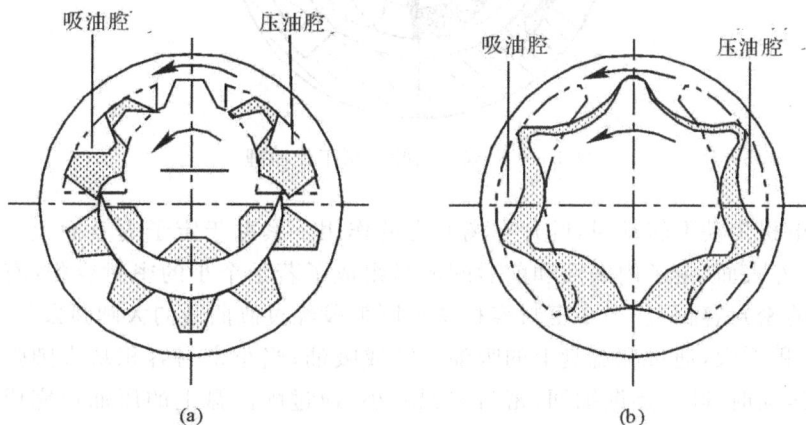

图 3 - 8　内啮合齿轮泵

在渐开线齿形的内啮合齿轮泵中,有一个月牙形隔板将吸油腔和压油腔隔开。摆线齿形的内啮合齿轮泵中的小齿轮比内齿轮少一个齿。

与外啮合齿轮泵相比,内啮合齿轮泵流量脉动小,运转平稳,加工要求高。但随着工业技术的发展,它的应用会越来越广泛。

第三节　叶　片　泵

根据转子转一圈吸、排油次数的不同,叶片泵可分为单作用叶片泵(吸、排油各一次)和双作用叶片泵(吸、排油各两次)。

一、双作用叶片泵

1. 双作用叶片泵的组成及工作原理

如图 3-9 所示,双作用叶片泵主要由定子 1、转子 2、叶片 3、壳体和配流盘(图中未画)组成。转子和定子中心重合,定子内表面为近似椭圆(柱)形,其由两段长半径 R、两段短半径 r 和四段过渡曲线所组成。早期的过渡曲线多采用阿基米德螺线,但由于其在大小圆弧和过渡曲线的连接点处产生很大的径向加速度,产生严重冲击,造成定子内表面的严重磨损,所以较为新式的双作用叶片泵的过渡曲线多采用"等加速-等减速"曲线。

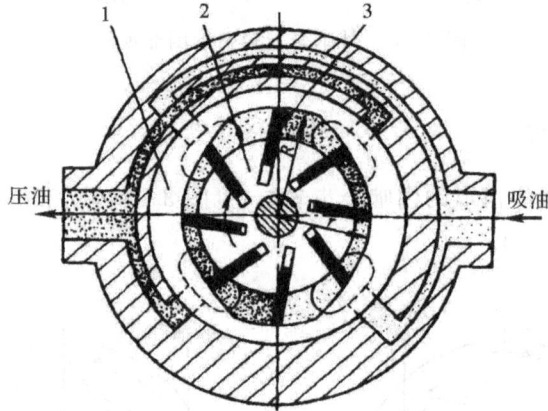

图 3-9　双作用叶片泵工作原理

当转子在电机带动下转动时,叶片在离心力的作用下紧贴于定子内表面上。此时由相邻两个叶片、转子外表面、定子内表面和前后配流盘组成了若干个小的密封容积(有多少个叶片就有多少个小的密封容积)。当小密封容积从小圆弧段经过渡曲线向大圆弧段运动时,叶片逐渐伸出,密封容积增大,通过配流盘上的吸油口完成吸油;当小密封容积从大圆弧段经过渡曲线向小圆弧段运动时,叶片逐渐缩回,密封容积减小,通过配流盘上的压油口完成压油。转子转一圈,小密封容积变化两个周期,完成两次吸油、两次压油,所以称之为双作用叶片泵。

2. 双作用叶片泵的排量与流量计算

当不考虑叶片厚度 s 和叶片倾角 θ 时,双作用叶片泵的排量为

$$V = 2z(V_1 - V_2) = 2z\,\frac{1}{z}\pi(R^2 - r^2)B = 2\pi(R^2 - r^2)B \qquad (3-16)$$

式中,z 为叶片数量;R 为大圆弧半径;r 为小圆弧半径;B 为定子宽度。

其实际输出流量为

$$q = 2\pi(R^2 - r^2)Bn\eta_V \qquad (3-17)$$

式中,n 为泵的转速;η_V 为泵的容积效率。

考虑叶片厚度 s 和叶片倾角 θ 时(一般双作用叶片泵的叶片底部全部通压力油),双作用叶片泵排量将减小,其减小量为所有叶片有效伸缩体积的 2 倍,即 $2z\dfrac{(R-r)sB}{\cos\theta}$。此时双作用叶片泵的排量和实际流量分别为

$$V=2\pi(R^2-r^2)B-2z\frac{(R-r)sB}{\cos\theta}=2B\left[\pi(R^2-r^2)-\frac{(R-r)zs}{\cos\theta}\right] \qquad (3-18)$$

$$q=2B\left[\pi(R^2-r^2)-\frac{(R-r)zs}{\cos\theta}\right]n\eta_V \qquad (3-19)$$

3. 双作用叶片泵的流量脉动率

由于双作用叶片泵的吸、排油口对称分布,处于四个油口处的叶片前后相通,所组成组合密封容积的两个叶片分别在大小圆弧上划过(见图 3-10),若不考虑叶片厚度,则其组合密封容积的变化率是均匀的,所以双作用叶片泵的瞬时流量也是均匀的,其理论流量脉动率为零。但由于叶片厚度的影响、大小圆弧的不同心、转子和定子的不同心等,都会使其流量产生一定的脉动,但其脉动率较其他形式的泵(螺杆泵除外)小得多,且当叶片数取 4 的倍数时为最小,所以双作用叶片泵的叶片数通常取 4 的倍数(如 12 或 16)。

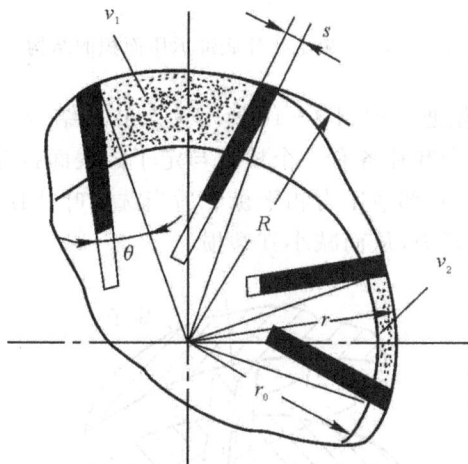

图 3-10 双作用叶片泵的流量计算

4. 双作用叶片泵叶片的倾角

如图 3-10 所示,一般双作用叶片泵的叶片沿旋转方向前倾了一个 θ 角(一般为 $10°\sim14°$),这样做的目的是为了减小定子对叶片作用力的垂直分力,从而减小叶片的弯曲变形和在叶片槽中滑动的摩擦阻力。但某些高压双作用叶片泵的叶片是径向分布的,其使用情况也良好,这也说明双作用叶片泵叶片前倾并非完全必要。

5. 提高双作用叶片泵压力的措施

由于双作用叶片泵的两个吸油口和两个排油口对称分布,作用于转子和泵轴上的径向液压力平衡,采用浮动配流盘对端面间隙进行补偿后,泵的容积效率也得到了较大的提高,所以限制其压力提高的主要因素是叶片和定子内表面的磨损。通常采取的措施有:

(1) 减小作用于叶片底部的油液压力(通过阻尼槽或内装式小减压阀减小压力)。

(2) 减小叶片底部承压面积。

图 3-11(a)所示为子母叶片结构。母叶片底部 L 腔始终与其顶部相通,压力油通过 K 腔

引入子母叶片间的小腔 c。这样,当叶片处于吸油腔时,母叶片只在 c 腔压力油作用下与定子内表面接触,作用力小(作用面积小),磨损也会随之减小。

图 3-11(b) 所示为阶梯叶片结构。叶片底部与其顶部相通,d 腔通压力油。由于作用面积小,同样可以减小叶片与定子内表面之间的磨损,但其结构工艺性较差。

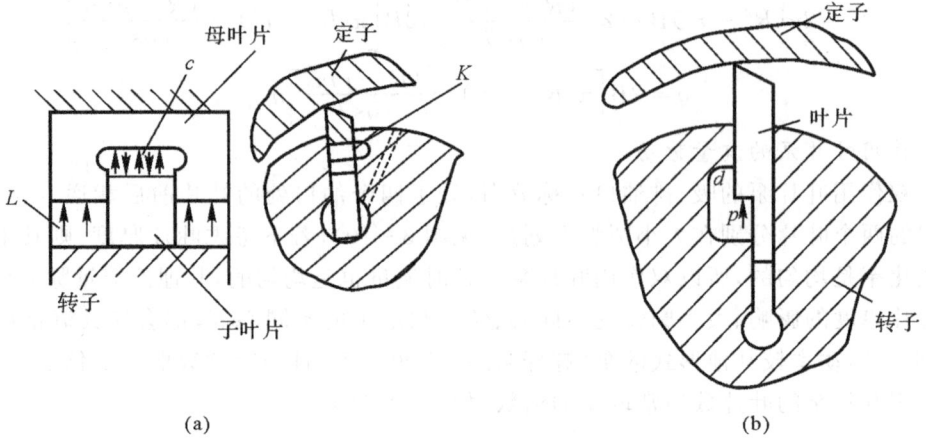

图 3-11　减小叶片底部承压面积的结构

(3) 使叶片底部和顶部相通。如图 3-12 所示为双叶片结构。叶片槽中有两个带槽的可以相对滑动的叶片 1 和 2,每个叶片各有一个棱边与定子内表面接触。叶片底部通压力油并与顶部 a 腔相通,以达到顶部和底部液压力相平衡。适当选择叶片顶部棱边的宽度,可以使叶片和定子内表面保持适度的压紧力,从而减小其磨损。

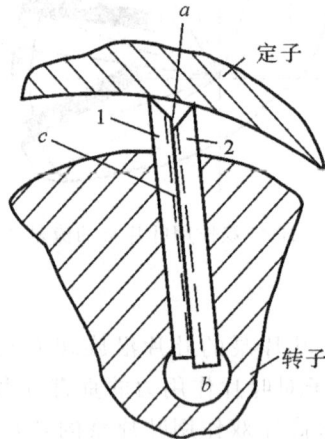

图 3-12　双叶片结构

二、单作用叶片泵

1. 单作用叶片泵的组成及工作原理

如图 3-13 所示,单作用叶片泵主要由转子 1、定子 2、叶片 3 和壳体 4 以及前后配流盘(图中未画)等组成。定子和转子之间有偏心距 e,叶片可以在叶片槽中滑动,当转子转动时,叶片就会在离心力作用下紧贴在定子内表面上。与双作用叶片泵一样,由相邻两个叶片、转子外表面、定子内表面和前后配流盘组成了若干个小的密封容积(有多少个叶片就有多少个小的密封容积)。当转子按图示方向转动时,其右侧的叶片逐渐伸出,密封容积增大,完成吸油;其左侧的叶片逐渐缩回,密封容积逐渐减小,实现压油。转子转一圈,每个小密封容积完成一次吸油、一次压油,所以称为单作用叶片泵。转子连续旋转,泵就不断地完成吸油和压油。

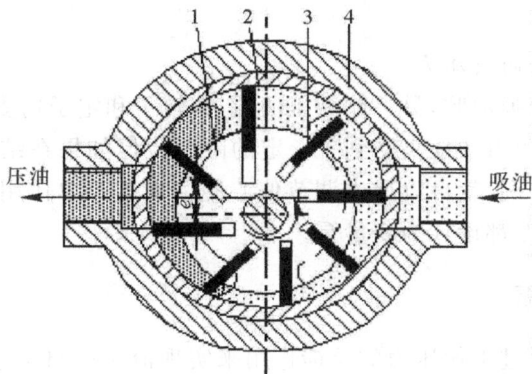

图 3-13　单作用叶片泵工作原理

2.单作用叶片泵的排量与流量计算

如图 3-14 所示,若不考虑叶片的厚度和倾角(一般单作用叶片泵叶片根部也参与吸、排油,其量刚好补偿由于叶片的厚度和倾角对排量和流量的影响,所以可以不考虑叶片的厚度和倾角),单作用叶片泵转子每旋转一周,每个小密封容积的变化量近似等于 $V_1 - V_2$,则其排量的近似计算公式为

$$V = z \frac{1}{z} \pi \left[(R+e)^2 - (R-e)^2 \right] B = 4\pi Re\, B \qquad (3-20)$$

式中,R 为定子内半径;e 为转子和定子之间的偏心距;B 为定子的宽度。

单作用叶片泵的实际输出流量为

$$q = 4\pi Re\, Bn\eta_V \qquad (3-21)$$

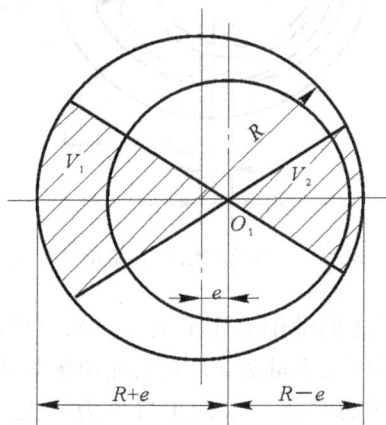

图 3-14　单作用叶片泵流量计算

3.单作用叶片泵的流量脉动率

单作用叶片泵的流量是脉动的(叶片在偏心圆环上滑过)。理论分析表明,泵的叶片数越

多,流量脉动率越小,且当叶片数取奇数时,流量脉动率会更小,所以单作用叶片泵的叶片数常取奇数(如 13 或 15 片)。

4.单作用叶片泵叶片的倾角

如图 3-13 所示,单作用叶片泵的叶片通常沿旋转方向后倾一个角度,其目的是为了便于叶片甩出。

5.单作用叶片泵的径向液压力

单作用叶片泵一侧为吸油腔,另一侧为压油腔,其转子和定子均受到不平衡径向液压力作用,这也使单作用叶片泵压力的提高受到了一定的限制。但如果在结构设计时能将转子和定子之间的偏心距设计为可调,就可以通过调节偏心距 e 来调节单作用叶片泵的排量和流量。事实上,单作用叶片泵一般都设计为变量泵。

三、限压式变量叶片泵

限压式变量叶片泵通过工作压力的反馈作用来实现流量的自动调节,可分为外反馈和内反馈两种形式。图 3-15 所示为外反馈限压式变量叶片泵的工作原理图。图中,转子的中心 O 固定不动,定子(中心为 O_1)可左右移动。当转子按图示方向旋转时,其下半部分为吸油腔,上半部分为压油腔。作用于定子上的径向液压力通过滑块作用于定子上方的滚针轴承上。泵出口处的压力油(外反馈来历)与定子右侧的反馈柱塞(面积为 A)相通,定子左侧有压缩量可调的弹簧(预紧力为 F_s,刚度为 k_s)。

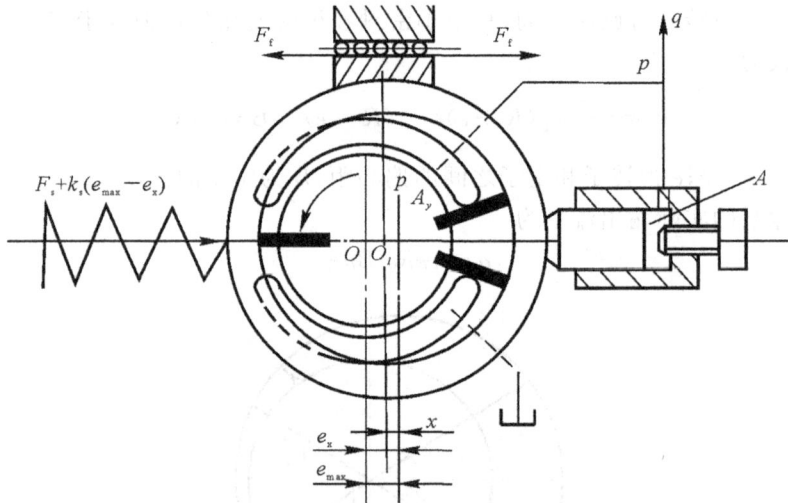

图 3-15 外反馈限压式变量叶片泵

当 $pA < F_s$ 时,定子和转子之间的偏心距最大(e_{max}),泵的输出流量也最大。

当 $pA > F_s$ 时,偏心距 e 减小(减小量为 x),泵的输出流量也随之减小。同时,弹簧的压缩量增大,弹簧力增加,最终与液压力平衡。泵的出口压力越大,则偏心距越小,输出流量也越小。当偏心距小到理论流量等于泄漏流量时,泵的实际输出流量为零,此时,即便外负载继续增大,泵的输出压力也不会升高,所以这种泵称为限压式变量叶片泵。

图 3-16 所示为限压式变量叶片泵的 $p-q$ 特性曲线图。

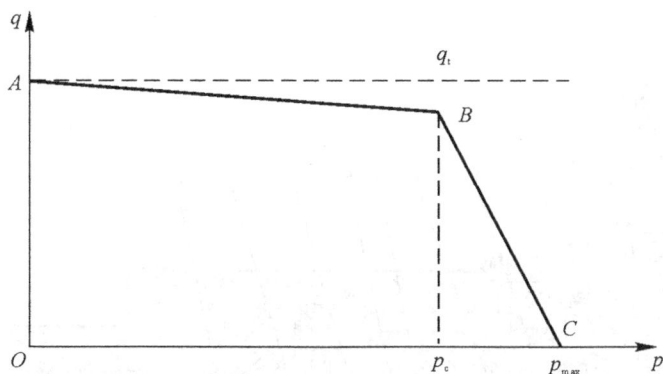

图 3-16 限压式变量叶片泵的 p-q 特性曲线

图中 AB 段（$pA < F_s$ 时），泵的偏心距最大（e_{max}），流量也最大，相当于定量泵，但其输出流量会随输出压力的升高而略有减小（泄漏量增加）。调节反馈柱塞右端流量调节螺钉的位置，可以调节最大流量的大小（AB 段上下平移，但由于 p_{max} 不会改变，所以 BC 段也不会左右平移，只是拐点压力 p_c 值会随之变化）。BC 段流量随压力的升高而减小（偏心距减小），改变弹簧刚度 k_s，可以改变 BC 段的斜率。k_s 越小，BC 段越陡。改变弹簧的预紧力，可以改变拐点 B 的位置和拐点压力 p_c，同时 BC 段也会左右平移（p_{max} 也随之变化）。弹簧的预紧力增大，则 BC 段右移。

限压式变量叶片泵特别适用于执行元件实现快进（要求低压大流量）— 工进（要求高压小流量）的液压系统的油源，可以实现流量匹配，从而提高系统效率。

由于叶片泵具有流量均匀、噪声低等优点，它在机床、工程机械等中得到了广泛的应用。

第四节 柱 塞 泵

柱塞泵依靠柱塞在缸体内作直线往复运动来实现吸、排油。按照柱塞的轴线和缸体的轴线是平行的还是垂直的，可以将柱塞泵分为轴向柱塞泵（轴线平行）和径向柱塞泵（轴线垂直）。

一、轴向柱塞泵

轴向柱塞泵有斜盘式和斜轴式两种结构形式。

1.轴向柱塞泵的典型结构及工作原理

图 3-17 所示为斜盘式轴向柱塞泵的结构图。

柱塞 5 的球状头部装在滑履 4 内，弹簧 9 通过钢球推压回程盘 3，回程盘和柱塞滑履（也称滑靴）一起转动。在滑履与斜盘 2 相接触处有一油室，它通过柱塞中间小孔与吸、排油腔相通，起静压支撑作用，以减小滑履与斜盘之间的磨损。传动轴 8 通过花键带动缸体 6 旋转。由于滑履始终紧贴在斜盘表面上，柱塞在随缸体旋转的同时在缸体柱塞孔中作往复直线运动。柱塞及柱塞孔之间形成了若干个（与柱塞数相同）周期性变化的密封容积，当柱塞向左运动时，密封容积增大，通过配流盘 7 的吸油口吸油；当柱塞向右运动时，密封容积减小，通过配流盘 7 的排油口排油，缸体连续旋转，可实现连续吸、排油。调节转动手轮 1，可通过销轴使斜盘绕变量机构壳体上的圆弧导轨面的中心（即钢球中心）旋转，从而改变斜盘倾角，达到变量的目的。

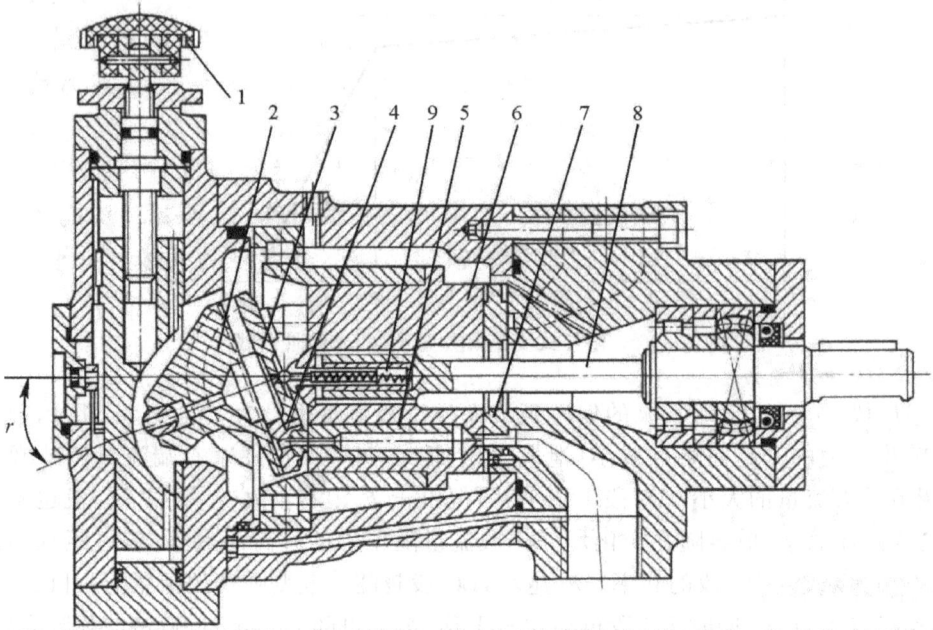

图 3-17 斜盘式轴向柱塞泵结构

2. 轴向柱塞泵的排量与流量计算

如图 3-18 所示，设柱塞直径为 d，柱塞分布圆直径为 D，斜盘倾角为 γ，则柱塞的行程为 $D\tan\gamma$，轴向柱塞泵的排量为

$$V = \frac{1}{4}\pi d^2 zD\tan\gamma \qquad (3-22)$$

式中，z 为柱塞数量。

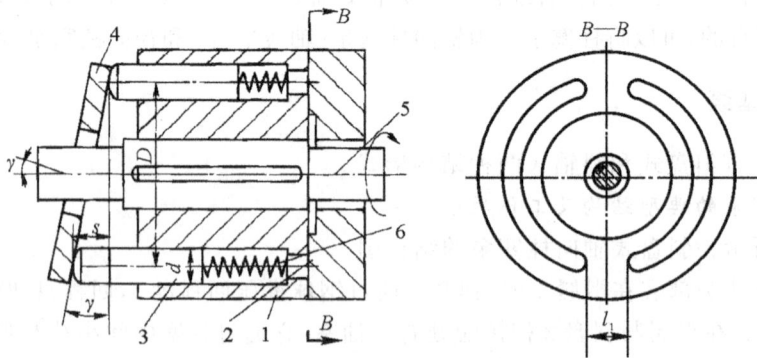

图 3-18 轴向柱塞泵的流量计算

1—缸体； 2—配流盘； 3—柱塞； 4—斜盘； 5—传动轴； 6—弹簧

泵的实际输出流量为

$$q = \frac{1}{4}\pi d^2 zD\tan\gamma \cdot n\eta_V \qquad (3-23)$$

式中,n 为泵的转速;η_V 为泵的容积效率。

3.轴向柱塞泵的流量脉动率

由于柱塞在缸体孔中的运动速度是不均匀的,所以轴向柱塞泵的流量也是脉动的。柱塞数越多且为奇数时,流量脉动率越小,所以一般轴向柱塞泵的柱塞数常取奇数(如7,9或11)。

4.轴向柱塞泵的特点

轴向柱塞泵结构紧凑、容积效率高、压力高(可达 40 MPa 甚至更高),通常用于工程机械、压力机等高压液压系统中。

二、径向柱塞泵简介

如图 3－19 所示,径向柱塞泵主要由柱塞 1、缸体(转子)2、衬套 3、定子 4 和配流轴 5 等组成,转子和定子之间有偏心距 e。配流轴不动,当电机带动转子及柱塞旋转时,柱塞在离心力作用下紧贴定子内表面。当转子按图示方向旋转时,在上半部分,柱塞逐渐外伸,密封容积增大,通过衬套(压紧在转子内孔中,随转子一同转动)上的油孔从配流轴上的吸油口 b 吸油(油从配流轴上的轴向孔 a 流入 b 腔);在下半部分,柱塞逐渐缩回,密封容积减小,通过衬套上的油孔从配流轴上的排油口 c 排油(油从配流轴上的轴向孔 d 流出 c 腔)。转子每转一圈,各柱塞分别完成一次吸、排油。

由于径向柱塞泵有不平衡的径向液压力,配流轴与衬套之间的间隙不能自动补偿,泄漏较大,从而限制了其压力的提高。

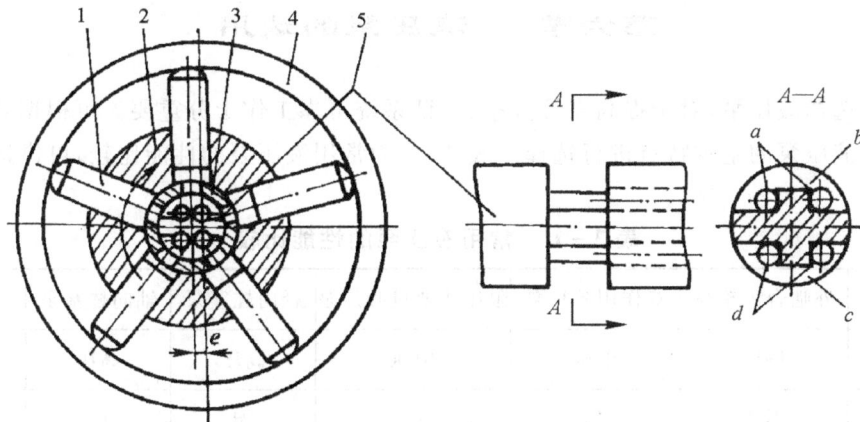

图 3－19　径向柱塞泵工作原理

第五节　螺杆泵简介

常用的螺杆泵为三螺杆泵,如图 3－20 所示。螺杆泵主要由后盖 1、壳体 2、主动螺杆(凸螺杆)3、从动螺杆(凹螺杆)4 和前盖 5 组成。

相互啮合的三根螺杆与壳体之间形成多个密封容积,每个密封容积为一级,其长度约等于螺杆的螺距。当主动螺杆带动从动螺杆按图示方向旋转时,左端螺杆密封容积逐渐形成并增大为吸油腔;右端螺杆密封容积逐渐减小并消失为排油腔。吸、排油腔之间至少有一个完整的密封容积,螺杆的级数越多,泵的额定压力越高(每一级工作压差为 $2 \sim 2.5$ MPa)。

螺杆泵输出流量均匀、噪声低,特别适用于精密机械液压系统。

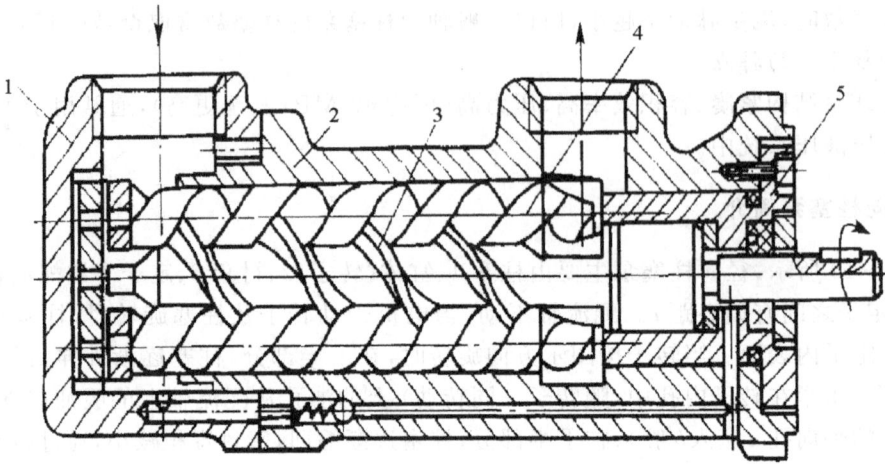

图 3-20　螺杆泵

第六节　　液压泵的选用

合理地选择液压泵,对于提高系统效率、保证系统可靠工作十分重要。可根据具体的工作情况及各类液压泵的基本特点进行选择。表 3-1 为常用液压泵的性能比较,可供选择液压泵时参考。

表 3-1　常用液压泵的性能比较

性能	外啮合齿轮泵	双作用叶片泵	限压式变量叶片泵	径向柱塞泵	轴向柱塞泵	螺杆泵
工作压力	低压	中压	中压	高压	高压	低压
流量调节	不能	不能	能	能	能	不能
效率	低	较高	较高	高	高	较低
流量脉动	很大	很小	一般	一般	一般	最小
自吸能力	好	较差	较差	差	差	好
对油的污染敏感性	不敏感	较敏感	较敏感	很敏感	很敏感	不敏感
噪声	大	小	较大	较小	较小	最小
造价	便宜	较贵	较贵	贵	贵	较贵

思考与习题

3-1 如果泵吸油的油箱完全封闭,不与大气相通,液压泵能否正常工作?

3-2 什么是液压泵的工作压力、额定压力和最高允许使用压力? 三者有何关系?

3-3 某液压泵的输出压力为 5 MPa,排量为 10 mL/r,机械效率为 0.95,容积效率为 0.9。当转速为 1 450 r/min 时,泵的输出功率和驱动泵的电动机的功率各为多少?

3-4 某液压泵的转速为 950 r/min,排量为 168 mL/r,在额定压力 29.5 MPa 和同样转速下测得的实际流量为 150 L/min,额定工况下的总效率为 0.87。求:

(1) 泵的理论流量 q_t;

(2) 泵的容积效率 η_V 和机械效率 η_m;

(3) 泵在额定工况下所需电动机的驱动功率。

3-5 某单作用叶片泵转子外径 $d = 83$ mm,定子内经 $D = 89$ mm,叶片宽度 $B = 30$ mm。试求:

(1) 泵排量为 16 mL/r 时的偏心量 e;

(2) 泵最大可能的排量 V_{max}。

3-6 某斜盘式变量轴向柱塞泵柱塞数为 9 个,柱塞分布圆直径 $D = 125$ mm,柱塞直径 $d = 16$ mm,当液压泵转速为 3 000 r/min 时,其输出流量为 50 L/min。若忽略泄漏,问斜盘倾角为多少?

第四章 液压执行元件

液压执行元件包括液压缸和液压马达,其功能是将液体的压力能转变为机械能输出,驱动工作机构做功。两者的不同在于液压马达实现连续的旋转运动,输出扭矩和转速;液压缸实现往复直线运动(或往复摆动运动),输出力和速度(或扭矩和角速度)。

第一节 液 压 缸

液压缸又称为油缸,是将液体的压力能转变为机械能的能量转换装置,用来实现往复直线运动或小于 360° 的摆动运动。液压缸结构简单、工作可靠、制造容易、使用维护方便,广泛地应用于工业生产的各个部门。

本节讨论三个问题:液压缸的类型和特点、液压缸的典型结构和液压缸的设计计算。

一、液压缸的类型和特点

液压缸的类型是多种多样的,其分类方法也各不相同。

按照液压缸的作用方式,分为单作用式和双作用式两大类。单作用式液压缸在工作行程时,依靠液压力推动活塞朝一个方向运动,回程则借重力(垂直安装)或弹簧力等外力使活塞反向运动。双作用液压缸则利用液压力推动活塞作正反两方向的运动。

按照液压缸的使用压力,可分为中低压、中高压和高压液压缸。

按照液压缸的结构形式,可分为活塞式、柱塞式、摆动式、伸缩式等形式,其中以活塞式液压缸应用最多。表 4-1 是按液压缸的结构形式和作用方式进行分类的。

表 4-1 液压缸分类

分类	名称	符号	说明
单作用液压缸	单活塞杆液压缸		活塞仅单向液压驱动,返回行程是利用自重或负载将活塞推回
	双活塞杆液压缸		活塞的两侧都装有活塞杆,但只向活塞一侧供给压力油,返回行程通常利用弹簧力、重力或外力
	柱塞式液压缸		柱塞仅单向液压驱动,返回行程通常是利用自重或负载将柱塞推回
	伸缩液压缸		柱塞为多段套筒形式,它以短缸获得长行程,用压力油从大到小逐节推出,靠外力由小到大逐节缩回

续　表

分类	名称	符号	说明
双作用液压缸	单活塞杆液压缸		单边有活塞杆,双向液压驱动,双向推力和速度不等
	双活塞杆液压缸		双边有活塞杆,双向液压驱动,可实现等速往复运动
	伸缩液压缸		套筒活塞可双向液压驱动,伸出由大到小逐节推出,由小到大逐节缩回
组合液压缸	增压缸(增压器)		由大小两油缸串联而成,由低压大缸 A 驱动,使小缸 B 获得高压油源
	齿条传动液压缸		活塞的往复运动经装在一起的齿条驱动齿轮获得往复回转运动
摆动液压缸			输出轴直接输出扭矩,往复回转角度小于 360°

下面分别介绍几种常用的液压缸。

(一)活塞式液压缸

活塞式液压缸根据其使用要求不同,可分为双杆式和单杆式两种。

1. 双杆活塞缸

双杆活塞缸的两端都有活塞杆伸出,根据其安装方式的不同,可分为固定缸(缸体固定)式和固定杆(活塞杆固定)式两种。图 4-1(a)所示为缸定式;图 4-1(b)所示为杆定式。前者活塞缸工作台最大移动范围是活塞有效行程 l 的 3 倍,因此这种安装方式占地面积较大,常用于小型设备。后者活塞缸工作台的最大移动范围是液压缸有效行程 l 的 2 倍,因此占地面积较小,适用于中型及大型设备。

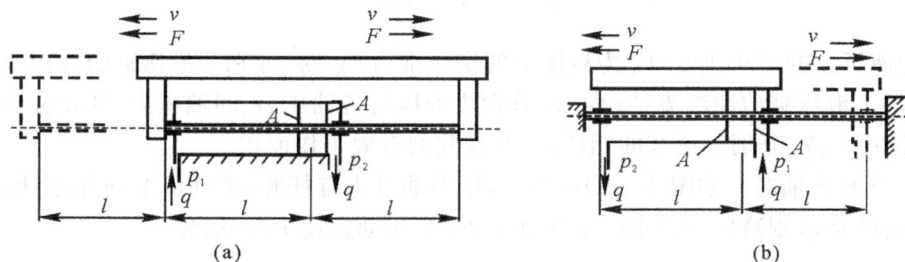

图 4-1　双杆活塞缸

由于双杆液压缸两端的活塞杆直径通常是相等的,因此,它的左、右两腔有效面积也是相等的。当分别向左、右两腔输入相同压力和流量的油液时,活塞式液压缸在往复运动上所产生的推力相等。其实际推力为

$$F = \frac{\pi}{4}(D^2 - d^2)(p_1 - p_2)\eta_m \tag{4-1}$$

液压缸(工作台)往复运动的速度也相等,即

$$v = \frac{q\eta_V}{A} = \frac{4q\eta_V}{\pi(D^2 - d^2)} \qquad (4-2)$$

式中,v 为液压缸的运动速度;F 为液压缸的实际推力;η_V、η_m 分别为液压缸的容积效率、机械效率;q 为输入液压缸的油液流量;p_1、p_2 为液压缸进油压力、回油压力;D、d 分别为活塞、活塞杆直径;A 为活塞的有效工作面积。

这种液压缸常用于要求往返运动速度相同的场合。

2. 单杆活塞缸

如图 4-2 所示,单杆活塞缸只有一端带活塞杆,也有缸定式和杆定式两种安装形式,液压缸的工作台的最大移动范围都是活塞(或液压缸筒)有效行程 l 的 2 倍。

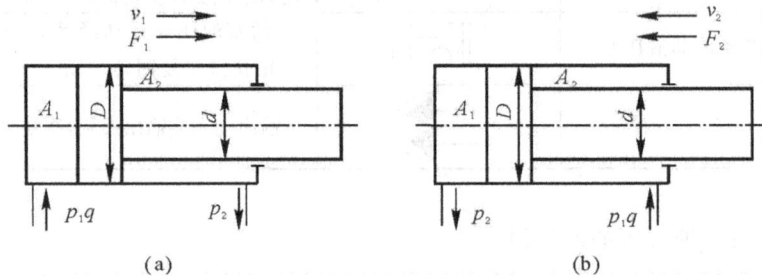

图 4-2　单杆活塞缸

由于液压缸两腔的有效工作面积不等,因此活塞双向运动可以获得不同的输出力和速度。

(1) 无杆腔进油时。如图 4-2(a) 所示,压力油进入无杆腔,推动活塞向右运动。如果输入的油液流量为 q,则液压缸产生的实际推力 F_1 和运动速度 v_1 分别为

$$F_1 = (p_1 A_1 - p_2 A_2)\eta_m = \frac{\pi}{4}\left[D^2 p_1 - (D^2 - d^2)p_2\right]\eta_m \qquad (4-3)$$

$$v_1 = \frac{q\eta_V}{A_1} = \frac{4q\eta_V}{\pi D^2} \qquad (4-4)$$

式中,v_1 为液压缸的运动速度;F_1 为液压缸的实际推力;η_V、η_m 分别为液压缸的容积效率、机械效率;q 为输入液压缸的油液流量;p_1、p_2 分别为液压缸进油压力、回油压力;D、d 分别为活塞、活塞杆直径;A_1、A_2 分别为活塞的无杆腔、有杆腔的有效工作面积。

(2) 有杆腔进油时。如图 4-2(b) 所示,压力油进入有杆腔,推动活塞向左运动。如果输入的油液流量为 q,则液压缸产生的实际推力 F_2 和运动速度 v_2 分别为

$$F_2 = (p_1 A_2 - p_2 A_1)\eta_m = \frac{\pi}{4}\left[(D^2 - d^2)p_1 - D^2 p_2\right]\eta_m \qquad (4-5)$$

$$v_2 = \frac{q}{A_2}\eta_V = \frac{4q\eta_V}{\pi(D^2 - d^2)} \qquad (4-6)$$

液压缸往复运动时的速度 v_2 与 v_1 之比称为速度比 λ_v,即

$$\lambda_v = \frac{v_2}{v_1} = \frac{1}{1 - \left(\dfrac{d}{D}\right)^2} \qquad (4-7)$$

比较上述各式,可以得知:

1) 因为液压缸两腔面积不等,$A_1 > A_2$,所以输入相同压力的油液时,液压缸往复运动时

产生的推力不等；输入相同流量的油液时，液压缸往复运动速度不等。

2）活塞杆伸出时，液压缸产生的推力较大，速度较小；活塞杆缩回时，液压缸产生的推力较小，速度较大。因此，活塞杆伸出时，适用于重载慢速的场合；活塞杆缩回时，适用于轻载快速的场合。

3）活塞杆直径越小，速度比 λ_v 越接近 1，液压缸在两个方向上的速度差就越小。

（3）差动连接。如果将单杆液压缸的左、右两腔相互接通并同时输入压力油，即成为差动连接，如图 4-3 所示。差动连接的单杆液压缸称为差动液压缸。差动液压缸左、右两腔的油液压力相同，但是因左腔（无杆腔）的有效面积大于右腔（有杆腔）的有效面积，故活塞向右运动，同时使右腔中排出的油液（流量为 q'）也进入左腔，加大了流入左腔的流量（$q + q'$），从而也加快了活塞移动的速度。差动活塞缸实际推力 F_3 和运动速度 v_3 分别为

图 4-3　差动缸

$$F_3 = p_1(A_1 - A_2)\eta_m = \frac{\pi}{4}d^2 p_1 \eta_m \qquad (4-8)$$

$$v_3 = \frac{q}{A_1 - A_2}\eta_v = \frac{4q\eta_v}{\pi d^2} \qquad (4-9)$$

由式（4-8）、式（4-9）可知，差动连接时，液压缸的推力比非差动连接时小，速度比非差动连接时大，这种连接方式被广泛应用于组合机床的液压动力滑台和其他机械设备的快速运动中。

如果要求差动缸活塞向右运动（差动连接）的速度与向左运动（非差动连接）的速度相等，即使得 $v_2 = v_3$，由式（4-6）和式（4-9）可得 $D = \sqrt{2}\,d$。

例 4-1　有一差动液压缸，无杆腔面积 $A_1 = 50\ \mathrm{cm^2}$，有杆腔面积 $A_2 = 25\ \mathrm{cm^2}$，负载 $F = 12.6 \times 10^3\ \mathrm{N}$，机械效率 $\eta_m = 0.92$，容积效率 $\eta_v = 0.95$。试求：

（1）供油压力大小；

（2）当活塞以 0.9 m/min 的速度运动时所需供油量；

（3）液压缸的输入功率。

解　（1）供油压力 p 为

$$p = \frac{F}{(A_1 - A_2)\eta_m} = \frac{12.6 \times 10^3}{(50-25) \times 10^{-4} \times 0.92} = 5.48\ \mathrm{MPa}$$

（2）所需供油量 q 为

$$q = \frac{(A_1 - A_2)v}{\eta_v} = \frac{(50-25) \times 10^{-2} \times 0.9 \times 10}{0.95} = 2.37\ \mathrm{L/min}$$

（3）液压缸的输入功率 P 为

$$P = \frac{Fv}{\eta_m \eta_v} = pq = \frac{5.48 \times 10^6 \times 2.37 \times 10^{-3}}{60} = 220\ \mathrm{W}$$

（二）柱塞式液压缸

柱塞式液压缸是一种单作用液压缸，其工作原理如图 4-4（a）所示。柱塞与运动部件连接，缸筒固定在机体上。压力油进入缸筒时推动柱塞带动运动部件向右运动，但反向退回时必

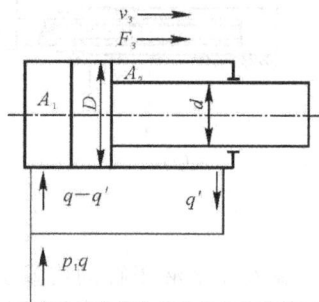

须依靠外力。若需要实现双向运动,则必须成对、反向地布置使用,如图 4 - 4(b) 所示。这种液压缸中的柱塞和缸筒不接触,运动时由缸盖上的导向套来导向,因此缸筒的内壁不需精加工。它特别适用于行程较长的场合,如大型拉床、矿用液压支架、龙门刨等。

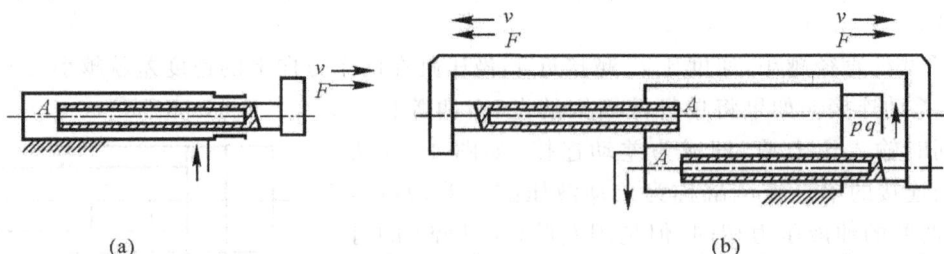

图 4 - 4　柱塞式液压缸

当输入柱塞液压缸的流量为 q,压力为 p 时,液压缸输出的推力和速度各为

$$F_3 = pA\eta_m = \frac{\pi}{4}d^2 p\eta_m \qquad (4-10)$$

$$v_3 = \frac{q}{A}\eta_V = \frac{4q\eta_V}{\pi d^2} \qquad (4-11)$$

(三) 摆动液压缸

摆动液压缸也称摆动液压马达,主要用来驱动作间歇回转运动的工作机构,常用于夹紧装置、送料装置、转位装置以及需要周期性进给的系统中。

摆动液压缸分为单叶片式和双叶片式两种。如图 4-5(a) 所示为单叶片式摆动液压缸,其摆动角度一般小于 300°;如图 4 - 5(b) 所示为双叶片式摆动液压缸,其摆动角度小于 150°。

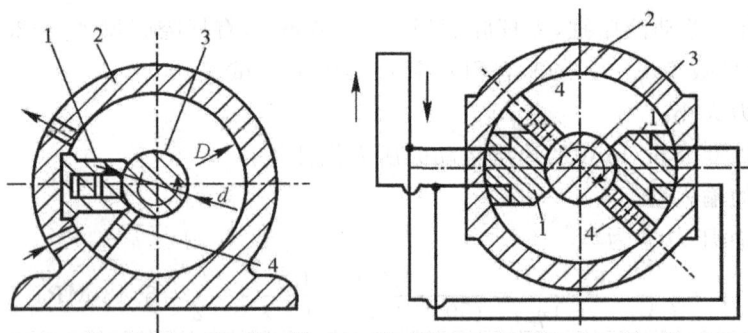

图 4 - 5　摆动液压缸
1—定子块;　2—缸体;　3—摆动轴;　4—叶片

叶片式摆动液压缸的输出扭矩 T 和角速度 ω 为

$$T = \frac{Zb(D^2 - d^2)}{8}\Delta p\eta_m \qquad (4-12)$$

$$\omega = \frac{8q\eta_V}{Zb(D^2 - d^2)} \qquad (4-13)$$

式中,D 为缸体内孔直径;d 为摆动轴直径;b 为叶片轴向宽度;Δp 为进出口压力差;Z 为叶片数;q 为输入流量。

从式(4-12)、式(4-13)中可以看出,当摆动缸结构尺寸相同、输入压力相同时,随着叶片数的增加,其输出扭矩相应加大,而回转角速度相应减小。

(四) 伸缩式液压缸

伸缩式液压缸又称多级液压缸,如图4-6所示。它是由两个或多个活塞套装而成的。它的前一级活塞缸的活塞杆内孔是后一级活塞缸的缸筒,伸出时可获得很长的工作行程,缩回时可保持很小的结构尺寸,因此应用于安装空间受到限制而行程要求很长的场所,如翻斗汽车、起重机的伸缩臂等。

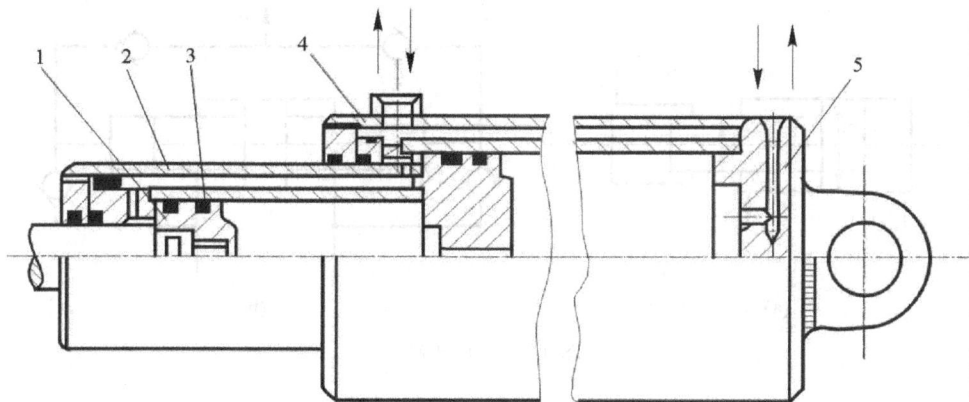

图4-6　双作用伸缩液压缸

伸缩缸可以是如图4-7(a)所示的单作用式,也可以是如图4-7(b)所示的双作用式,前者靠外力回程,后者靠液压力回程。

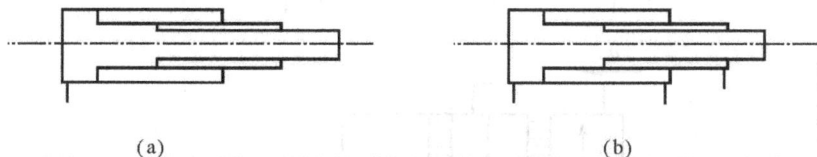

(a)　　　　　　　　　　　　　　　(b)

图4-7　伸缩缸

伸缩缸的外伸动作是逐级进行的。首先是最大直径的缸筒以最低的油液压力开始外伸,在到达行程终点后,稍小直径的缸筒开始外伸,直径最小的末级最后伸出。随着工作级数变大,外伸缸筒直径越来越小,工作油液压力随之升高,工作速度变快。

(五) 其他液压缸

1. 增压液压缸

增压液压缸又称增压器,如图4-8所示,它是由大直径活塞缸和小直径柱塞缸(或活塞缸)串接而成的。当大活塞腔输入低压大流量油液时,推动大活塞和与其相连的小柱塞运动,使柱塞缸输出高压小流量油液,满足执行机构的需要。增压缸不起执行元件作用,而是起提高工作油液压力的作用。增压缸主要用于某些短时或局部需要高压液体的设备中。它有单作用和双作用两种型式。单作用增压缸的工作原理如图4-8(a)所示,当输入活塞缸的液体压力为 p_1,

活塞直径为 D，柱塞直径为 d 时，柱塞缸中输出的液体压力为高压 p_2，其值为

$$p_2 = \left(\frac{D}{d}\right)^2 p_1 = Kp_1 \tag{4-14}$$

式中，$K = \dfrac{D^2}{d^2}$，称为增压比，代表其增压程度。

单作用增压缸在柱塞运动到终点时，不能再输出高压液体，需要将活塞退回到左端位置，再向右行时才又输出高压液体，为了克服这一缺点，可采用双作用增压缸，如图 4-8(b) 所示，由两个高压端连续向系统供油。

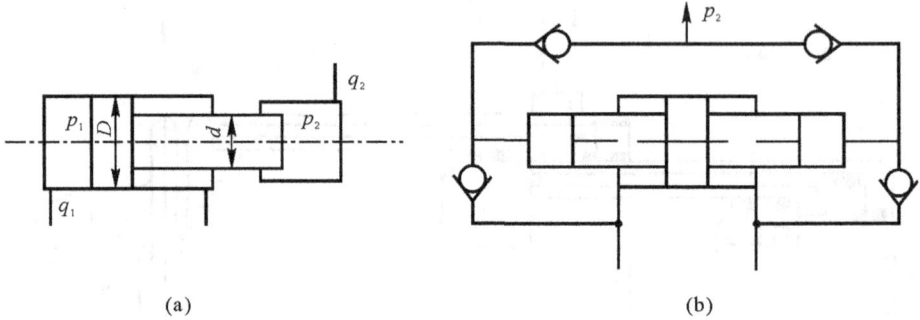

(a)　　　　　　　　　　　(b)

图 4-8　增压缸

2. 增力缸

图 4-9 所示为两个单杆活塞缸串联在一起的增力缸。当液压油通入两缸左腔时，串联活塞向右移动，两缸右腔的油液同时排出。这种液压缸的推力等于两缸推力总和，即

$$F = p\,\frac{\pi}{4}D^2 + p\,\frac{\pi}{4}(D^2 - d^2) = p\,\frac{\pi}{4}(2D^2 - d^2) \tag{4-15}$$

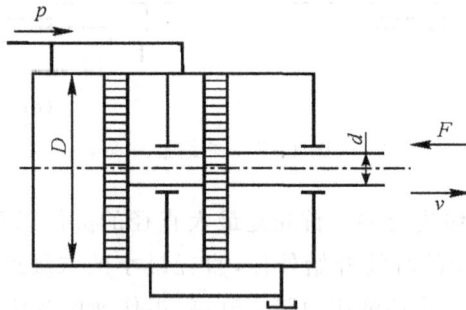

图 4-9　增力缸示意图

这种液压缸用于径向安装尺寸受到限制而输出力又要求很大的场合。

3. 齿条缸

齿条活塞液压缸也称无杆液压缸，其工作原理如图 4-10 所示。它由两个活塞缸和一套齿条传动装置组成，活塞的移动经齿轮齿条传动装置变成齿轮的传动，用于实现工作部件的往复摆动或间歇进给运动。

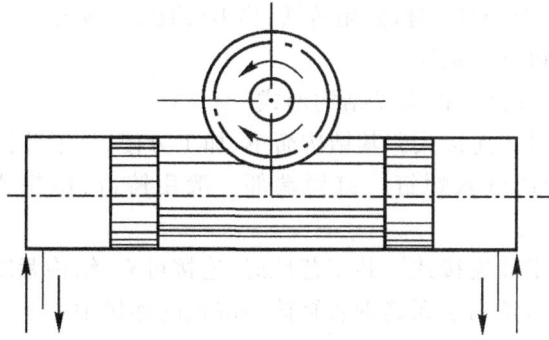

图4-10 齿条缸

二、液压缸的典型结构和组成

(一)液压缸的典型结构

图4-11所示为单杆活塞液压缸的结构图,它主要由缸筒4、活塞6、活塞杆7、前端盖8、后端盖1、密封件5等主要零件组成。缸筒与端盖用螺栓连接,活塞与缸筒、活塞杆与端盖之间有橡塑组合密封与唇形密封两种密封形式。该液压缸具有双向缓冲功能,工作时压力油经进油口、单向阀进入工作腔,推动活塞运动,当活塞临近终点时,缓冲套切断油路,排油只能经节流阀排出,起节流缓冲作用。

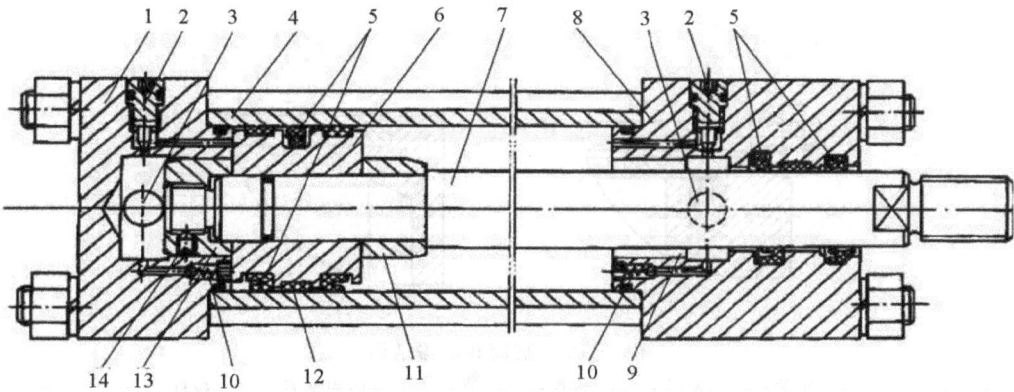

图4-11 单杆液压缸结构

1—后端盖; 2—缓冲节流阀; 3—进出油口; 4—缸筒; 5—密封件; 6—活塞; 7—活塞杆;
8—前端盖; 9—导向套; 10—单向阀; 11—缓冲套; 12—导向环; 13—无杆端缓冲套; 14—螺栓

(二)液压缸的组成

从上面所述的液压缸典型结构中看出,液压缸的结构基本上可以分为缸体组件、活塞组件、密封装置、缓冲装置和排气装置等五部分。

1.缸体组件

缸体组件指的是缸筒与缸盖,由于其与活塞组件构成密封的容腔承受油压,因此缸体组件要有足够的强度、较高的表面精度和可靠的密封性。缸体组件使用的材料、连接方式与工作压力有关。当工作压力 $p < 10\ \text{MPa}$ 时,使用铸铁;当 $10\ \text{MPa} \leqslant p < 20\ \text{MPa}$ 时,使用无缝钢管;当 $p \geqslant 20\ \text{MPa}$ 时,使用铸钢或锻钢。

图 4-12 所示为缸筒和缸盖的常见结构形式。

图 4-12(a) 所示为法兰连接式。其结构简单、加工方便、易于装拆,但要求缸筒端部有足够的壁厚,用以安装螺栓或旋入螺钉。缸筒端部一般用铸造、镦粗或焊接方式制成粗大的外径。

图 4-12(b) 所示为半环连接式。其工艺性好、连接可靠、结构紧凑,但因为缸筒壁部开了环形槽而削弱了缸筒强度,常用于无缝钢管缸筒与缸盖的连接中。

图 4-12(c) 所示为螺纹连接式。其体积小、质量轻、结构紧凑,但缸筒端部结构复杂,外径加工时要求保证内外径同心,装拆要使用专用工具,常用于无缝钢管或铸钢的缸筒上。

图 4-12(d) 所示为拉杆连接式。其结构简单、工艺性好、通用性强,但端盖的体积和质量较大,拉杆受力后会变形,影响密封效果,适用于长度较小的中低压缸。

图 4-12(e) 所示为焊接连接式。其强度高,制造简单,但缸底处内径不易加工,且可能引起变形,无法拆卸。

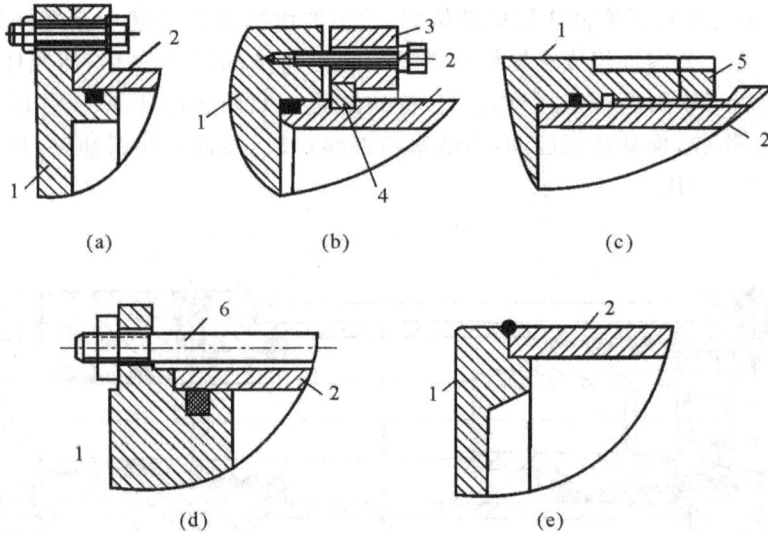

图 4-12 缸筒和缸盖结构

1—缸盖; 2—缸筒; 3—压板; 4—半环; 5—防松螺帽; 6—拉杆

2. 活塞组件

活塞组件由活塞、活塞杆和连接件等组成。活塞一般用耐磨铸铁制造,活塞杆不论空心还是实心,大多用钢料制造。活塞和活塞杆的连接方式很多。整体式和焊接式活塞结构简单,轴向尺寸紧凑,但损坏后需整体更换。锥销式连接加工容易,装配简单,但承载能力小,且需要有必要的防止脱落措施。

图 4-13(a) 采用螺纹式连接,其结构简单,装拆方便,适用于负载较小、受力无冲击的液压缸中。

图 4-13(b) 和(c) 采用半环式连接,其强度高,但结构复杂,装拆不便。

图 4-13(d) 所示是一种径向销式连接结构,适用于双杆式活塞。

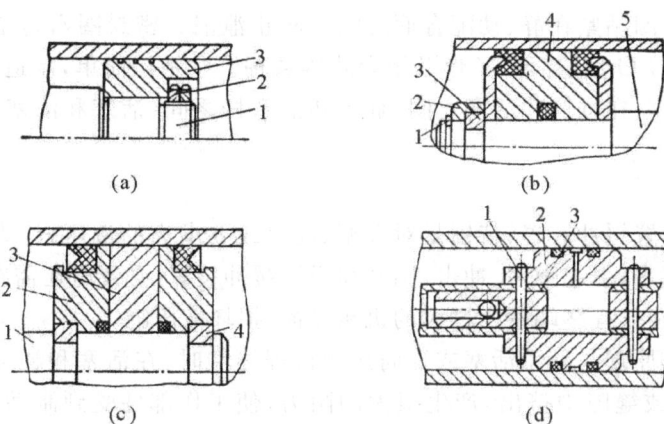

图 4-13　常见的活塞组件结构形式

3. 密封装置

在液压系统中,密封件的作用是防止工作介质的内、外泄漏,以及防止灰尘、金属屑等异物侵入液压系统,影响液压设备工作的可靠性及降低液压元件的工作寿命。液压缸的密封主要指活塞、活塞杆处的动密封和缸盖等处的静密封。密封分为间隙密封和非间隙密封,前者必须保证一定的配合间隙,后者则是利用密封件的变形达到完全消除两个配合面的间隙或使间隙控制在需要密封的液体能通过的最小间隙以下。液压缸中常见的密封装置有各种形式,如间隙密封、密封圈密封、活塞环密封、机械密封、组合密封垫圈等。

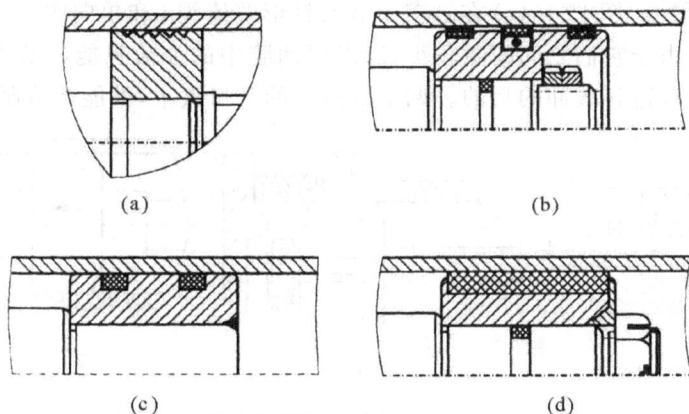

图 4-14　密封装置

(a)间隙密封;　(b)摩擦环密封;　(c)O形圈密封;　(d)V形圈密封

图 4-14(a)所示为间隙密封,其依靠相对运动零件配合面间的微小间隙来防止泄漏。其特点是结构简单、摩擦力小、耐用,但对零件的加工精度要求较高,且难以完全消除泄漏,故只适用于低压、小直径的快速液压缸。

图 4-14(b)所示为摩擦环密封,其依靠装在活塞环形槽内的弹性金属环紧贴缸筒内壁实现密封。它的密封效果较间隙密封好,可耐高温,磨损后有自动补偿能力,摩擦力小,工作可靠,寿命长,但加工要求高,装拆较不便,一般用于高压、高速和高温的场合。

图 4-14(c)、图 4-14(d)所示为密封圈(O形圈、V形圈等)密封,其利用橡胶或塑料的弹

性使各种截面的环形圈贴紧在静、动配合面之间来防止泄漏。密封圈密封是液压系统中应用最广泛的一种密封,有O形、V形、Y形及组合式等数种。它结构简单,制造方便,磨损后有自动补偿能力,性能可靠,在缸筒和活塞之间、缸盖和活塞杆之间、活塞和活塞杆之间、缸筒和缸盖之间都能使用。

4. 缓冲装置

液压缸一般都设置缓冲装置,特别是对大型、高速或要求高的液压缸,为了防止活塞在行程终点和缸盖相互撞击,引起噪声、冲击,则必须设置缓冲装置,必要时还需在液压传动系统中设置缓冲回路,以免在行程终端发生过大的机械碰撞,损坏液压缸。

缓冲装置的工作原理是利用活塞或缸筒接近行程终端时,在活塞和缸盖之间封住一部分油液,强迫它从小孔或缝隙中挤出,产生很大的阻力,使工作部件受到制动,逐渐减慢运动速度,以避免活塞与缸盖相互撞击。

液压缸中常用的缓冲装置如图4-15所示。

(1) 固定节流缓冲。如图4-15(a)是缝隙节流,当活塞移动到其端部时,活塞上的凸台进入缸盖的凹腔,将封闭在回油腔中的油液从凸台和凹腔之间的环状缝隙δ中挤压出去,从而造成背压,迫使运动活塞降速制动,以实现缓冲。这种缓冲装置结构简单,缓冲效果好,但冲击压力较大。

(2) 可变节流缓冲。图4-15(b)在活塞上开有横截面为三角形的轴向斜槽,当活塞移近液压缸缸盖时,活塞与缸盖间的油液需经三角槽流出,从而在回油腔中形成背压,以达到缓冲的目的。

(3) 可调节流缓冲。图4-15(c)在缸盖中装有针形节流阀1和单向阀2。当活塞移近缸盖时,凸台进入凹腔。由于它们之间间隙较小,所以回油腔中的油液只能经节流阀流出,从而在回油腔中形成背压,以达到缓冲的目的。调节节流阀的开口大小,就能调节制动速度。

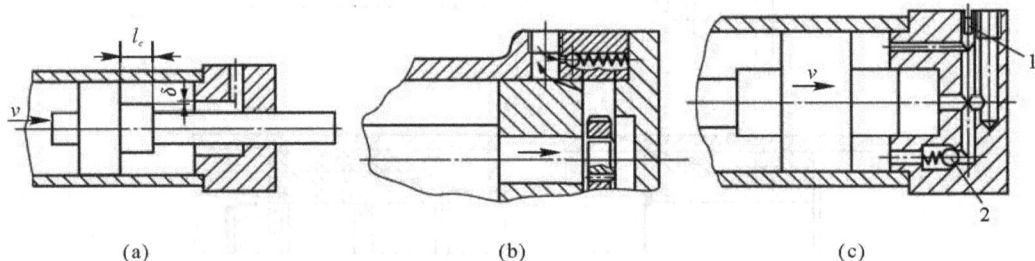

图4-15 液压缸的缓冲装置
1— 节流阀; 2— 单向阀

5. 排气装置

液压系统在安装过程中或长时间停止工作之后会渗入空气,油液中含有的气体也会进入到液压系统。空气积聚使得液压缸运动不平稳,低速时产生爬行。压力增大时还会产生绝热压缩而造成局部高温,有可能烧坏密封件。启动时引起振动和噪声,换向时降低精度。因此,需要及时排除积留在缸中和系统中的空气。一般可在液压缸内腔的最高部位设置排气孔或专门的排气装置。

图4-16(a)所示为排气孔,通过长管道向远处排气阀排气。

图4-16(b),(c)采用排气塞和排气阀。当松开排气阀螺钉时,带着空气的油液便通过锥

面间隙经小孔溢出,待系统内气体排完后,便拧紧螺钉,将锥面密封。

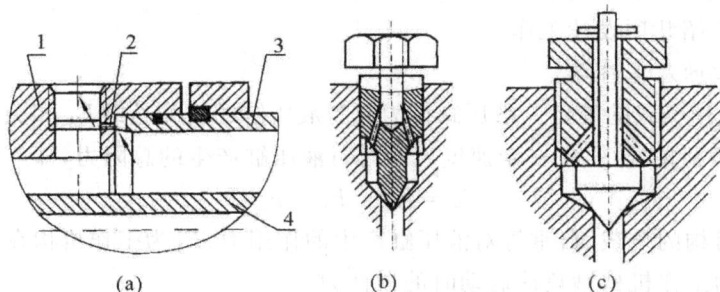

图 4-16 排气装置

1—缸盖; 2—放气小孔; 3—缸体; 4—活塞杆

三、液压缸的设计和计算

(一) 设计的依据及注意事项

液压缸是液压传动的执行元件,它与主机的工作机构有着直接的联系,是整个液压系统设计的重要内容之一。 对于不同的设备,液压缸具有不同的用途和工作要求。 因此,在设计之前,应作好充分调查研究,收集必要的原始资料,主要有:

(1) 设备的用途和工作条件;

(2) 工作机构的结构特点、负载情况、速度要求、行程大小和动作要求;

(3) 液压系统所选定的工作压力;

(4) 材料、配件和加工工艺的现实状况;

(5) 有关国家标准和技术规范等。

设计液压缸的结构时,应注意下列几个问题:

(1) 在保证设计要求的前提下,尽量使结构简单紧凑、尺寸小,采用标准形式和标准件,使设计、制造容易,装配、调整、维护方便。

(2) 尽量使活塞杆在受拉状态下承受最大负载,或在受压状态下具有良好的纵向稳定性。

(3) 正确确定液压缸的安装、固定方式。如承受弯曲的活塞杆不能用螺纹连接,要用止口连接。液压缸不能在两端用键或销定位,只能在一端定位,为的是不致阻碍它在受热时的膨胀。

总之,液压缸的设计内容不是一成不变的,设计步骤可能要经过多次反复修改,才能得到正确、合理的设计结果。

(二) 液压缸的设计内容和步骤

(1) 选择液压缸的类型和各部分结构形式;

(2) 确定液压缸的基本参数,主要包括工作负载、工作速度、工作行程和结构尺寸等;

(3) 强度、稳定性计算和校核;

（4）导向、密封、防尘、排气和缓冲等装置的设计；

（5）绘制液压缸装配图、零件图，编写设计说明书。

下面只着重介绍几项设计工作。

1. 确定液压缸的基本参数

（1）液压缸工作负载的确定。液压缸推力 F 与液压缸的工作负载 F_R 相关，工作负载 F_R 是指工作机构在满负荷情况下，以一定速度启动时对液压缸产生的总阻力，即

$$F_R = F_L + F_f + F_g \qquad (4-16)$$

式中，F_L 为工作机构的负载、自重等对液压缸产生的作用力；F_f 为工作机构在满负荷下启动时的静摩擦力；F_g 为工作机构满负荷启动时的惯性力。

液压缸的推力 F 应等于或略大于它的工作负载 F_R。

（2）液压缸的主要尺寸计算。液压缸的主要尺寸包括缸筒内径 D、活塞杆直径 d 和缸筒长度等。

1）缸筒内径 D 和活塞杆直径 d。缸筒内径即活塞外径，是液压缸的主要参数。其可根据液压系统中的最大总负载和选取的工作压力来确定。

对于单杆液压缸而言，无杆腔进油并且不考虑机械效率，要求液压缸产生的推力为 F_1 时，由式（4-3）可得

$$D = \sqrt{\frac{4F_1}{\pi(p_1-p_2)} - \frac{d^2 p_2}{p_1-p_2}} \qquad (4-17)$$

有杆腔进油并且不考虑机械效率，要求液压缸产生的推力为 F_2 时，由式（4-5）可得

$$D = \sqrt{\frac{4F_2}{\pi(p_1-p_2)} + \frac{d^2 p_1}{p_1-p_2}} \qquad (4-18)$$

式中，一般选取回油背压 $p_2=0$，于是式（4-17）和式（4-18）便可简化，即无杆腔、有杆腔进油时分别为

$$D = \sqrt{\frac{4F_1}{\pi p_1}} \quad \text{和} \quad D = \sqrt{\frac{4F_2}{\pi p_1} + d^2} \qquad (4-19)$$

式中，活塞杆直径 d 可根据工作压力或设备类型选取，也可查机械设计手册或参考表4-2。

表4-2 液压缸工作压力与活塞杆直径

液压缸工作压力 p/MPa	$\leqslant 5$	$5\sim 7$	>7
推荐活塞杆直径 d/mm	$(0.5\sim 0.55)D$	$(0.6\sim 0.7)D$	$0.7D$

当液压缸往复运动速度比有一定要求时，推荐的速度比见表4-3。可得活塞杆直径为

$$d = D\sqrt{\frac{\lambda_v - 1}{\lambda_v}} \qquad (4-20)$$

表4-3 液压缸往复速度比推荐值

液压缸工作压力 p/MPa	$\leqslant 10$	$10\sim 20$	>20
往复速度比 λ_v	1.33	$1.46\sim 2$	2

计算所得的液压缸内径 D 和活塞杆直径 d 应查液压设计手册，将其圆整到标准系列值，圆

整后,液压缸的工作压力应作相应的调整。

2) 液压缸缸筒长度和最小导向长度。通常液压缸缸筒长度是活塞最大行程 L、活塞长度 B、活塞杆导向长度 H 和特殊要求的其他长度的总和(见图 4-17)。其中,活塞长度 $B = (0.6 \sim 1.0)D$;活塞杆导向长度 $A = (0.6 \sim 1.5)d$;其他长度是指一些特殊装置所需长度,如缓冲装置所需长度等。为了减少加工难度,一般液压缸的缸筒长度不应大于内径的 20 ~ 30 倍。

当活塞杆全部外伸时,从活塞支承面中点到导向套滑动面中点的距离称为最小导向长度 H(见图 4-17)。如果导向长度太小,将使液压缸的初始挠度增大,影响液压缸的稳定性。对于一般的液压缸,H 应满足以下要求:

$$H \geqslant \frac{L}{20} + \frac{D}{2} \tag{4-21}$$

式中,L 为液压缸最大行程;D 为液压缸内径。

为保证最小导向长度,必要时可在导向套和活塞之间装一隔套 K,隔套的长度为

$$C = H - \frac{1}{2}(A + B)$$

采用隔套不仅能保证最小导向长度,还可以改善导向套及活塞的通用性。

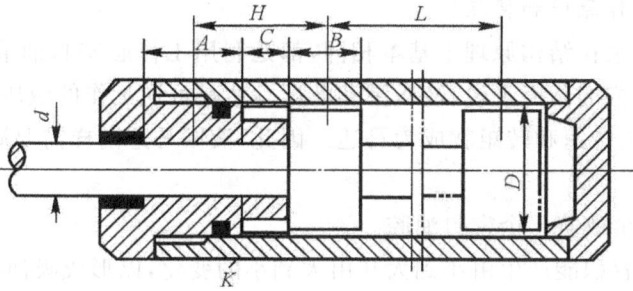

图 4-17　导向长度

2. 液压缸的校核

在高压系统中,对液压缸的缸筒壁厚 δ、活塞杆直径 d 和缸盖固定螺栓的直径需进行强度校核。

(1) 缸筒壁厚校核。在中、低压液压系统中,液压缸缸筒的壁厚常由结构工艺上的要求决定,强度问题是次要的,一般无须校核。在高压系统中,需校核缸筒壁厚。

当 $D/\delta \geqslant 10$ 时,为薄壁缸筒,壁厚按下式进行校核:

$$\delta \geqslant \frac{pD}{2[\sigma]} \tag{4-22}$$

式中,p 为缸筒试验压力。当缸的额定压力 $p_n \leqslant 16$ MPa 时,取 $p = 1.5p_n$;当 $p_n > 16$ MPa 时,取 $p = 1.25p_n$。$[\sigma]$ 为活塞杆材料的许用应力,$[\sigma] = \sigma_b/n$;σ_b 为液压缸材料的抗拉强度极限;n 为安全系数,一般取 $n = 5$。

当 $D/\delta < 10$ 时为厚壁缸筒,壁厚按下式进行校核:

$$\delta \geqslant \frac{D}{2}\left(\sqrt{\frac{[\sigma] + 0.4p}{[\sigma] - 1.3p}} - 1\right) \tag{4-23}$$

(2) 液压缸活塞杆稳定性校核。只有当液压缸活塞杆计算长度 $L \geqslant 10d$ 时,才进行其纵向

稳定性的验算。验算可按材料力学有关公式进行。

（3）液压缸连接螺栓的强度校核。当缸体与缸盖用螺栓连接时，螺栓同时承受拉应力和扭应力，计算时可将螺栓所受外力加大 30% 来考虑，即合成应力 $\sigma_\Sigma = 1.3\sigma$，然后按材料力学公式进行校核。

第二节 液压马达

液压马达（简称马达）是将输入的液体压力能转换成机械能的能量转换装置，常置于液压系统的输出端，直接或间接驱动工作部件连续回转而做功。

在本节中主要从液压马达的特点及性能参数、典型液压马达的结构和原理及液压马达的选用三个方面进行介绍。

一、液压马达概述

（一）液压马达的特点和分类

1. 液压马达的工作原理和特点

液压马达和液压泵在结构原理上基本相同，都是利用工作腔密封油液容积的变化来工作的。从原理和能量转换的角度来说，液压泵和液压马达是可逆工作的液压元件，即向液压泵输入工作液体，其轴输出转速和转矩就成为马达。因此，液压马达同样需要满足容积式液压机械的三个条件，即：

（1）必须具有一个或若干个密封油腔。

（2）密封油腔的容积能产生由小到大和由大到小的变化，以形成吸油和压油过程。

（3）具有相应的配流机构以使吸油和排油过程能各自独立完成。实现进油、排油的方式称为配流。

可以看出，密封油腔容积如何构成及如何变化是理解液压马达工作原理的关键。液压马达的工作原理在此不再赘述。

必须指出，由于液压泵和液压马达的工作条件不同，对各自的性能要求也不一样，因此，同类型的液压泵和液压马达尽管结构很相似，但仍存在不少差异，所以实际使用中大部分液压泵和液压马达不能互相代用（注明可逆的除外）。其中主要差异有以下几点：

（1）液压马达往往要求能正、反转，因而它的内部结构必须对称；液压泵通常都单向旋转，其内部结构可以不对称。

（2）液压马达不需要具备自吸能力，进、出油口的尺寸相同；液压泵通常要求具备自吸能力，在自吸工况下，其吸油腔呈真空，需防止产生气穴和气蚀现象，通常将进油口做得比出油口大。

（3）液压马达转速范围需要足够大，特别对其最低稳定转速有一定要求；液压泵的转速高且一般变化小，因此，为保证马达低速运转时具有良好的润滑，多采用滚动轴承或静压滑动轴承，而不采用动压滑动轴承。

（4）液压马达应具有良好的启动特性和低速稳定性，因此尽量提高马达的启动扭矩和效率,减小其扭矩脉动程度。

2. 液压马达的分类

液压马达根据其转速分为高速液压马达和低速液压马达两类。一般认为,额定转速高于 500 r/min 的马达属于高速液压马达;额定转速低于 500 r/min 的马达则属于低速液压马达。

液压马达按其结构形式,可以分为齿轮式、叶片式和柱塞式;按其排量是否可调,分为定量式和变量式。

不同类型的液压马达的职能符号如图 4-18 所示。

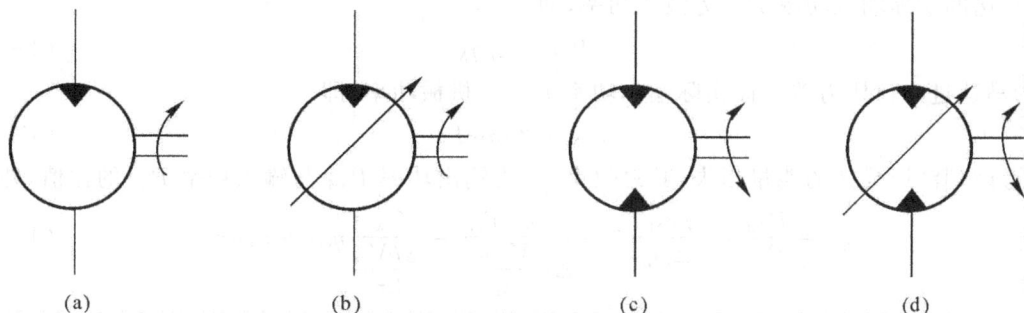

图 4-18　液压马达的职能符号

(a) 单向定量马达;　(b) 单向变量马达;　(c) 双向定量马达;　(d) 双向变量马达

(二) 液压马达的性能参数

1. 工作压力和额定压力

液压马达的工作压力 p_M 是指其输入油液的实际压力,工作压力的大小取决于外界负载。

额定压力 p_{tM} 是指马达在正常工作条件下,按试验标准规定能连续运转的最高压力。

2. 排量和流量

液压马达的排量 V_M 是在不考虑泄漏的情况下,液压马达每转一周所需要输入液体的体积。

理论流量 q_{tM} 是在不考虑泄漏的情况下,液压马达在单位时间内所需输入液体的体积,即

$$q_{tM} = n_M V_M \qquad (4-24)$$

实际流量 q_M 是为了保证马达的转速满足要求,输入马达的流量。实际流量和理论流量之差即为马达的泄漏量 Δq,即

$$\Delta q = q_M - q_{tM} \qquad (4-25)$$

3. 容积效率和转速

液压马达的理论流量 q_{tM} 与实际流量 q_M 之比为马达的容积效率 η_{VM},即

$$\eta_{VM} = \frac{q_{tM}}{q_M} \qquad (4-26)$$

马达的输出转速等于理论流量 q_{tM} 与排量 V_M 的比值,即

$$n_M = \frac{q_{tM}}{V_M} = \frac{q_M}{V_M} \eta_{VM} \qquad (4-27)$$

4.转矩和机械效率

马达的输出转矩称为实际输出转矩 T_M。由于马达中存在机械摩擦,马达的实际输出转矩 T_M 小于理论转矩 T_{tM},马达的实际输出转矩 T_M 与理论转矩 T_{tM} 之比称为马达的机械效率 η_{mM},即

$$\eta_{mM} = \frac{T_M}{T_{tM}} \tag{4-28}$$

5.功率和总效率

马达的实际输入功率 P_{iM} 为液压功率,即

$$P_{iM} = \Delta p q_M \tag{4-29}$$

Δp 为马达进出口压力差。而实际输出功率 P_{oM} 为机械功率,即

$$P_{oM} = 2\pi n_M T_M \tag{4-30}$$

考虑到液压马达的能量损失,其总效率 η_M 为输出功率 P_{oM} 与输入功率 P_{iM} 的比值,即

$$\eta_M = \frac{P_{oM}}{P_{iM}} = \frac{2\pi n_M T_M}{\Delta p q_M} = \frac{2\pi n_M T_M}{\Delta p \dfrac{V_M n_M}{\eta_{VM}}} = \frac{T_M}{\dfrac{\Delta p V_M}{2\pi}} \eta_{VM} = \eta_{mM} \eta_{VM} \tag{4-31}$$

由式(4-31)可得到马达的实际输出转矩的计算公式为

$$T_M = \frac{\Delta p V_M}{2\pi} \eta_{mM} \tag{4-32}$$

例 4-2 液压马达排量 $V_M = 250 \text{ mL/r}$,入口压力 p_1 为 9.8 MPa,出口压力 p_2 为 0.49 MPa,其总效率 $\eta_M = 0.9$,容积效率 $\eta_{VM} = 0.92$。当输入流量 q_M 为 22 L/min 时,试求:

(1)马达的输出转矩;

(2)马达的输出转速。

解 (1)理论转矩为

$$T_{tM} = \frac{\Delta p V_M}{2\pi} = \frac{(9.8 - 0.49) \times 10^6 \times 250 \times 10^{-6}}{2\pi} = 370.4 \text{ N·m}$$

机械效率为

$$\eta_{mM} = \frac{\eta_M}{\eta_{VM}} = \frac{0.9}{0.92} = 0.978$$

输出转矩

$$T_M = T_{tM} \eta_{mM} = 370.4 \times 0.978 = 362.4 \text{ N·m}$$

(2)理论流量为

$$q_{tM} = q_M \eta_{VM} = 22 \times 0.92 = 20.24 \text{ L/min}$$

输出转速

$$n_M = \frac{q_{tM}}{V_M} = \frac{20.24}{250 \times 10^{-3}} = 80.96 \text{ r/min}$$

二、典型液压马达的结构和原理

(一)高速液压马达

高速液压马达的基本形式有齿轮式、螺杆式、叶片式和轴向柱塞式等。其主要特点是转速

较高、转动惯量小,便于启动和制动,调速和换向的灵敏度高。通常高速液压马达的输出转矩不大(仅几十牛·米到几百牛·米),最低稳定转速较高,只能满足高速小扭矩工况,所以又称为高速小转矩液压马达。

1. 双作用叶片马达

图4-19所示为双作用叶片马达的工作原理图。当压力油经过配油窗口进入叶片1和叶片3(或叶片5和叶片7)之间的密封工作腔时,进油腔的叶片2,6和回油腔的叶片4,8因两面所受液压力相同,故不产生转矩。叶片1和叶片3一侧作用有高压油,另一侧为低压油。由于叶片3的承压面积大于叶片1承压的面积,因此使转子产生顺时针转动的力矩。同理,作用在叶片5和叶片7之间的液压力也使转子产生顺时针转矩。两者的转矩和即为液压马达产生的输出转矩。当定子的长短径差值越大,转子的直径越大,以及输入的压力越高时,叶片马达输出的转矩也越大。在供油量一定的情况下,液压马达将以确定的转速旋转。当改变输油方向时,液压马达就反转。这样,液压马达就把油液的压力能转换成了机械能。

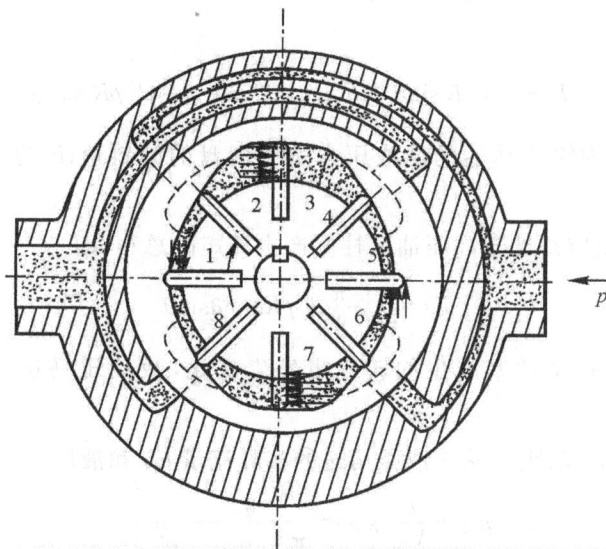

图4-19　双作用叶片马达工作原理

叶片马达的体积小,转动惯量小,因此动作灵敏,可适应的换向频率较高,但泄漏较大,不能在很低的转速下工作。因此,叶片马达一般用于转速高、转矩小和动作灵敏的场合。

2. 轴向柱塞马达

(1)工作原理。如图4-20所示为斜盘式轴向柱塞马达的工作原理图。图中,斜盘1和配油盘4固定不动,柱塞3轴向安置在缸体2中,缸体2和马达轴5相连一起旋转,斜盘1的轴线与缸体的轴线成倾角δ。当压力油输入液压马达时,处于压力腔的柱塞2被压向斜盘1,斜盘对柱塞的作用力为F_N。F_N可分解成两个分力,轴向分力F_x沿柱塞轴线向右,与柱塞所受液压力平衡;径向分力F_y垂直柱塞轴线,方向向下,使得压油区的柱塞都对转子中心产生一个转矩,驱动液压马达逆时针旋转做功。当液压马达的进、出油口互换时,马达将反向转动;当改变马达斜盘倾角时,马达的排量便随之改变,从而可以调节马达的输出转速或转矩。

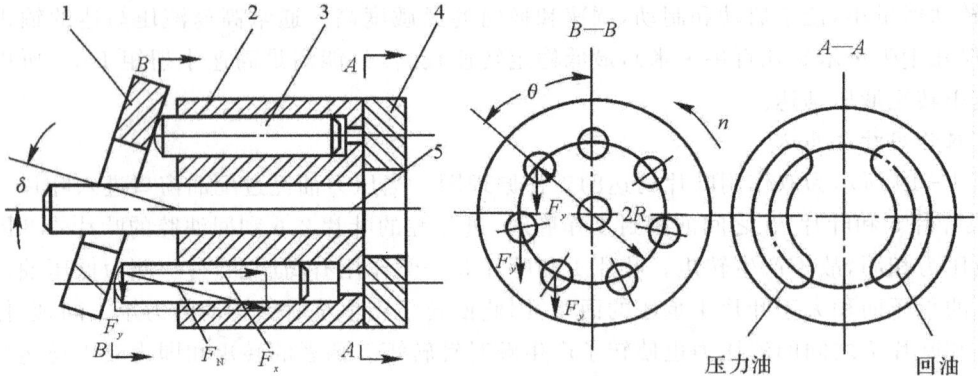

图 4-20 斜盘式轴向柱塞式液压马达工作原理

（2）转矩和转速。设第 i 个柱塞和缸体的垂直中心线夹角为 θ，则在单个柱塞产生的瞬时转矩为

$$T_i = F_y r = F_y R \sin\theta = F_x R \tan\delta \sin\theta = \frac{\pi}{4} d^2 p R \tan\delta \sin\theta \qquad (4-33)$$

式中，d 为柱塞直径；p 为输入马达的油液压力；δ 为斜盘的倾斜角；R 为柱塞在缸体的分布圆半径。

液压马达产生转矩应是处于高压油区柱塞产生转矩的总和，即

$$T = \sum \frac{\pi}{4} d^2 p R \tan\delta \sin\theta \qquad (4-34)$$

随着角 θ 的变化，每个柱塞产生的转矩也发生变化，故液压马达产生的总转矩也是脉动的。

液压马达的转速 n_M 取决于输入液压马达的实际流量 q_M 和液压马达的排量 V_M，即

$$n_M = \frac{q_M}{V_M} \eta_{VM} = \frac{q_M}{\frac{\pi}{2} d^2 Z R \tan\delta} \eta_{VM} \qquad (4-35)$$

式中，η_{VM} 为液压马达的容积效率；Z 为柱塞数。

斜盘的倾斜角越小，液压马达的排量就越小，当输入流量不变时，则液压马达的转速就越高。

（二）低速液压马达

低速液压马达的基本形式是径向柱塞式。其主要特点是输入油液压力高、排量大、低速稳定性好、输出扭矩大（可达几千牛·米到几万牛·米）、转速低（有时可达每分种几转甚至不到一转），因此可直接与工作机构连接，不需要减速装置，从而使传动机构大为简化，所以又称为低速大转矩液压马达。其广泛用于起重、运输、建筑、矿山和船舶等机械上。

低速液压马达的基本形式有 3 种：曲柄连杆型马达、静力平衡马达和多作用内曲线马达。

图 4-21 所示是曲柄连杆型径向柱塞马达的工作原理图。这种液压马达的优点是结构简单、工作可靠，但其缺点是体积和质量较大，转矩脉动较大，低速稳定性比多作用内曲线式

稍差。

　　马达由壳体1、曲柄4、连杆3、活塞组件及配油轴5组成。壳体1内沿圆周呈放射状均匀布置了5只缸体，形成星形壳体；活塞2与连杆3通过球铰连接，连杆大端做成鞍型圆柱瓦面，紧贴在曲轴4的偏心圆上；液压马达的配流轴5通过十字键与曲轴4连接在一起，随曲轴一起转动，压力油由配流轴分配到对应的活塞油缸。

　　在图4-21中，油缸的①，②，③腔通压力油，其内的活塞受到压力油的作用，其余的活塞油缸则与排油窗口接通。根据曲柄连杆机构运动原理，受油压作用的柱塞就通过连杆对偏心圆中心作用一个力，推动曲轴绕旋转中心转动，对外输出转速和扭矩。如果进、排油口对换，液压马达也就反向旋转。随着驱动轴、配流轴转动，配流状态交替变化。在曲轴旋转过程中，位于高压侧的油缸容积逐渐增大，而位于低压侧油缸的容积逐渐缩小，因此，在工作时高压油不断进入液压马达，然后由低压腔不断排出。

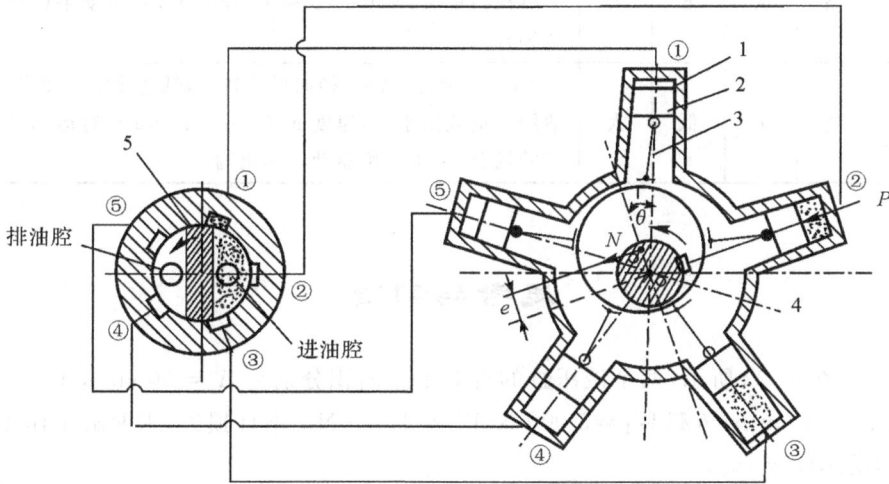

图4-21　曲柄连杆型马达工作原理

1—壳体；　2—活塞；　3—连杆；　4—曲柄；　5—配油轴

　　以上讨论的是壳体固定、曲轴旋转的情况。如果将曲轴固定，进、排油直接通到配流轴中，就可使外壳旋转，构成了所谓的车轮马达。

三、液压马达的选用

　　表4-4列出了常用液压马达的性能、特点，供选用时参考。

　　一般来讲，齿轮液压马达输出转矩小，泄漏大，但结构简单，价格便宜，可用于高转速、低转矩、运动平稳性要求不高的场合，例如驱动研磨机、风扇等。叶片液压马达惯性小，动作灵敏，但容积效率不够高，机械特性软，适用于中速以上、转矩不大，而要求启动、换向频繁的场合，例如磨床工作台的驱动等。轴向柱塞液压马达容积效率高，调整范围大，且低速稳定性好，但耐冲击性较差，对油液要求高，价格也较高，常用于要求较高的高压系统，例如内燃机车主传动中等。当要求低转速大转矩时，常采用径向柱塞式液压马达。每种液压马达都有自己的特点，使用时应根据液压系统的具体工况、使用要求、工作环境来合理选择液压马达。

表 4 - 4　常用液压马达性能比较

类型	压力	排量	转速	扭矩	性能及适用工况
齿轮马达	中低	小	高	小	结构简单,价格低,抗污染性好,效率低,用于负载扭矩不大,速度平稳性要求不高,噪声限制不大及环境粉尘较大的场合
叶片马达	中	小	高	小	结构简单,噪声和流量脉动小,适于负载扭矩不大,速度平稳性和噪声要求较高的条件
轴向柱塞马达	高	小	高	较大	结构复杂,价格高,抗污染性差,效率高,可变量,用于高速运转,负载较大,速度平稳性要求较高的场合
曲柄连杆式径向柱塞马达	高	大	低	大	结构复杂,价格高,低速稳定性和启动性能较差,适用于负载扭矩大,速度低(5 ～ 10 r/min),对运动平稳性要求不高的场合
静力平衡马达	高	大	低	大	结构复杂,价格高,尺寸比曲柄连杆式径向柱塞马达小,适用于负载扭矩大,速度低(5 ～ 10 r/min),对运动平稳性要求不高的场合
内曲线径向柱塞马达	高	大	低	大	结构复杂,价格高,径向尺寸较大,低速稳定性和启动性好,适用于负载扭矩大,速度低(0 ～ 40 r/min),对运动平稳性要求高的场合,用于直接驱动工作机构

思考与习题

4 - 1　如图 4 - 22 所示,两个液压缸的有效工作面积分别为 $A_1 = 50 \text{ cm}^2$, $A_2 = 20 \text{ cm}^2$,液压泵流量 $q_p = 3 \text{ L/min}$,负载 $W_1 = 5\ 000 \text{ N}$, $W_2 = 4\ 000 \text{ N}$。不计损失,求两缸工作压力 p_1, p_2 及两活塞运动速度 v_1, v_2。

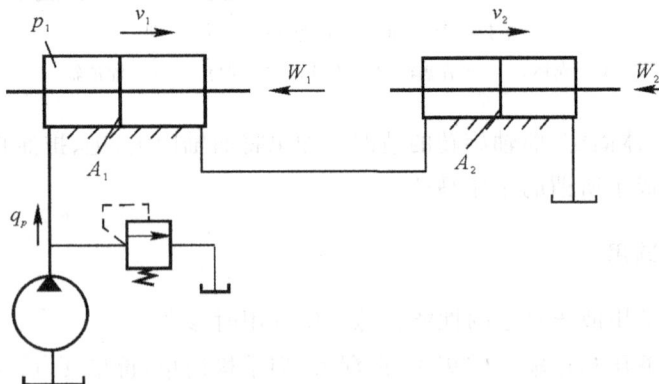

图 4 - 22　题 4 - 1 图

4 - 2　若要求某差动液压缸快进速度 v_1 是快退速度 v_2 的 3 倍,试确定活塞面积 A_1 和活塞杆截面积 A_2 之比 A_1/A_2 为多少。

4 - 3　如图 4 - 23 所示,已知活塞直径 $D = 100 \text{ mm}$,活塞杆直径 $d = 70 \text{ mm}$,进入液压缸的油液流量 $q = 25 \text{ L/min}$,压力 $p_1 = 20 \times 10^5 \text{ Pa}$,回油背压 $p_2 = 2 \times 10^5 \text{ Pa}$,试计算图 4 - 23(a),

（b），（c）所示三种情况下的运动速度大小、方向及最大推力。

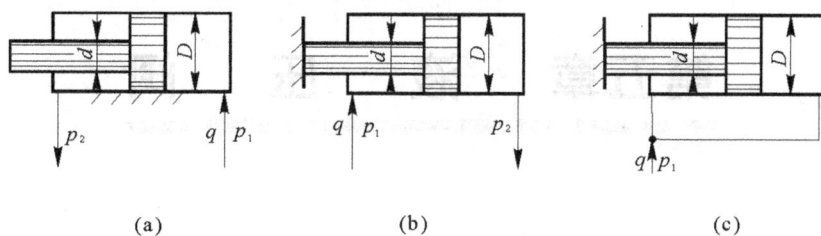

（a）　　　　　　　　（b）　　　　　　　　（c）

图 4 - 23　题 4 - 3 图

4-4　某液压马达排量为 70 mL/r，供油压力为 10 MPa，回油腔背压为 0.2 MPa，输入流量为 100 L/min，液压马达的容积效率为 0.92，机械效率为 0.94。试求：

（1）液压马达的输出转矩；

（2）液压马达的转速。

第五章 液 压 阀

第一节 液压阀概述

一、液压阀的基本结构与原理

在液压系统中用于控制液流的压力、流量以及流向的元件称为液压控制阀,简称液压阀。其作用是通过对液流压力的控制以控制执行元件的输出力(液压缸)或输出转矩(液压马达);通过对液流流量的控制以控制执行元件的输出速度(液压缸)或输出转速(液压马达);通过对液流流向的控制以控制执行元件的前进、后退、停止(液压缸)或正转、反转、停止(液压马达)。可见,液压控制阀是直接影响液压系统工作过程和工作特性的重要元件。

各类液压阀虽然形式不同、功能各异,但其基本结构主要包括阀芯、阀体和驱动阀芯在阀体内作相对运动的驱动装置。阀芯的主要形式有滑阀、锥阀和球阀(见图5-1);阀体上除有与阀芯配合的阀体孔或阀座孔外,还有进出油口;驱动装置可以是手动机构、液压力,也可以是弹簧或电磁铁。液压阀正是利用阀芯在阀体内的相对运动来控制阀口的通断及开口大小,从而实现对液流的压力、流量及流向的控制。尽管阀口结构、形状和开口量不同,但流过阀口的流量和阀口大小、压差之间的关系都符合孔口流量公式 $q = KA\Delta p^{m}$。

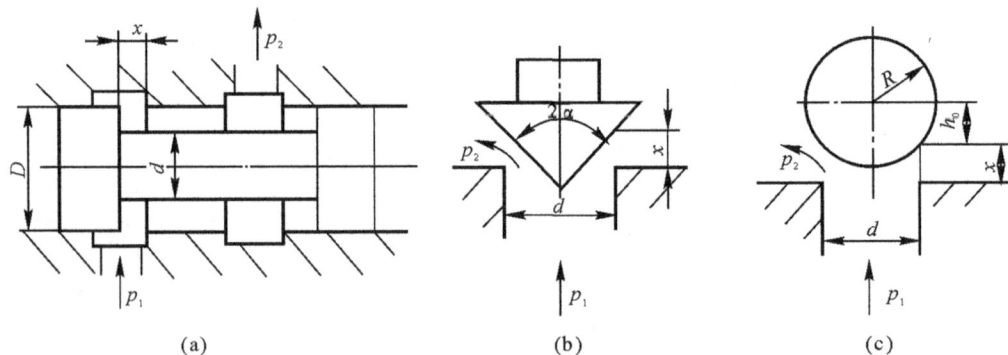

图5-1 阀的结构形式

二、液压阀的分类

液压阀的分类方法很多。

1. 按结构形式分

按结构形式,液压阀可分为滑阀(见图5-1(a))、锥阀(见图5-1(b))和球阀(见图5-1(c))。

2.按用途分

按用途,液压阀可分为以下几种:

压力控制阀 —— 用于控制或调节液压系统中液流压力或利用压力实现某种控制,从而控制或调节执行元件的输出力、转矩或起到液电信号转换的作用,如溢流阀、减压阀、顺序阀及压力继电器等。

流量控制阀 —— 用于控制或调节液压系统中液流的流量,从而控制或调节执行元件的输出速度、转速或实现多执行元件的同步动作,如节流阀、调速阀和同步阀等。

方向控制阀 —— 用于控制液压系统中液流的流向及通断,从而控制执行元件的前进与后退、正转与反转以及停止,如单向阀、换向阀等。

3.按控制方式分

按控制方式,液压阀可分为以下几种:

定值或开关控制阀 —— 被控制量为定值或通过阀口启闭来控制液流通路的阀。这类阀最常见,也称普通液压阀。

比例控制阀 —— 被控制量随输入电信号连续按比例变化的阀,如比例压力阀、比例流量阀、比例方向阀。

伺服控制阀 —— 被控制量随输入信号及反馈量连续按比例变化的阀,如电液伺服阀。

数字控制阀 —— 用数字信号来控制的阀。

4.按安装连接形式分

按安装连接形式,液压阀可分为以下几种:

管式阀 —— 阀体进出油口用螺纹或法兰直接与油管连接的阀。其优点是安装简便,其缺点是布置分散、维修不便。

板式阀 —— 板式阀的各油口均布置在同一安装面上,现多采用将阀安装在集成块(六面体)的侧面上,并由集成块内的油孔沟通阀与阀之间的油路。其优点是元件布置集中,其缺点是集成块加工成本较高,不易更改。

叠加阀 —— 板式阀的一种发展形式,也是中小流量阀推广采用的连接形式。这种阀有上、下两个安装面,阀的进出油口都在这两个面上。使用时,同规格阀的连接尺寸相同,每个阀除其自身的功能外,还起油路通道的作用,阀与阀相互叠加便组成回路,无须管道连接。其优点是结构紧凑,压力损失小,系统更改容易。

插装阀 —— 在大流量液压系统中推广采用的连接形式。

三、液压阀的性能参数

1.公称通径

公称通径代表液压阀的通流能力,对应于阀的额定流量。与阀的进出油口相连接的油管的规格应与阀的通经相一致。阀工作时的实际流量应小于或等于其额定流量。

2.额定压力

液压阀长期工作所允许的最高压力称为额定压力。

第二节　　方向控制阀

方向控制阀可分为单向阀和换向阀两大类。

一、单向阀

单向阀分为普通单向阀和液控单向阀两种。

1.普通单向阀

普通单向阀又称止回阀,其作用是只允许液流沿一个方向流过,而反向截止。

如图 5-2 所示,普通单向阀由阀体、阀芯和弹簧等零件组成。当压力油从左端(p_1 口)流入,且满足作用于阀芯上的液压力大于弹簧力和摩擦力之和时,阀芯向右移动,打开阀口,压力油经阀口、阀芯上的径向孔、轴向孔从阀体右端孔(p_2 口)流出;当压力油从右端流入时,作用于阀芯上的液压力与弹簧力一起使阀芯压紧在阀座上,使阀口关闭,即反向截止。

普通单向阀有锥阀式(见图 5-2)和球阀式(见图 5-3)两种结构形式。

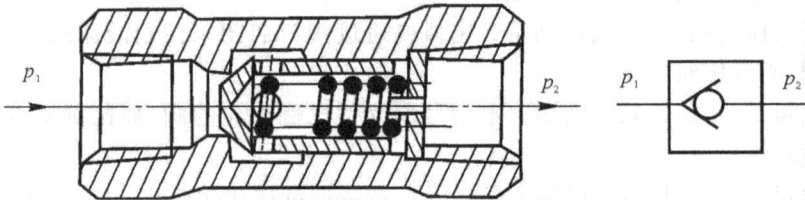

图 5-2 普通单向阀

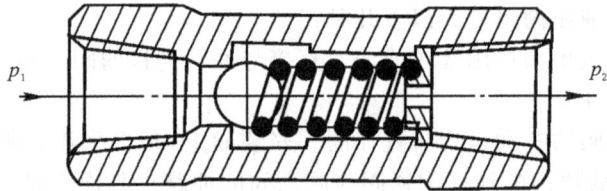

图 5-3 球阀式单向阀

对普通单向阀的主要要求:正向流动压力损失小,反向密封性能好,动作灵敏。

单向阀中的弹簧主要是用于克服阀芯与阀体孔之间的摩擦力,使阀芯复位,所以弹簧刚度一般都选得较小,以免正向流动(由 p_1 到 p_2)时产生较大的压力降。一般单向阀的正向开启压力为 0.035 ~ 0.05 MPa。若将其置于回油路中作背压阀使用,可将弹簧换成较大刚度的弹簧,此时阀的正向开启压力为 0.2 ~ 0.6 MPa。

2.液控单向阀

普通单向阀反向截止,若反向需要在可控的条件下打开,就要用液控单向阀。如图5-4所示,液控单向阀比普通单向阀多了一个控制活塞1,当控制油口 K 没有压力油流入时,其相当于普通单向阀,压力油只能由 p_1 流到 p_2,而反向截止;当控制油口 K 有压力油流入时(且压力足够),控制活塞右移(控制活塞右腔油液经泄油口流回油箱),推动顶杆2使阀芯3右移,阀口打开,p_1 与 p_2 相通。

当 p_2 较高时,要想使阀反向打开,则所需控制压力也会很高,此时可采用带卸荷阀芯的液控单向阀,如图5-5所示。图中,1为单向阀芯,2为卸荷阀芯,3为控制活塞。

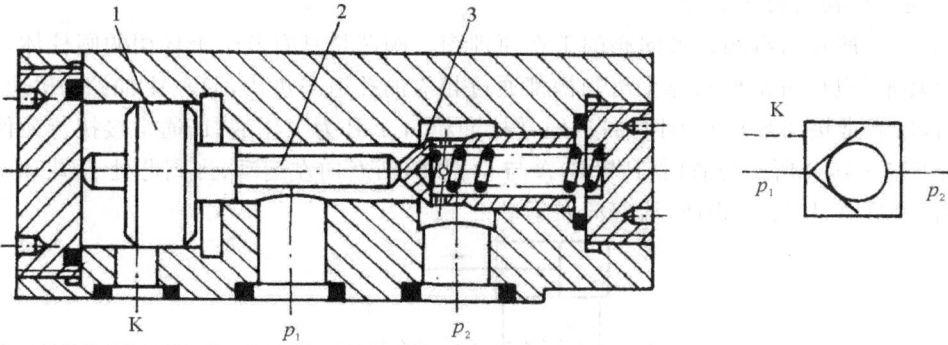

图 5-4 液控单向阀

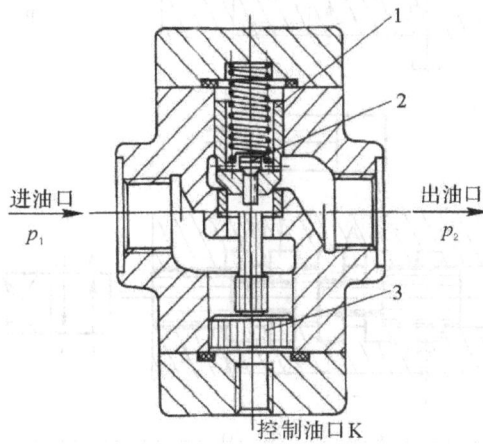

图 5-5 带卸荷阀芯的液控单向阀

二、换向阀

换向阀的作用是利用阀芯与阀体之间的相对运动,来改变液流的流动方向、接通或关闭油路,从而使执行元件改变运动方向或停止。

换向阀按阀芯相对于阀体的运动方式,可分为滑阀和转阀;按阀芯在阀体内稳定停留的工作位置数,可分为两位阀、三位阀和多位阀;按阀体上主油路(进油口、主回油口及工作油口,不包含泄油口和控制油口)的数量可分为二通阀、三通阀、四通阀和多通阀;按操纵方式,可分为手动换向阀、电磁换向阀、液动换向阀、电液换向阀和机动换向阀。

换向阀的全称由"位"、"通"和操纵方式组成,如二位四通电磁换向阀、三位四通电液换向阀等。

(一)换向阀的工作原理

无论是滑阀式换向阀还是转阀式换向阀,都是依靠阀芯与阀体之间的相对运动来工作的。

1. 滑阀式换向阀的工作原理

如图 5-6 所示为滑阀式换向阀的工作原理图。阀芯是具有若干个环槽的圆柱体,阀体孔内有 5 个环槽(也称沉割槽),每个沉割槽都通过相应的孔道与进出油口(主油路)相通。其中 P 为进油口(通常接油泵),T 为回油口(通常接油箱),A,B 为工作油口(通常接执行元件)。当阀芯处于图 5-6(a)所示位置时,P 与 B,A 与 T 相通,活塞向左运动;当阀芯处于图 5-6(b)所示位置时,P 与 A,B 与 T 相通,活塞向右运动。

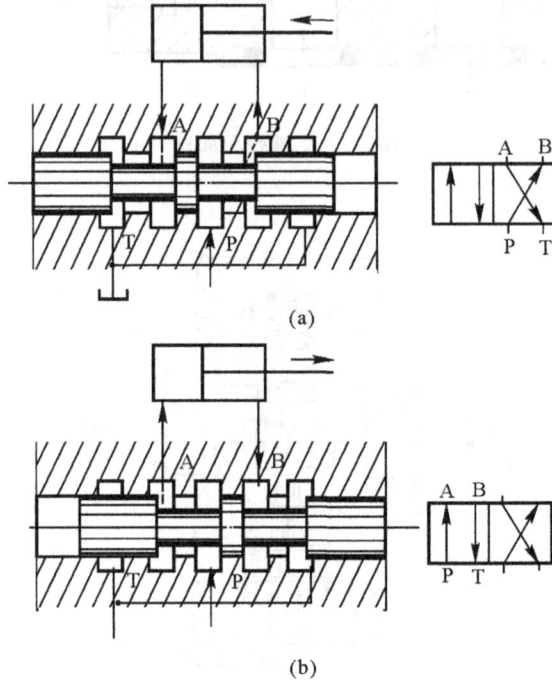

(a)

(b)

图 5-6　滑阀式换向阀工作原理图

2. 转阀式换向阀的工作原理

如图 5-7 所示,阀芯 1 上开有 4 个对称的圆缺,阀体上有 4 个油口 P,A,B,T。当阀芯处于图 5-7(a)所示位置时,P 与 A,B 与 T 相通,活塞向右运动;当阀芯处于图 5-7(b)所示位置时,P,A,B,T 均不相通,活塞停止运动;当阀芯处于图 5-7(c)所示位置时,P 与 B,A 与 T 相通,活塞向左运动。

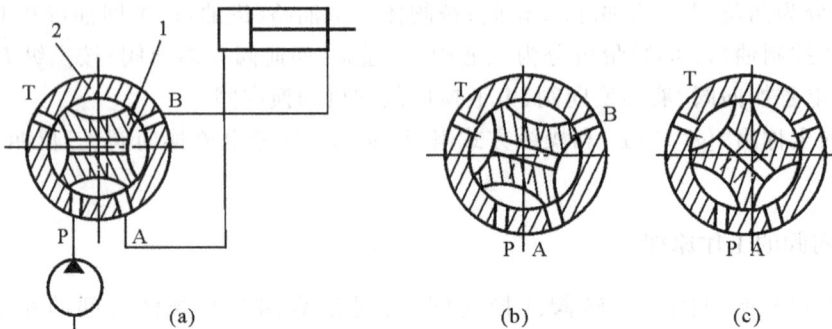

(a)　　　　　　　　　(b)　　　　　　　(c)

图 5-7　转阀式换向阀的工作原理图

(二) 换向阀的图形符号

GB/T 786.1—1993 规定了常用液压与气动元(辅)件的图形符号。在液压系统中,广泛使用的是滑阀式换向阀,其图形符号的含义为:

(1) 实线方框数表示换向阀的"位"数(即工作位置数),换向阀一般都有两个或两个以上的工作位置,其中一个为常态位,即阀芯未受操纵力时所处的位置。三位阀的常态位是中位,利用弹簧复位的二位阀则以靠近弹簧的方框内的连通状态为其常态位。绘制液压系统图时,油路一般应连接在换向阀的常态位上,否则,在初始状态就需要一定的操纵力。

(2) "↑"、"↓"、"↗"、"↘"只表示油路相通,并不限定其方向,"⊥"、"⊤"表示油路被堵;

(3) 在一个方框内"↑"、"↓"、"↗"、"↘"的首尾和"⊥"、"⊤"与方框的交点数表示"通"数。

(三) 三位换向阀的中位机能

多位换向阀的阀芯处于不同工作位置时,主油路的连通方式也不同,把主油路的这种连通方式称为滑阀机能,三位阀中间位置主油路的连通方式称为中位机能。三位阀左位和右位机能一般为直通或交叉相通,但中位机能形式很多,一般用大写字母表示。表5-1为常见三位四通、五通换向阀的中位机能型式。

中位机能不仅影响液压系统的工作状态,也影响执行元件换向时的工作性能。在选用时,通常应考虑以下几点。

(1) 系统保压。当 P 口封闭时(如 O,Y 型),系统保压,常用于多执行元件系统;当 P 口与 T 口半通时(如 X 型),系统能保持一定的压力供控制油路使用。

(2) 系统卸荷。当 P 口与 T 口相通时(如 H,K,M 型),系统卸荷。

(3) 换向平稳性与精度。当 A,B 口均封闭时,换向精度高,停位准确,但有冲击,如 O,M 型机能;当 A,B 口均与 T 口相通时,换向精度低,停位不准确,但换向平稳,如 Y 型机能。

(4) 启动平稳性。中位时,若 A,B 某个口因直通油箱而无油时,则启动不平稳,如 Y 型机能。

(5) 执行元件"浮动"。当 A,B 两个油口互通时,执行元件处于"浮动"状态,可在其他外力作用下运动,如 Y 型机能。

表 5-1　三位换向阀的中位机能

中位机能型式	中间位置时的滑阀状态	中间位置的符号	
		三位四通	三位五通
O	T(T₁) A P B T(T₂)	A B / P T	A B / T₁ P T₂
H	T(T₁) A P B T(T₂)	A B / P T	A B / T₁ P T₂

续 表

中位机能型式	中间位置时的滑阀状态	中间位置的符号	
		三位四通	三位五通
Y	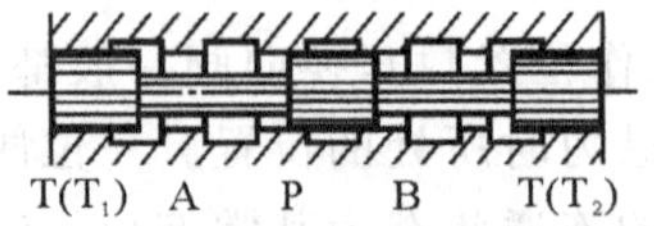 $T(T_1)$ A P B $T(T_2)$	 A B P T	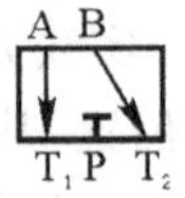 A B T_1 P T_2
J	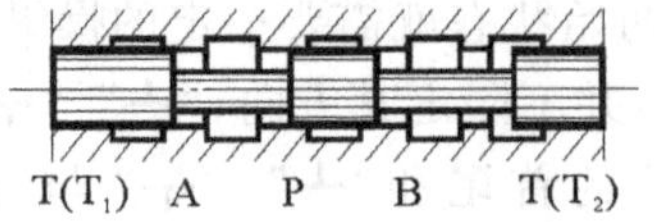 $T(T_1)$ A P B $T(T_2)$	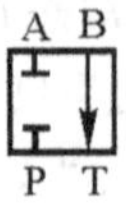 A B P T	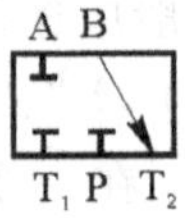 A B T_1 P T_2
C	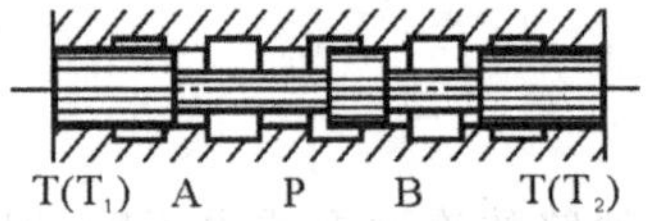 $T(T_1)$ A P B $T(T_2)$	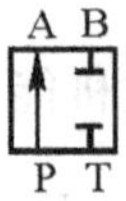 A B P T	 A B T_1 P T_2
P	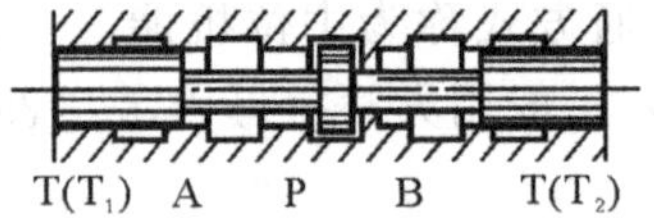 $T(T_1)$ A P B $T(T_2)$	 A B P T	 A B T_1 P T_2
K	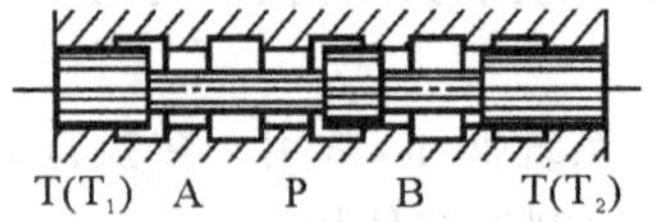 $T(T_1)$ A P B $T(T_2)$	 A B P T	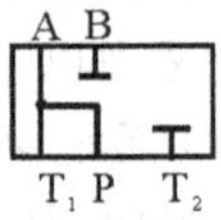 A B T_1 P T_2
X	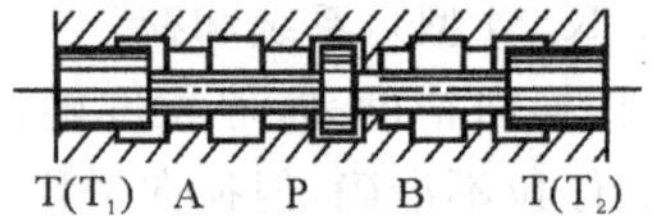 $T(T_1)$ A P B $T(T_2)$	 A B P T	 A B T_1 P T_2
M	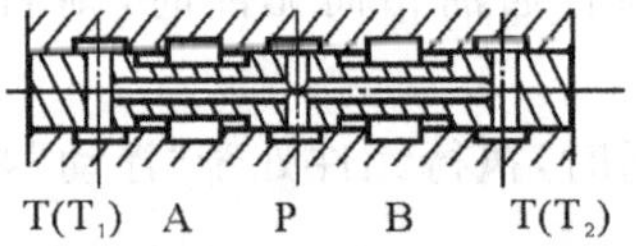 $T(T_1)$ A P B $T(T_2)$	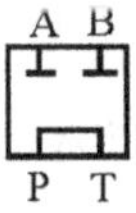 A B P T	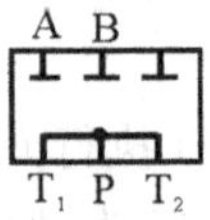 A B T_1 P T_2
U	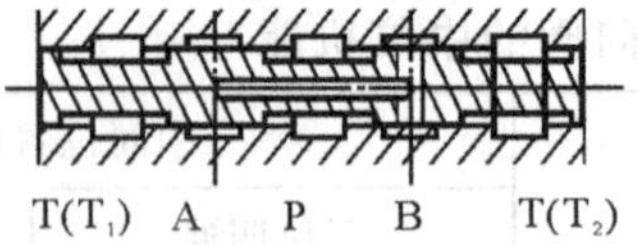 $T(T_1)$ A P B $T(T_2)$	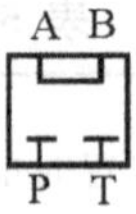 A B P T	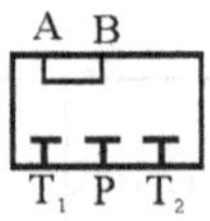 A B T_1 P T_2

(四) 换向阀的结构

1. 手动换向阀

如图 5-8 所示，手动换向阀是利用控制手柄直接操纵阀芯的移动来实现油路的切换。图 5-8(a) 所示为弹簧自动复位的三位四通手动换向阀。向右扳动手柄时，阀芯左移，油口 P 与 A 相通，油口 B 通过阀芯中间的孔与油口 T 相通；向左扳动手柄时，阀芯右移，油口 P 与 B 相通，油口 A 与 T 相通；松开手柄时，阀芯在弹簧作用下自动对中，油口 P，A，B，T 均封闭。弹簧自动复位的三位四通手动换向阀要维持阀芯处于左位或右位,则手不能松开,否则,自动处于中位。

图 5-8(b) 所示为钢珠定位的三位四通手动换向阀,其手柄在手松开后也可以在三个位置任意停留。

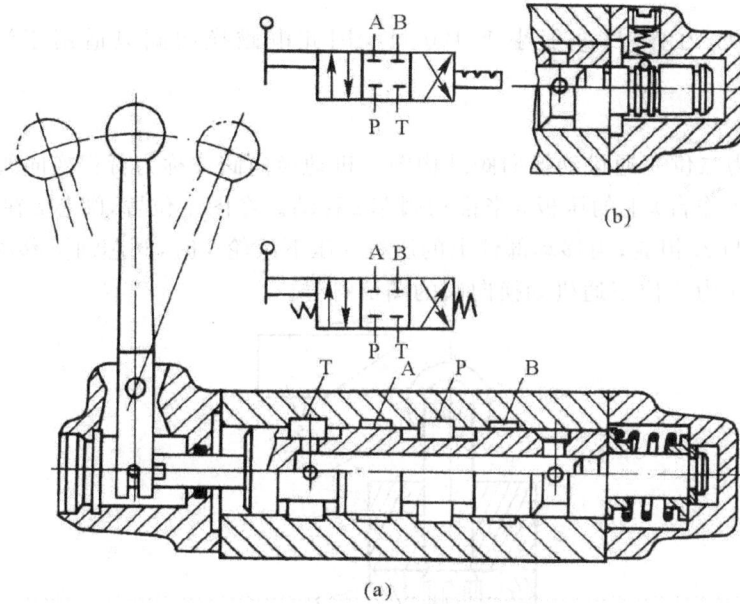

图 5-8 三位四通手动换向阀

2. 电磁换向阀

电磁换向阀利用电磁铁的吸合力来控制阀芯移动。电磁铁按电源类型,可分为直流电磁铁和交流电磁铁。交流电磁铁无需整流装置,价格便宜,但换向频率低(一般不超过 30 次/min),线圈易烧坏,寿命较短;直流电磁铁需要专门直流电源,价格较贵,但允许的换向频率高(一般为 120 次/min),不易烧坏,寿命长。

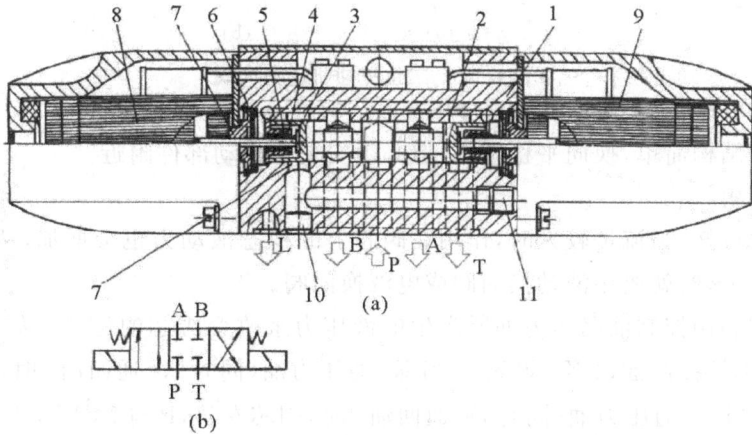

图 5-9 三位四通电磁换向阀

图 5-9(a) 所示为三位四通电磁换向阀结构图。当电磁铁 8 和 9 均不通电时,阀芯在两端

弹簧 5 作用下处于中间位置,油口 P,A,B,T 均封闭;当电磁铁 9 通电时,推杆 3 推动阀芯 2 向左移动,油口 P 与 A,B 与 T 相通;当电磁铁 8 通电时,阀芯向右移动,油口 P 与 B,A 与 T 相通。图中 4 为定位套,6,7 为挡板,10,11 为封堵。图 5-9(b) 所示为三位四通电磁换向阀的图形符号。

由于电磁铁的吸力有限(一般小于 120 N),因此电磁换向阀只适用于流量不太大的场合。

3. 机动换向阀

图 5-10(a) 为二位三通机动换向阀结构图。机动换向阀又称为行程换向阀,它是依靠安装在移动部件(如工作台)上的压板 5 来推动阀芯 2 移动。在图示位置,阀芯 2 在弹簧 1 作用下处于上位,油口 P 与 A 相通;当移动部件上的压板 5 压下滚轮 4 时,阀芯向下移动,油口 P 与 T 相通。图 5-10(b) 为二位三通机动换向阀的图形符号。

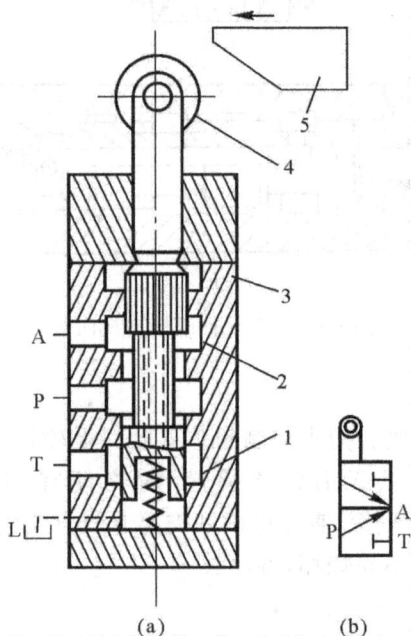

图 5-10 二位三通机动换向阀

机动换向阀结构简单,换向平稳可靠,但必须安装在移动部件附近。

4. 液动换向阀

由动量方程可知,当流量较大时,作用在阀芯上的稳态液动力也会增加,从而使操纵阀芯移动的力也增大,这时就要用液动换向阀或电液换向阀。

液动换向阀利用控制油路压力油所产生的液压力来改变阀芯的位置。如图 5-11(a) 所示,阀芯两端分别接控制油口 K_1 和 K_2。当 K_1 通压力油(同时 K_2 通回油)时,阀芯右移,P 与 A,B 与 T 相通;当 K_2 通压力油(同时 K_1 通回油)时,阀芯左移,P 与 B,A 与 T 相通;当 K_1,K_2 均通回油时,阀芯在两端对中弹簧作用下处于中位。当对液动换向阀的换向平稳性要求较高时,可采用图 5-11(c) 所示的带阻尼的液动换向阀,通过调节两端节流阀开口大小即可调节阀的换向时间,从而提高阀换向的平稳性。

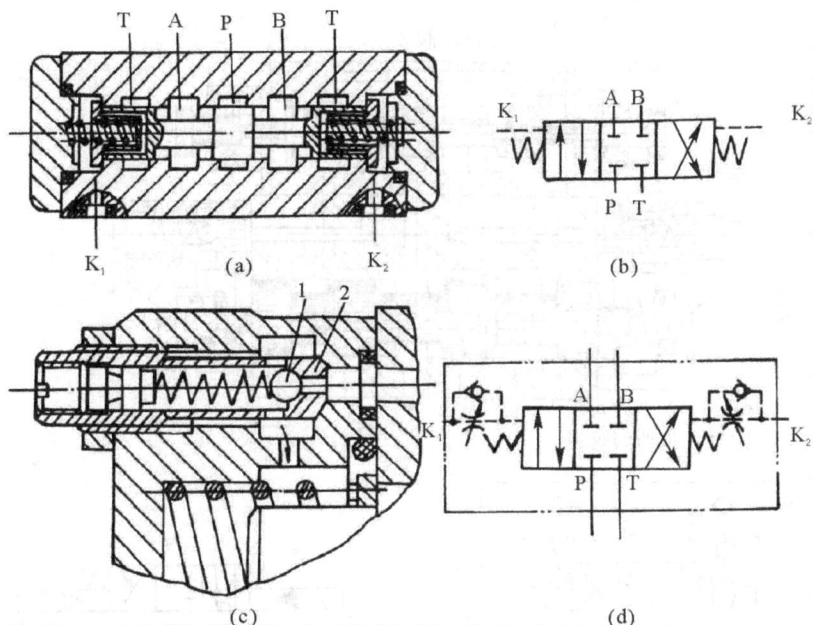

图 5-11　三位四通弹簧对中型液动换向阀

5.电液换向阀

液动换向阀中控制压力油的通断可用一个小型电磁换向阀来完成,这样就组成了电液换向阀,其中电磁换向阀为导阀,液动换向阀为主阀,如图 5-12 所示。

电液换向阀中的导阀常采用 Y 型中位机能。当导阀两端电磁铁均断电时,主阀两端的控制压力油通过导阀中位通油箱,压力为零,主阀芯在两端对中弹簧作用下处于中位,主阀油口 P,A,B,T 均封闭;当导阀左边电磁铁通电时,导阀阀芯右移,来自主阀 P 口或外控油口的控制压力油经导阀 A 口和主阀左端的单向阀进入主阀左端,使主阀阀芯右移,主阀右端的油液可通过主阀右端的节流阀(调节换向速度)、导阀的 B 口、T 口、主阀的 T 口或外接回油口流回油箱,此时主阀的 P 与 A,B 与 T 相通;当导阀右边电磁铁通电时,导阀阀芯左移,来自主阀 P 口或外控油口的控制压力油经导阀 B 口和主阀右端的单向阀进入主阀右端,使主阀阀芯左移,主阀左端的油液可通过主阀左端的节流阀、导阀的 A 口、T 口、主阀的 T 口或外接回油口流回油箱,此时主阀的 P 与 B,A 与 T 相通。

电液换向阀中的控制压力油可以取自主油路的 P 口(称为内控),也可以另设独立油源(称为外控)。采用内控时,主油路 P 口必须有足够的压力,否则就会出现导阀换向而主阀不换向的情况。此时可采用外控方式。

电液换向阀中导阀的回油口可以单独引回油箱(称为外排),也可以在阀体内与主阀回油口相通后一起回油箱(称为内排)。当主阀的回油口直接接油箱时,可采用内排;当主阀回油口有较高的背压时,应采用外排方式。

可见,电液换向阀可以组成内控内排、内控外排、外控内排、外控外排 4 种形式,要根据具体使用情况正确选用。

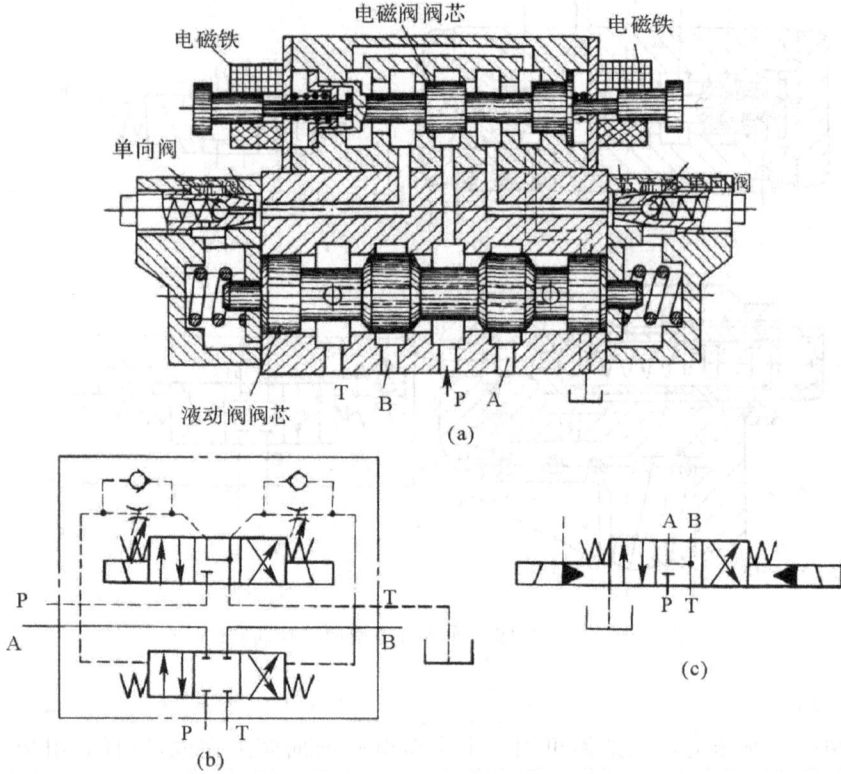

图 5 - 12　电液换向阀

第三节　压力控制阀

压力控制阀利用作用在阀芯上的液压力和弹簧力相平衡的原理来工作。

压力控制阀按其功能,可分为溢流阀、减压阀、顺序阀和压力继电器等。

一、溢流阀

溢流阀的基本功能是调节液压系统的压力。当系统压力达到其调定压力时,通过阀口的溢流作用维持系统压力基本不变;或限制液压系统压力的最大值,起安全保护作用。

(一) 结构与工作原理

溢流阀按其调压性能和结构形式,可分为直动式溢流阀和先导式溢流阀两种。

1. 直动式溢流阀

如图 5-13 所示,P 为进油口,T 为回油口。进口压力油经阀芯 3 的径向孔和轴向阻尼孔 a 作用于阀芯的下端面,产生液压力,阀芯的上端面作用有弹簧力。

若忽略阀芯与阀体孔之间的摩擦力、阀芯重力及液动力,则当作用于阀芯上的液压力 pA(p 为进口压力,A 为阀芯面积)小于弹簧预紧力 $F_{s0} = kx_0$(k 为弹簧 2 的刚度,x_0 为弹簧预压缩量),即 $pA < F_{s0}$ 时,阀芯处于最下端,阀口关闭,P 与 T 口不通;当进口压力升高至 $pA =$

F_{s0} 时,阀即将开启,这时的压力称为直动式溢流阀的开启压力,用 p_k 表示,即

$$p_k A = F_{s0} = k x_0$$

或
$$p_k = k x_0 / A \qquad (5-1)$$

　　当压力升高至 $pA > F_{s0}$ 时,阀芯上移(移动量为 x),阀口打开,弹簧被进一步压缩,阀芯在液压力和弹簧力作用下处于平衡状态,即

$$pA = k(x + x_0) \qquad (5-2)$$

或
$$p = k(x + x_0) / A \qquad (5-3)$$

　　由于阀芯移动量 x 相对于弹簧预压缩量 x_0 很小,所以可近似认为当直动式溢流阀处于工作状态(阀口打开,有一定的溢流量)时,进口压力 p 基本不变。

　　从式(5-3)可看出,调节弹簧预压缩量 x_0 (通过调节螺母 1),可调节进口压力 p 的大小。

　　从式(5-2)可看出,当压力 p 较高或通过阀的流量较大(此时阀芯面积 A 需增大)时,作用于阀芯上的液压力 pA 就会增大,与之相平衡的弹簧力也需要增大,这就需要增大弹簧的刚度

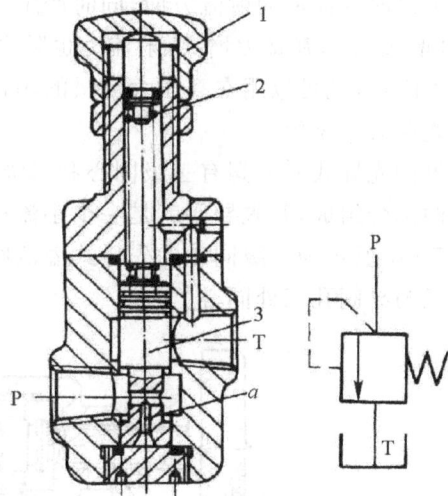

图 5-13　直动式溢流阀

k 。这样从式(5-3)可看出,在阀芯相同位移情况下,弹簧力变化大,从而导致进口压力 p 变化大。所以,这种直动式溢流阀一般用于低压(2.5 MPa 以下)小流量场合。

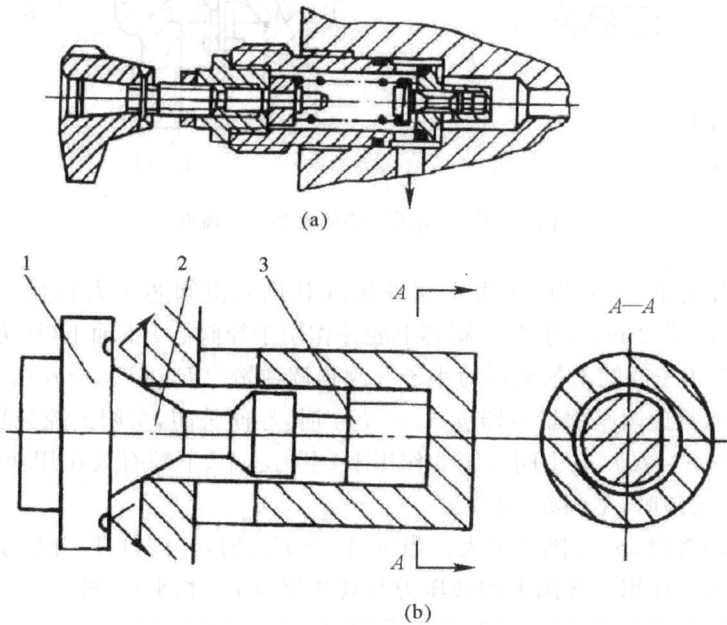

(a)

(b)

图 5-14　锥阀结构的直动式溢流阀

德国 Rexroth 公司开发的锥阀结构的直动式溢流阀(见图 5-14),由于在结构上采取了适

当的改进措施,其压力可以达到 $31.5 \sim 63$ MPa,流量可以达到 330 L/min。这种锥阀结构的直动式溢流阀在锥阀的右端有一个阻尼活塞 3(见图 5-14(b)),活塞的一个侧面铣扁,使压力油可以作用于活塞底部,同时还具有阻尼和导向作用。在锥阀的左端有一个偏流盘 1,盘上的环形槽可以改变回油的射流方向,同时产生一个与弹簧力相反的射流力。当阀的开口度增大(溢流量增大)时,弹簧力增大,射流力也随之增大,这样阀开口度的变化对其工作压力的影响就会大大降低,就可以用在高压大流量的场合。

2. 先导式溢流阀

常见的先导式溢流阀有三级同心和二级同心两种结构形式。它们都由锥阀结构的先导阀和主阀两部分组成,其先导阀就是一个小流量的直动式溢流阀。

图 5-15 所示为三级同心的先导式溢流阀,即主阀芯的大直径与阀体孔、锥面与阀座孔、上端小直径与导阀孔三处同心。

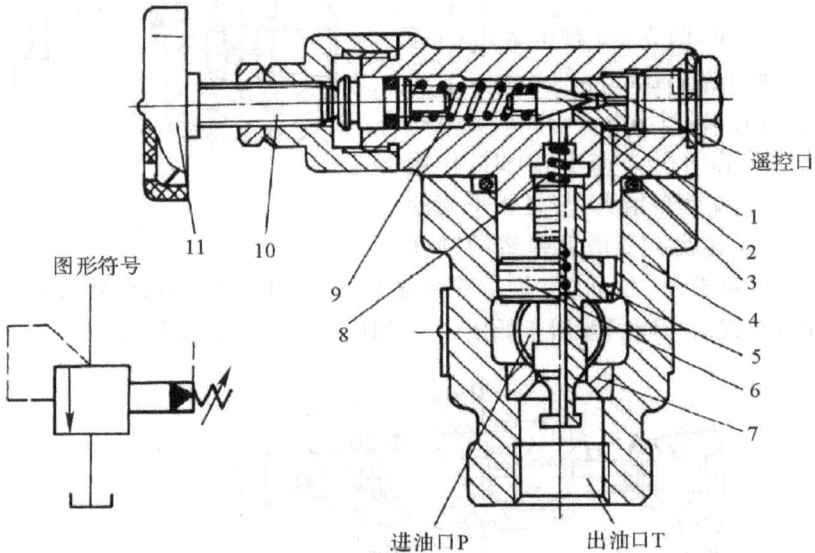

图 5-15 三级同心的先导式溢流阀

来自油泵的压力油(压力为 p)由主阀进油口 P 进入主阀芯 1 大直径下腔后,经阻尼孔 5(孔径一般为 $0.8 \sim 1.2$ mm)引至主阀芯上腔并作用于导阀芯 1 锥面上(压力为 p_1,导阀有效面积为 A_1)。当作用于导阀上的液压力小于导阀预调弹簧力 F_{s10}($F_{s10} = k_1 x_{10}$,k_1 为导阀弹簧 9 刚度,x_{10} 为导阀弹簧预调压缩量),即 $p_1 A_1 < F_{s10}$ 时,导阀关闭,主阀上腔为静止液体,主阀芯上、下腔压力相等($p = p_1$),在主阀弹簧 8 作用下(主阀芯上、下腔有效作用面积近似相等),主阀亦关闭(即导阀关闭时,主阀亦关闭)。

进口压力 p 增大时,p_1 也随之增大。当 $p_1 A_1 > F_{s10}$ 时,导阀打开(开启量为 x_1,油液经主阀中心孔流回油箱),作用于导阀上的液压力与其弹簧力 F_{s1} 相平衡,即

$$p_1 A_1 = F_{s1} = k_1(x_{10} + x_1) \tag{5-4}$$

或

$$p_1 = \frac{k_1(x_{10} + x_1)}{A_1} \tag{5-5}$$

由于 $x_1 \ll x_{10}$(流过导阀的流量很小),所以 p_1 基本上是一个恒定的值。调节导阀弹簧预

压缩量 x_{10}，可以调节 p_1 的大小。由于导阀开启，主阀阻尼孔有流动，导致 $p > p_1$。当作用于主阀芯上的液压力大于主阀弹簧力时，主阀芯上移，主阀口打开（即导阀打开，则主阀打开），主阀芯在其液压力和弹簧力（F_{s2}）作用下处于平衡状态，即

$$(p - p_1)A = F_{s2} \qquad (5-6)$$

或

$$p = p_1 + \frac{F_{s2}}{A} \qquad (5-7)$$

由式(5-6)可以看出，对于先导式溢流阀，即使进口压力 p 很高，但由于 p_1 的存在，主阀弹簧可以做得很软。主阀溢流量变化时，其弹簧力 F_{s2} 变化很小，所以进口压力 p 基本保持不变，可以用于高压大流量的场合。调节导阀弹簧预压缩量 x_{10}，同时可以调节 p 的大小。

先导式溢流阀有一个遥控口 K，在遥控口接二位二通电磁换向阀，可组成电磁溢流阀；接远程调压阀（其结构与先导式溢流阀的导阀一样），可实现远程调压或多级调压。一般电磁溢流阀安装在靠近油泵的出口位置，而远程调压阀安装在操作台上。远程调压阀的调定压力要低于先导阀的调定压力（否则不会工作），此时，远程调压阀起调压作用，自身先导阀起安全阀作用。

图5-16所示为二级同心的先导式溢流阀。图中，1为主阀芯，2,3,4为阻尼孔，5为先导阀座，6是先导阀体，7是先导阀芯，8是调压弹簧，9是主阀弹簧，10为阀体。主阀芯为锥阀结构，要求其圆柱面和锥面二级同心。

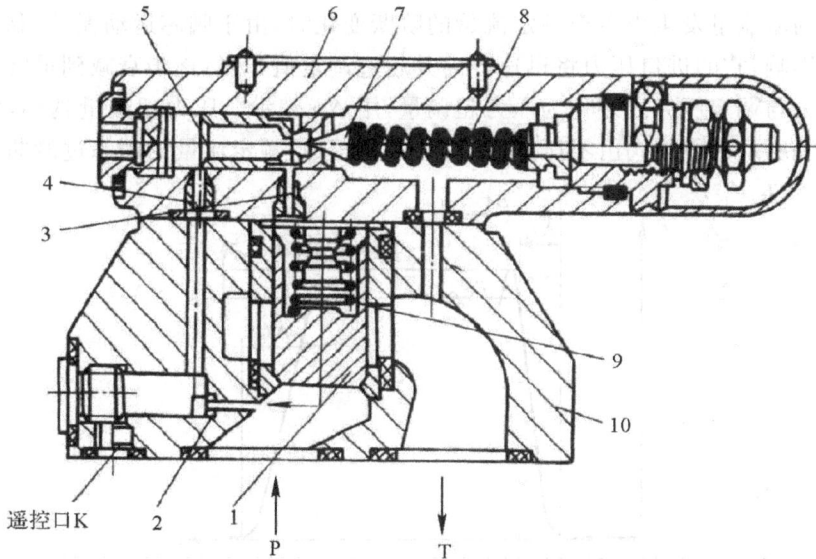

图 5-16　二级同心的先导式溢流阀

(二) 溢流阀的性能

1. 调压范围

压力调节范围是指在规定的范围内调压时，阀的进口压力能平稳地升降，无压力突跳或迟滞现象。一般一根弹簧的调压范围是有限的，要实现大范围的调压可通过更换调压弹簧来实现（自由高度、内径相同而刚度不同）。

2．压力流量特性

溢流阀的进口压力随流量变化而波动的特性称为压力流量特性或启闭特性。

由式（5-3）和式（5-7）可看出，当通过阀的溢流量变化时（开口度变化），其进口压力也会随之发生少量变化，同时由于摩擦力方向的变化，阀在开启和闭合过程中压力随溢流量变化的曲线是不一样的，如图5-17所示。图中 p_s 为溢流量为额定值时的压力，p_k 为开启压力，p_b 为闭合压力。p_k，p_b 与 p_s 越接近阀的压力，流量特性越好。

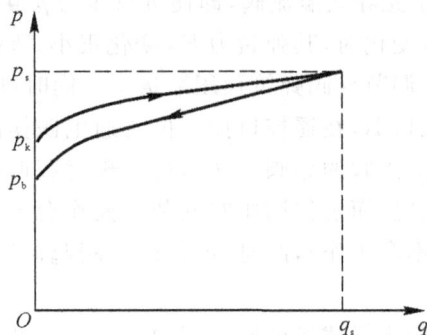

图5-17　溢流阀的压力-流量特性曲线

3．压力超调量

当溢流阀的溢流量发生由零至额定流量的阶跃变化时，由于阀芯运动惯性、黏性摩擦及油液可压缩性的影响，它的进口压力将迅速升高并超过调定值，然后逐步衰减到最终稳定压力。把最大峰值压力与调定压力之差称为压力超调量，用 Δp 表示。压力超调量越小，阀的稳定性越好。图5-18所示为溢流阀由零压、零流量到额定压力、额定流量的动态过渡曲线。

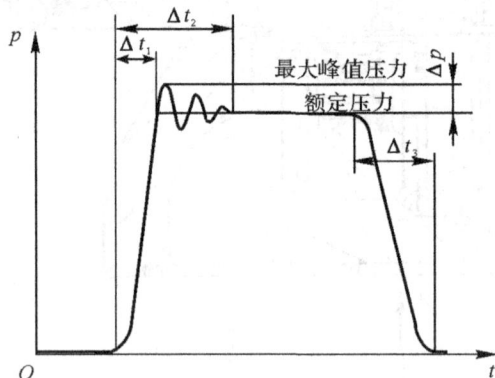

图5-18　溢流阀的动态过渡曲线

二、减压阀

减压阀的基本功用就是减压，它利用液流流过缝隙产生压力损失，从而使其出口压力小于进口压力。减压阀可分为定值减压阀（保持出口压力为定值，应用最广，简称减压阀）、定比减压阀（保持进出口压力成比例）和定差减压阀（保持进出口压力差不变）。这里只介绍定值减压阀。

　　减压阀通常串联在液压系统的支路上，使支路压力低于主油路压力，如夹紧油路、润滑油路和控制油路。

　　与溢流阀一样，减压阀也有直动式和先导式之分，这里只介绍先导式减压阀。

　　图 5-19 所示为滑阀结构的先导式减压阀，它也由主阀和导阀两部分组成，其导阀与先导式溢流阀的导阀相似。

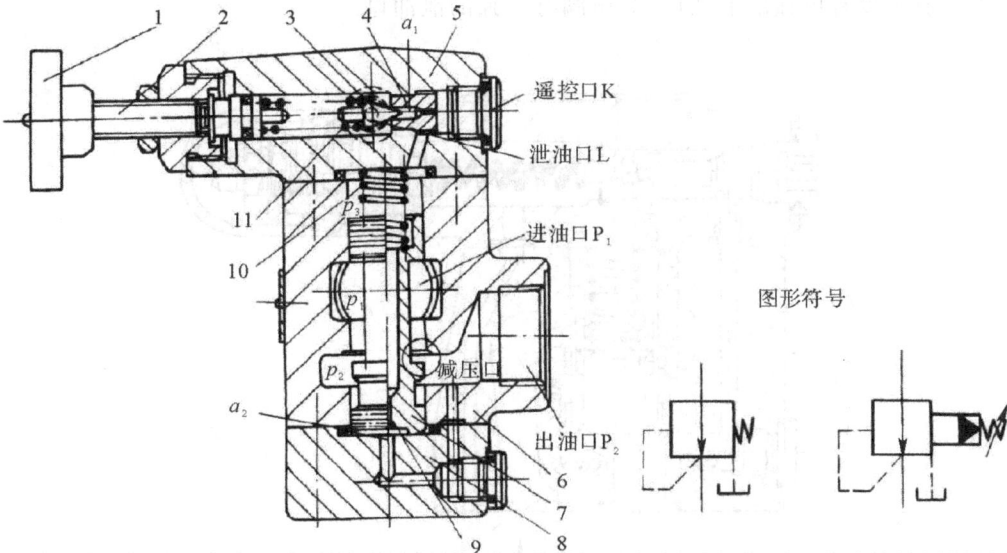

图 5-19　滑阀结构的先导式减压阀

　　进口压力油 p_1 经主阀阀口（减压口）流至出口（压力为 p_2），并由主阀体 6、端盖 8 上的孔作用于主阀芯 7 下端面，再经过主阀芯上的阻尼孔 9 流到主阀芯上腔和先导锥阀芯右端（先导式溢流阀是将进口压力油引至主阀芯下端，并经阻尼孔流至主阀芯上腔和先导锥阀芯右端），压力为 p_3。当 p_2 较低（减压阀出口一般接负载，p_2 随负载变化）时，p_3 也较低。当作用于导阀上的液压力小于其预调弹簧力时，导阀关闭，主阀上、下腔间液流没有流动，p_2 等于 p_3，主阀芯在自身弹簧 9 的作用下处于最下端，开口最大（对比溢流阀此时主阀亦关闭），不起减压作用。负载增大时，p_2 和 p_3 也增大，直至作用于导阀上的液压力大于其预调弹簧力时，导阀打开，其回油经导阀弹簧腔的泄油口 L 单独引回油箱（溢流阀中导阀回油在阀内与主阀回油合并后由主阀 T 口回油箱）。此时，主阀上、下腔间液流有流动。由于阻尼作用，p_2 大于 p_3。当作用于主阀芯上液压力大于主阀弹簧力（主阀弹簧刚度很小）时，主阀芯上移，减压口减小，减压阀进入工作状态，作用于主阀芯上液压力与主阀弹簧力相平衡，出口压力 p_2 保持基本稳定。调节调压手轮 1，可调节调压弹簧 11 的预压缩量，从而调节减压阀的出口压力。

　　当减压阀进口压力 p_1 及出口压力 p_2 变化时，减压阀会自动调节减压口开口度的大小，通过减压口压力损失大小的变化来保持出口压力 p_2 基本不变。另外，减压阀工作时持续有少量的压力油经导阀口和泄油口 L 回油箱。

　　先导式减压阀也有一个遥控口 K，接远程调压阀（其结构与先导式减压阀的导阀一样）可实现远程调压或多级调压。

　　图 5-20 所示为插装式减压阀，其工作原理与滑阀结构的先导式减压阀相同。

从上述分析可以看出,先导式减压阀和先导式溢流阀主要有以下几点不同之处:

(1)溢流阀利用进口压力进行控制,保持进口压力基本不变;减压阀利用出口压力进行控制,保持出口压力基本不变。

(2)当压力小于调定值时,溢流阀阀口关闭,减压阀阀口全开。

(3)溢流阀出口通常接油箱,减压阀出口通常接负载。

(4)溢流阀没有单独的泄油口,减压阀有单独的泄油口。

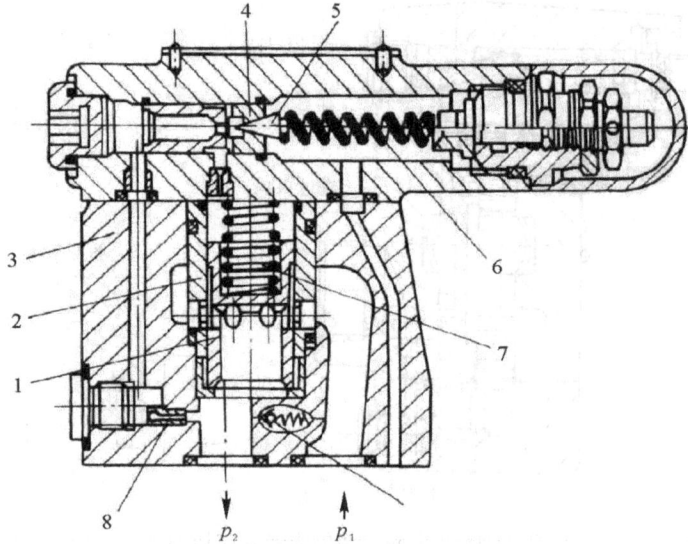

图 5-20　插装阀式减压阀

1—主阀芯；　2—阀套；　;3—阀体；　4—先导阀座；　5—先导锥阀
6—调压弹簧；　7—主阀弹簧；　8—阻尼孔；　9—单向阀

三、顺序阀

顺序阀因常用于控制多执行元件的顺序动作而得名,它也有直动式(见图5-21)和先导式(见图5-22)两种形式。根据控制方式和泄油方式不同,顺序阀有内控外泄、内控内泄、外控外泄、外控内泄4种(直动式顺序阀的4种控制、泄油形式的图形符号见图5-23)形式,可通过改变上盖或底盖的装配位置进行转换。

顺序阀的工作原理与对应的溢流阀相似,4种控制、泄油形式的特点如下:

(1)内控外泄式顺序阀与溢流阀相同的是由进口压力控制阀口的开启,不同的是有单独的泄油口(即外泄),阀的出口接负载。当进口压力小于调定压力时,阀口关闭;当进口压力、出口压力(由负载决定)均大于调定值时,阀口全开,进出口压力相等;当进口压力大于调定值而出口压力小于调定值时,阀维持一定的开口度,产生一定的压力损失,使出口压力等于负载压力。

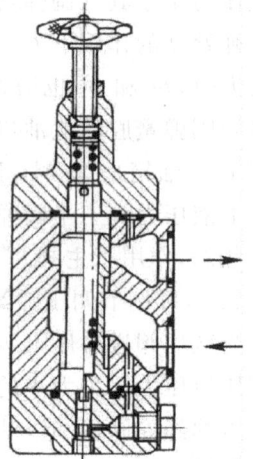

图 5-21　直动式顺序阀

（2）内控内泄式顺序阀在实际使用时出口也接油箱,其工作原理与溢流阀相同。

（3）外控外泄式顺序阀由外控压力的大小控制阀口的启闭。当外控压力大于调定压力时,阀口全开;当外控压力小于调定压力时,阀口全闭。外控外泄式顺序阀相当于液动开关阀,其出口压力决定于负载大小。

（4）外控内泄式顺序阀相当于二位二通液动换向阀,且出口接油箱。当外控压力大于调定压力时,阀口全开;当外控压力小于调定压力时,阀口全闭。外控内泄式顺序阀常用于双泵供油系统中使大泵卸荷。

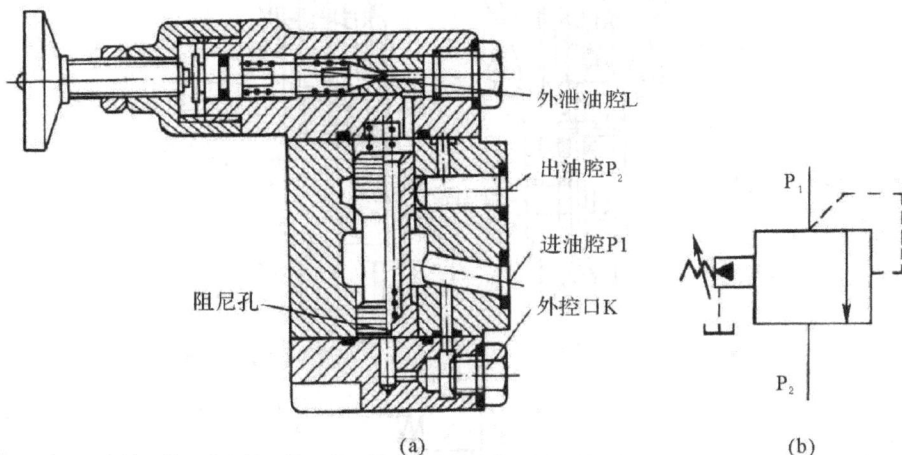

图 5-22　先导式顺序阀

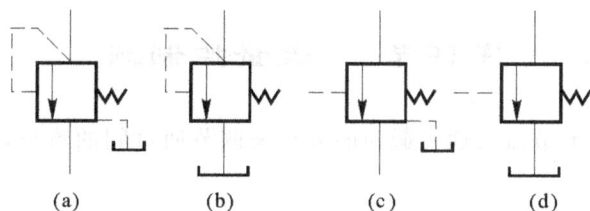

图 5-23　直动式顺序阀的四种控制、泄油形式

四、压力继电器

压力继电器是一种液电信号转换元件,即当其控制压力大于调定值时,发出电信号,以控制其他元件动作。

压力继电器由压力-位移转换器和微动开关两部分组成,常用的压力继电器有柱塞式和膜片式两种。

图 5-24 所示为柱塞式压力继电器。压力油作用于柱塞 1 的下端,当液压力小于弹簧力时,微动开关 3 不发信号;当液压力大于弹簧力时,柱塞上移,压下微动开关使其发出电信号。调节螺帽 2 的位置可调节弹簧力大小,从而调节发信号压力的大小。

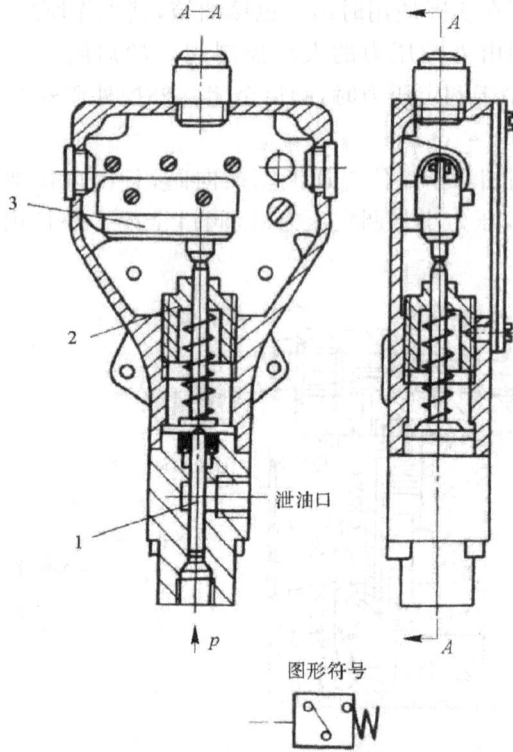

图 5-24　柱塞式压力继电器

第四节　　流量控制阀

流量控制阀通过调节节流口通流截面的大小来调节通过阀的流量,从而调节执行元件的运动速度或转速。

流量控制阀包括节流阀、调速阀和分流集流阀等。

一、流量控制原理

常用的节流口形式如图 5-25 所示。

图 5-25(a) 为针阀式节流口。它通道长,易堵塞,流量受温度影响较大,一般用于性能要求不高的场合。

图 5-25(b) 为偏心槽式节流口。其性能与针阀式节流口相同,且阀芯上的径向力不平衡,适用于低压、大流量和流量稳定性要求不高的场合。

图 5-25(c) 为轴向三角槽式节流口。其结构简单,可得到较小的稳定流量,目前被广泛使用。

图 5-25(d) 为周向缝隙式节流口。其性能接近于薄壁小孔,适用于低压小流量场合。

图 5-25(e) 为轴向缝隙式节流口。其性能与周向缝隙式节流口相似。

无论节流口采用何种形式,通过节流口的流量 q 与其前、后压力差 Δp 的关系均可用式(2-27) 表示,即

$$q = KA\Delta p^m$$

显然,当节流口的形式及其前、后压力差 Δp 确定(K 和 m 也随之确定)时,改变通流截面面积 A,就可以调节流量 q 的大小,这就是流量控制阀的流量控制原理。

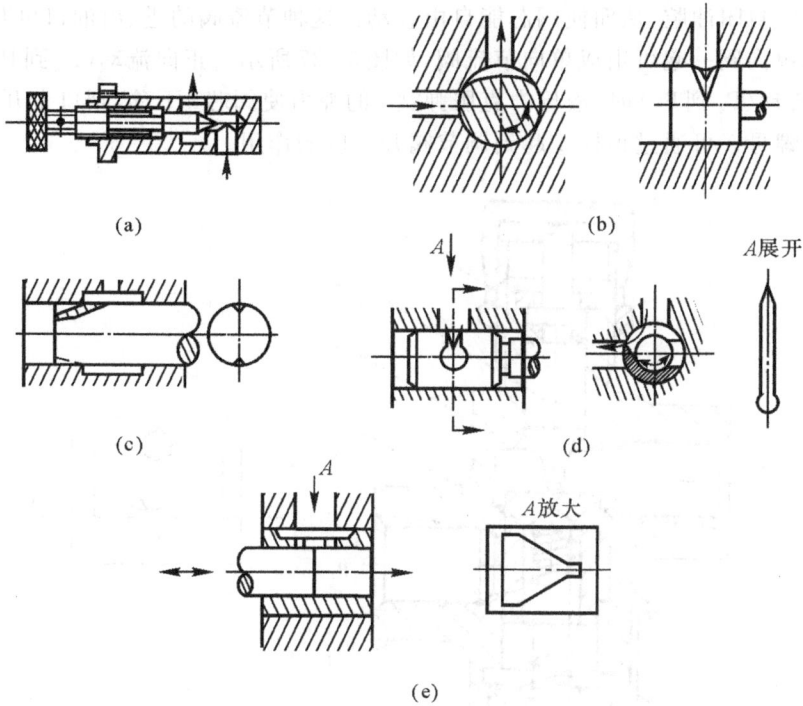

图 5-25　常用的节流口形式

二、节流阀

1. 结构与工作原理

图 5-26 所示为节流阀常用结构形式,它主要由带三角槽的阀芯 1、推杆 2、调节手柄 3、弹簧 4 和阀体组成。

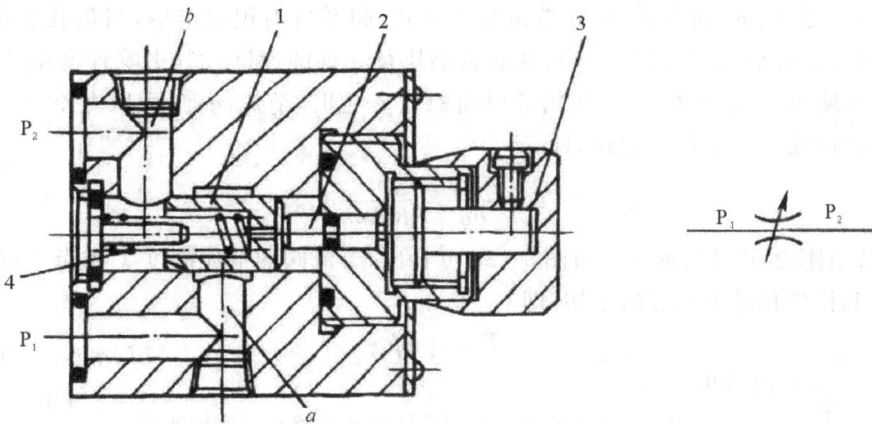

图 5-26　节流阀

压力油从进油口 P_1 经孔道 a、阀芯左端三角槽、孔道 b,再从出油口 P_2 流出,进入执行元件。调节手柄 3 可通过推杆 2 使阀芯作轴向移动,从而改变节流口的通流截面积,以达到调节流量的目的。弹簧 4 起使阀芯复位作用,阀芯中间的小孔可使阀芯两端液压力平衡,同时使阀芯右腔不会形成封闭油腔,从而使阀芯能自由移动。这种节流阀的进、出油口可互换。

节流阀和单向阀一起可组成单向节流阀,如图 5-27 所示。正向流动(P_1 到 P_2)时,相当于节流阀;反向流动(P_2 到 P_1)时,液压力克服弹簧 1 的弹力使阀芯 2 下移,阀口全开,此时相当于单向阀。调节螺母 5 可通过顶杆 4 起到调节阀开口度的作用。

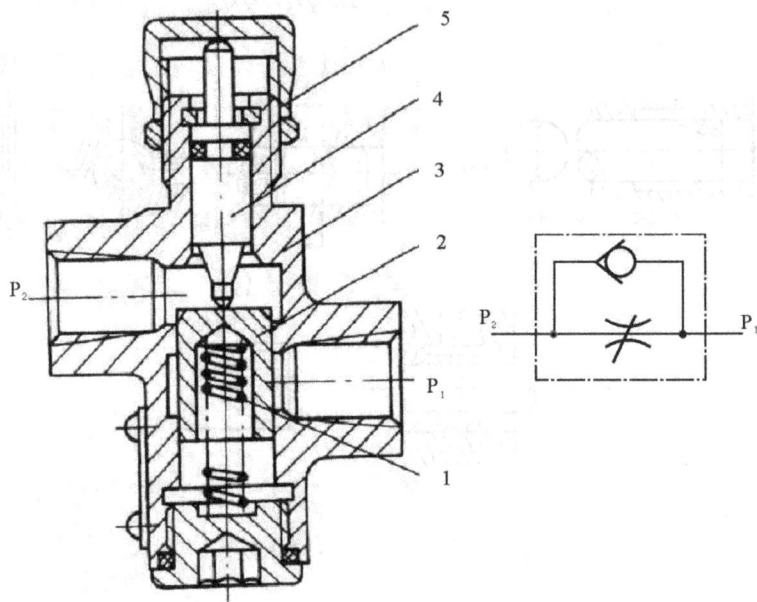

图 5-27　单向节流阀

2.节流刚度

由公式 $q = KA\Delta p^m$ 可以看出,在节流口的形式、阀开口面积确定后,当负载变化引起 Δp 变化时,流量 q 也会变化(见图 5-28),从而影响执行元件的速度。其影响程度用节流刚度 T 来衡量。节流刚度 T 定义为:当节流阀开口面积 A 一定时,节流阀前、后压力差 Δp 的变化量与由此而引起的流量的变化量之比,即

$$T = \frac{\mathrm{d}\Delta p}{\mathrm{d}q} = \frac{\Delta p^{1-m}}{KAm} \tag{5-8}$$

显然,节流刚度 T 越大越好。由图 5-28 可看出,节流阀的节流刚度 T 相当于流量曲线上某点的切线和横坐标轴夹角 β 的余切,即

$$T = c\tan\beta \tag{5-9}$$

由式(5-8)可以看出:

(1)同一节流阀,在开口度一定时,阀前后压力差 Δp 越小,刚度越低。

(2)同一节流阀,在阀前后压力差 Δp 相同时,开口度越小,刚度越大。

(3)指数 m 越小,刚度越大。薄壁小孔的 m 最小(等于 0.5),所以节流口的形式要尽可能采用薄壁小孔。

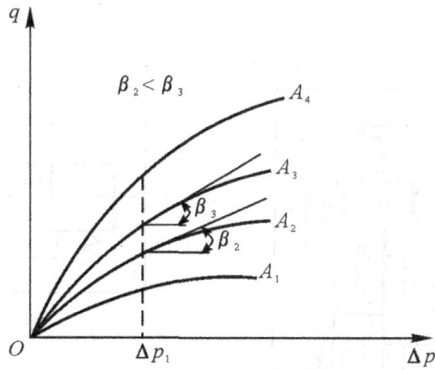

图 5 - 28　不同开口度时节流阀的流量特性曲线

3.最小稳定流量

节流阀在开口度很小时,会出现严重的流量脉动甚至断流,这种现象称为节流阀的堵塞现象。因此,对节流阀有一个能正常工作的最小流量限制,这个限定值称为节流阀的最小稳定流量。它的大小直接影响着执行元件的最小稳定速度。

三、调速阀

节流阀的流量随阀口前后压力差的变化而变化,从而导致执行元件的速度随负载而变化。因此,节流阀只适用于负载变化不大或对速度稳定性要求不高的场合。为了使通过节流阀的流量在负载变化时维持基本恒定,就要设法使节流阀前后的压力差保持基本不变。这个功能可以由定差减压阀和差压式溢流阀来实现。把由节流阀和定差减压阀串联组成的阀称为普通调速阀(简称调速阀);把由节流阀和差压式溢流阀并联组成的阀称为溢流节流阀(也称旁通型调速阀)。

1.普通调速阀

图 5 - 29 所示为普通调速阀的结构图,图 5 - 30 所示为普通调速阀的工作原理图。

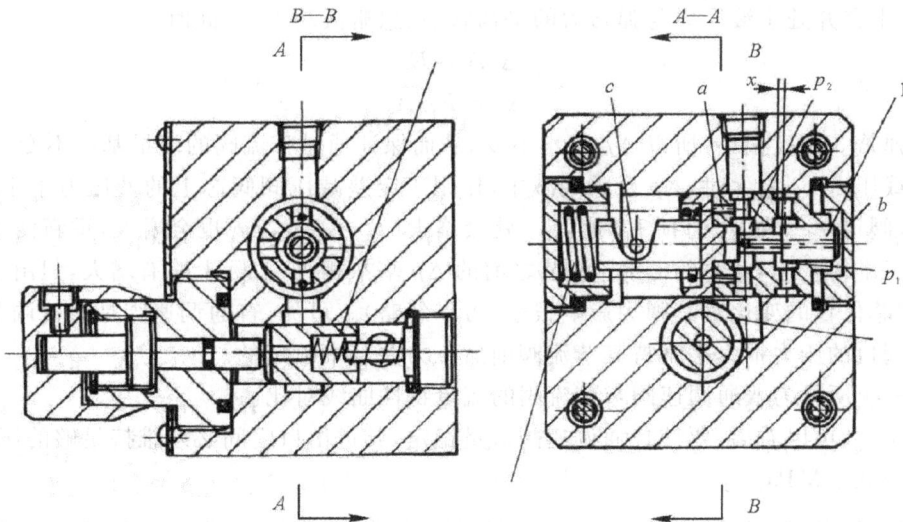

图 5 - 29　普通调速阀的结构图

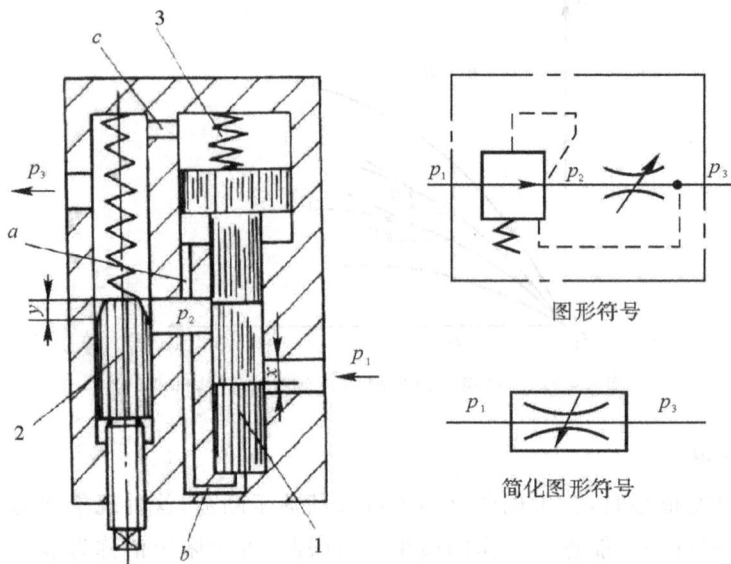

图 5-30　普通调速阀的工作原理图

　　来自油泵的压力油(压力为 p_1,一般为定值)进入调速阀后,经定差减压阀阀口 x 减压后(压力降为 p_2),一方面到达节流阀入口,同时作用于定差减压阀阀芯 1 下端面,然后继续流过节流阀阀口后(压力降为 p_3),一方面从节流阀出口流入执行元件,同时作用于定差减压阀阀芯的上端面(弹簧腔)。节流阀前后压力差($\Delta p = p_2 - p_3$)同时也是定差减压阀阀芯两端的压力差。

　　当 Δp 较小时(通常是因为负载大而油泵出口压力小),作用于定差减压阀阀芯(上下有效面积 A 相等)上的液压力小于弹簧 3 的弹力 F_s,定差减压阀阀芯处于最下端,阀口 x 最大,不起调节作用,此时的调速性能与节流阀相同(流量随负载变化)。

　　当 Δp 较大时(通过调节泵出口压力 p_1 实现),作用于定差减压阀阀芯上的液压力大于弹簧力,阀芯上移并处于液压力与弹簧力的平衡状态(忽略液动力)。此时

$$\Delta p A = F_s$$

或　　　　　　　　　　　　　　$$\Delta p = F_s / A \tag{5-10}$$

　　由于弹簧 3 刚度很小,所以 Δp 基本不变,从而保证通过节流阀的流量基本不变。

　　当负载压力 p_3 增大时,Δp 会瞬间减小,作用于定差减压阀阀芯上的液压力小于弹簧力,阀芯下移,阀口 x 增大,压力损失减小,p_2 就会增大(p_1 不变),Δp 也会增大,重新使液压力与弹簧力处于平衡状态,此时的 Δp 与调节之前的 Δp 基本相等(实际上略有增大,但由于弹簧刚度很小,阀芯位置的变化对其弹力影响很小,可以忽略)。可见,普通调速阀是通过调节自身定差减压阀阀口的压力损失来维持其节流阀前后压力差基本恒定的。

　　图 5-31 所示为普通调速阀与节流阀的流量特性曲线对比。

　　由图 5-31 可以看出,要使普通调速阀流量稳定,其进出口之间必须维持足够的压力差,一般应不小于 0.5 MPa。

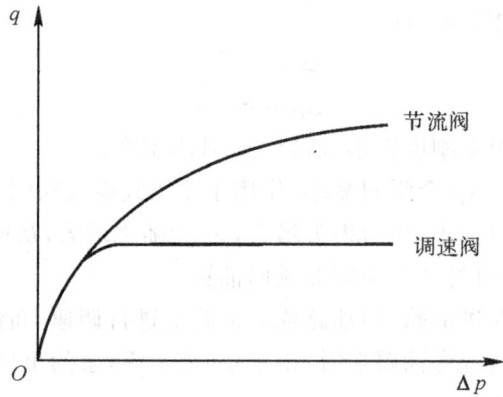

图 5-31　普通调速阀和节流阀的流量特性曲线对比

2.溢流节流阀

图 5-32 所示为溢流节流阀的工作原理图。

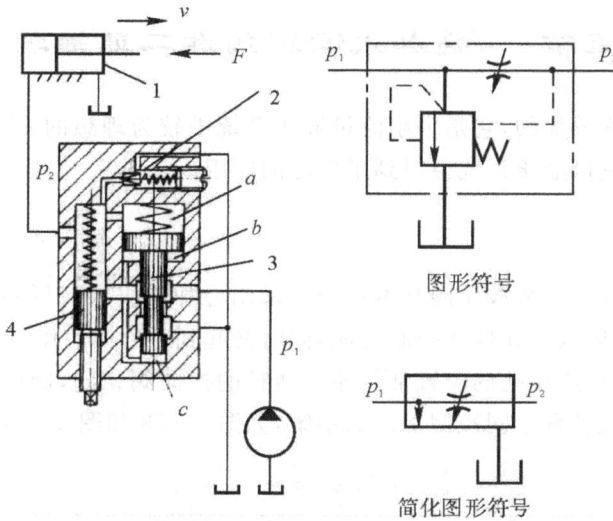

图 5-32　溢流节流阀工作原理图

来自油泵的压力油(压力为 p_1)一方面作用于差压式溢流阀阀芯 3 的下端面(c 腔和 b 腔,阀芯上下有效作用面积 A 相等),同时一部分压力油到达节流阀入口,一部分压力油经差压式溢流阀阀口流回油箱。流过节流阀阀口的压力油(压力降为 p_2)一方面进入执行元件(液压缸 1 左腔),同时作用于差压式溢流阀阀芯的上端面(a 腔)和安全阀 2 上。

节流阀前后的压力差 $\Delta p(\Delta p = p_1 - p_2)$ 同时也是差压式溢流阀阀芯两端的压力差。当 Δp 较小时(通常是由于节流阀开口度太大,泵全部流量流过节流阀口所产生的压力将很小所至),作用于差压式溢流阀阀芯两端的液压力(ΔpA)小于其弹簧力 F_s,差压式溢流阀阀芯处于最下端,溢流阀阀口关闭,不起调节作用。此时,溢流节流阀相当于节流阀。

当 Δp 增大(减小节流阀开口度)至作用于差压式溢流阀阀芯两端的液压力(ΔpA)大于其弹簧力 F_s 时,溢流阀阀芯上移,溢流阀阀口打开,部分压力油经溢流阀阀口回油箱,同时作用

于其上的液压力与弹簧力相平衡,即

$$\Delta pA = F_s$$

或 $\qquad\qquad\qquad\qquad\qquad \Delta p = F_s/A \qquad\qquad\qquad\qquad (5-11)$

由于差压式溢流阀的弹簧刚度很小,所以 Δp 基本不变。

当负载压力 p_2 增大时,Δp 会瞬间减小,作用于差压式溢流阀阀芯两端的液压力小于其弹簧力,溢流阀阀芯下移,阀口关小,压力损失增大,p_1 会随之增大,从而保持 Δp 基本不变。

当负载过载时,压力油可打开安全阀 2 流回油箱。

普通调速阀可以安装在进油路、回油路或旁油路上进行调速,而溢流节流阀只能安装在进油路上。当其安装在回油路或旁油路上时,由于 p_2 等于零,泵的出口压力 p_1 等于 Δp(很小),导致整个系统不能正常工作。

采用溢流节流阀的调速回路,泵的出口压力会随负载压力变化,属于变压系统,效率较高。

当需要保持多个执行元件同步动作时,可采用分流集流阀,可参阅有关资料选用。

第五节　叠加式液压阀和二通插装阀

叠加式液压阀简称叠加阀,它是中小流量液压系统中较为理想的、推荐采用的液压元件,二通插装阀在高压大流量液压系统中得到了广泛的应用。

一、叠加阀

叠加阀的工作原理与一般液压阀基本相同。采用叠加阀组成液压系统时,不需要另外的连接块,它自身既有一般液压元件的控制功能,同时又起到通道体的作用。每一种通径系列的叠加阀,其主油路及螺栓连接孔的位置都与相应通径的换向阀相同,因此,同一通径的叠加阀都能相互叠加起来组成各种不同控制功能的系统,如图 5-33 和图 5-34 所示。

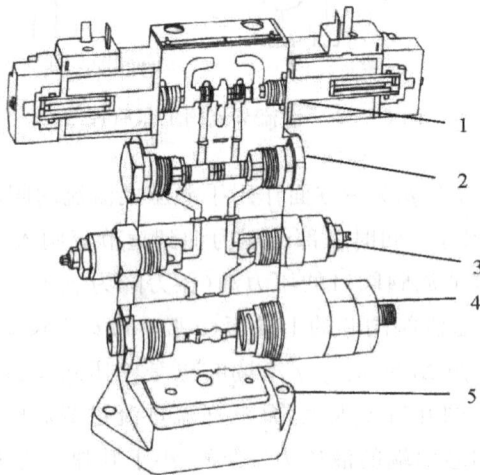

图 5-33　叠加阀装配图

1— 三位四通电磁换向阀;　2— 叠加式双向液压锁;　3— 叠加式双进油路单向节流阀

4— 叠加式减压阀;　5— 基础块

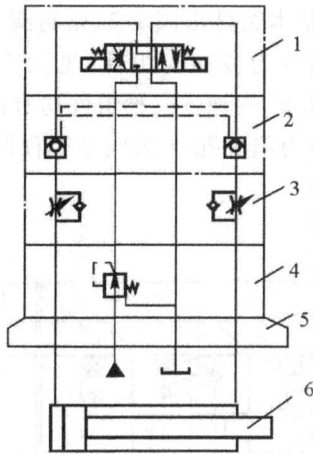

图 5-34　叠加阀原理图

用叠加式液压阀组成的液压系统具有以下特点：

（1）结构紧凑；

（2）安装方便；

（3）易于更改系统；

（4）压力损失小。

二、二通插装阀

如图 5-35 所示，二通插装阀是以插装组件 3（插装于阀块体 4 内）为主阀，配以适当的盖板 2 和不同的先导阀 1 组合而成的具有压力控制、流量控制、方向控制以及复合控制功能的组件。

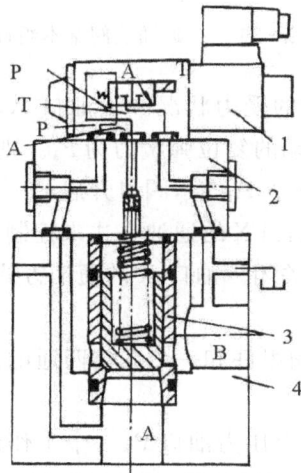

图 5-35　二通插装阀组成

1.二通插装阀基本组件

如图 5-36 所示,二通插装阀基本组件由阀套 1、密封圈 2、阀芯 3、弹簧 4 等组成。根据其用途不同,二通插装阀基本组件可分为方向阀组件(见图 5-36(a))、压力阀组件(见图 5-36(b))和流量阀组件(见图 5-36(c))三种。三种组件均有两个主油口 A 和 B(二通插装阀由此得名)、一个控制油口 X。图中 6 为阻尼孔,7 为阀芯行程调节杆。

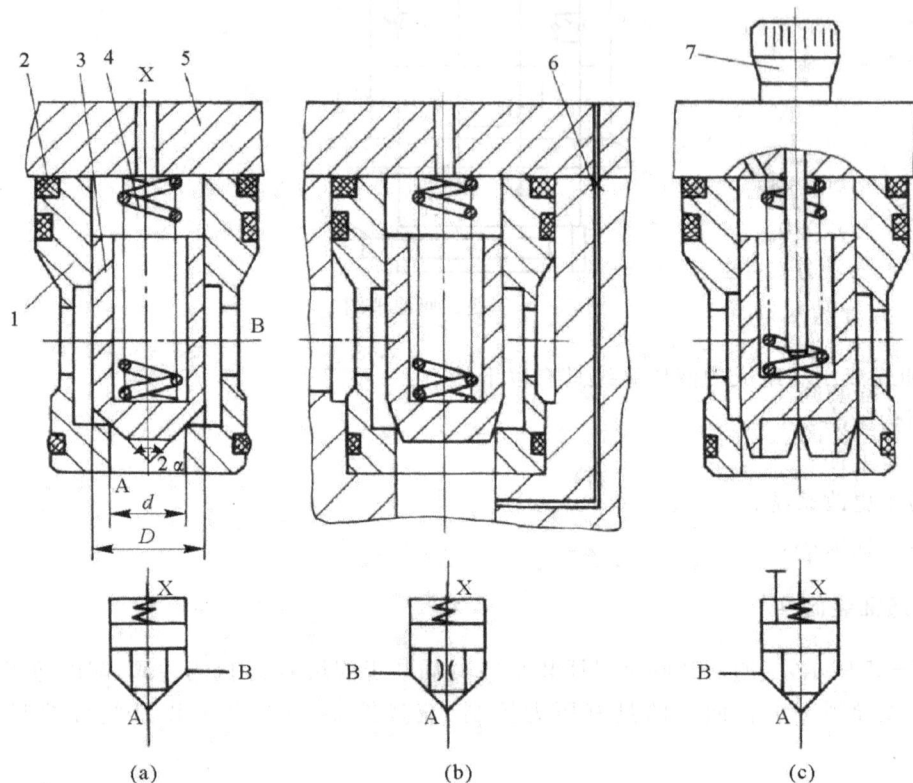

图 5-36　二通插装阀基本组件

工作时阀口的启闭取决于阀芯的受力状况。设油口 A,B,X 的作用面积分别为 A_A,A_B,A_X,压力分别为 p_A,p_B,p_X,阀芯上端的复位弹簧力为 F_s。则当 $p_X A_X + F_s > p_A A_A + p_B A_B$ 时,阀口关闭;当 $p_X A_X + F_s \leqslant p_A A_A + p_B A_B$ 时,阀口开启。

实际工作时,可通过改变控制油口 X 的通油方式来控制阀口的启闭。当 $p_X = 0$ 时,阀口开启;当 $p_X = p_A$ 或 $p_X = p_B$ 时,阀口关闭。油口 X 的通油方式可由先导阀来完成。

2.二通插装阀应用举例

如图 5-37 所示,由两个方向阀组件和一个二位四通电磁换向阀(导阀)可以组成一个三通插装阀。

两个方向阀组件并联后形成一个压力油口 P、一个工作油口 A 和一个回油口 T。当电磁铁 Y 断电时,阀 1 的控制腔接油箱,阀口开启;阀 2 的控制腔接压力油 p,阀口关闭。于是油口 A 与 T 相通,油口 P 不通。同理,当电磁铁 Y 通电时,油口 P 与 A 通,油口 T 不通。

3.二通插装阀的特点

(1)能实现一阀多用。一个基本组件上通过导阀可同时实现换向、调压或调速等多种功能。

（2）压力损失小、通流能力大，适用于大流量的液压系统。

（3）响应速度高、动作灵敏（没有死区）。

（4）密封性能好、内泄漏很小。

（5）结构简单，便于制造和集成化。

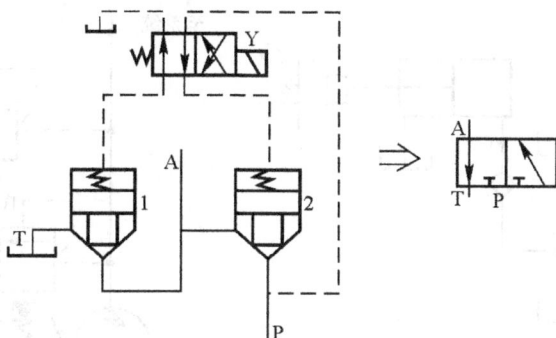

图 5-37　三通插装阀

思考与习题

5-1　能否用两个二位三通阀实现一个二位四通换向阀的功能？请绘制原理图予以说明。

5-2　三位四通弹簧对中型电液换向阀的导阀的中位机能能否任意选定？

5-3　若先导式溢流阀主阀芯上的阻尼孔被堵塞，会出现什么情况？为什么？

5-4　溢流阀的进口压力会随溢流量变化吗？为什么？

5-5　减压阀的出口压力决定于什么？其出口压力为定值的条件是什么？

5-6　简述溢流阀、减压阀、内控外泄式顺序阀之间的异同点。

5-7　如果将调速阀的进出油口接反，会出现什么情况？

5-8　为什么溢流节流阀不能用在回油路上调速？

5-9　图 5-38 所示的电液换向阀换向回路，电磁铁 Y 通电后，液压缸并不动作，试分析其原因，并提出改进措施。

5-10　图 5-39 所示回路中，溢流阀的调定压力为 5.0 MPa，减压阀的调定压力为 2.5 MPa。试分析下列各情况，并说明减压阀阀口处于什么状态。

（1）当泵压力等于溢流阀调定压力时，夹紧缸使工件夹紧后，A，C 点的压力各为多少？

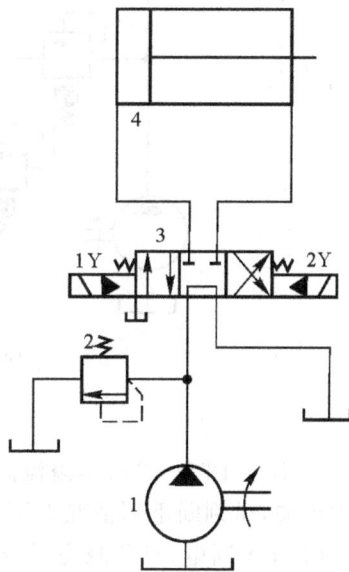

图 5-38　题 5-9 图

（2）当泵压力由于其他液压缸快进，压力降到 1.5 MPa 时（工件原来处于夹紧状态），A，C

点的压力各为多少?

(3) 夹紧缸在夹紧工件前作空载运动时,A,B,C 三点的压力各为多少?

5-11 图 5-40 所示系统中溢流阀的调定压力为 $p_A = 3$ MPa,$p_B = 1.4$ MPa,$p_C = 2.0$ MPa。试求:当系统外负载为无穷大时,液压泵的出口压力为多少? 如果将溢流阀 B 的遥控口堵住,液压泵的出口压力又为多少?

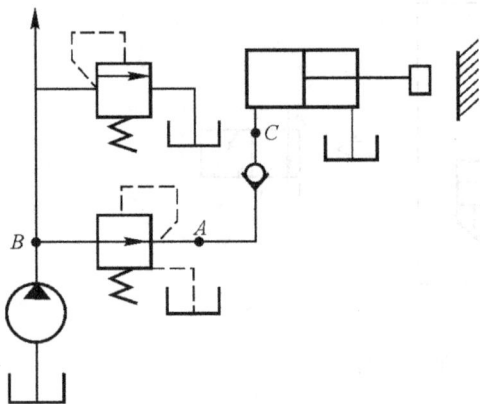

图 5-39 题 5-10 图   图 5-40 题 5-11 图

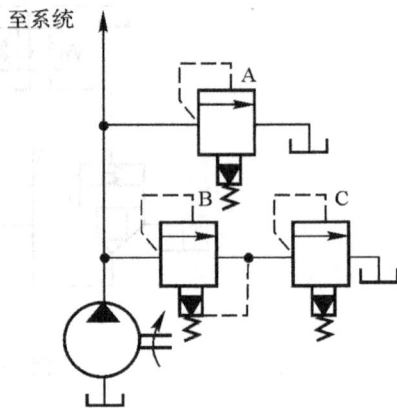

5-12 图 5-41 中溢流阀的调定压力分别为 $p_A = 4$ MPa,$p_B = 3$ MPa,$p_C = 2.0$ MPa,当系统外负载为无穷大时,液压泵的出口压力各为多少? 对图 5-41(a) 所示的系统,请说明溢流量是如何分配的。

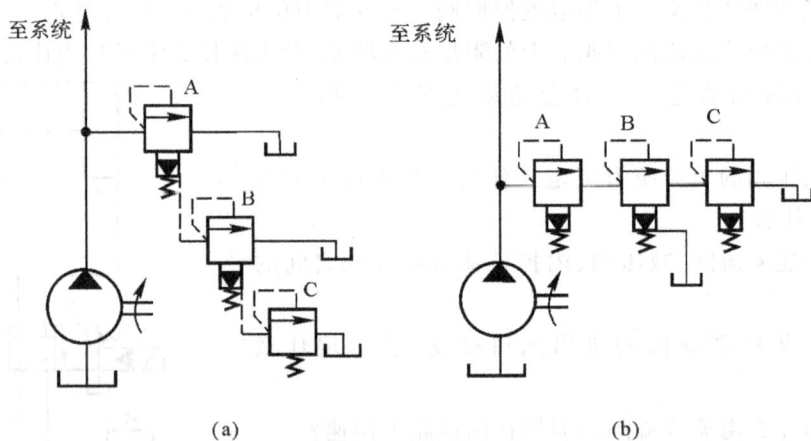

(a)   (b)

图 5-41 题 5-12 图

5-13 图 5-42 所示溢流阀的调定压力为 4 MPa。若不计液流流经主阀芯阻尼小孔时的压力损失,试判断下列情况下压力表的读数:

(1)YA 断电,且负载为无穷大时;

(2)YA 断电,且负载压力为 2 MPa 时;

(3)YA 通电,且负载压力为 2 MPa 时。

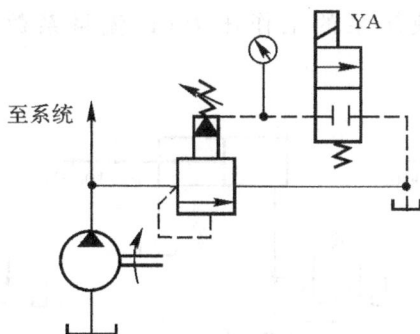

图 5-42 题 5-13 图

5-14 试确定图 5-43 所示回路在下列情况下液压泵的出口压力。

(1) 全部电磁铁断电；

(2) 电磁铁 2YA 通电，1YA 断电；

(3) 电磁铁 2YA 断电，1YA 通电。

5-15 如图 5-44 所示，负载压力为 p_L，减压阀调整压力为 p_J，溢流阀调整压力为 p_Y，且 $p_Y > p_J$。试分析液压泵的工作压力由什么值来确定。

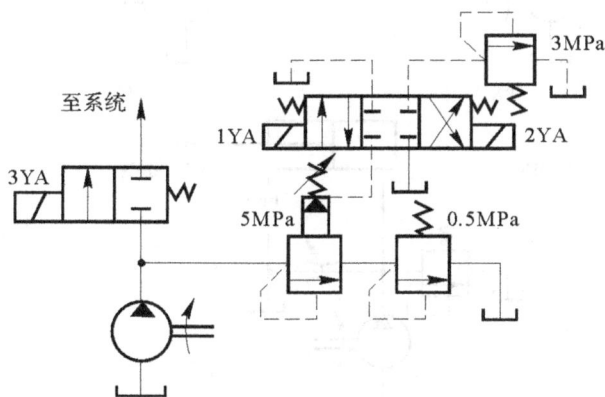

图 5-43 题 5-14 图

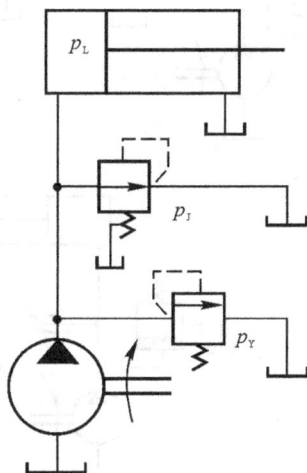

图 5-44 题 5-15 图

5-16 如图 5-45 所示，顺序阀和溢流阀串联，调整压力分别为 p_X 和 p_Y。当系统外负载为无穷大时，试问：

(1) 液压泵的出口压力为多少？

(2) 若把两个阀的位置互换，液压泵的出口压力又为多少？

5-17 在如图 5-46 所示的 8 种回路中，已知液压泵流量 $q_p = 10$ L/min，液压缸无杆腔面积 $A_1 = 50 \times 10^{-4}$ m²，有杆腔面积 $A_2 = 25 \times 10^{-4}$ m²，溢流阀调定压力 $p_Y = 2.4$ MPa，负载 p_L 及节流阀通流面积 A_T 均已标在图上，试分别计算各

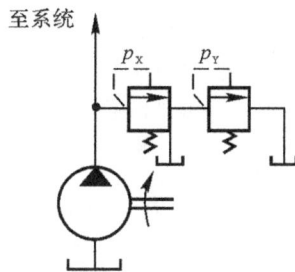

图 5-45 题 5-16 图

回路中活塞的运动速度和液压泵的工作压力（设流量系数 $C_d = 0.62$，油液密度 $\rho = 870 \ kg/m^3$）。

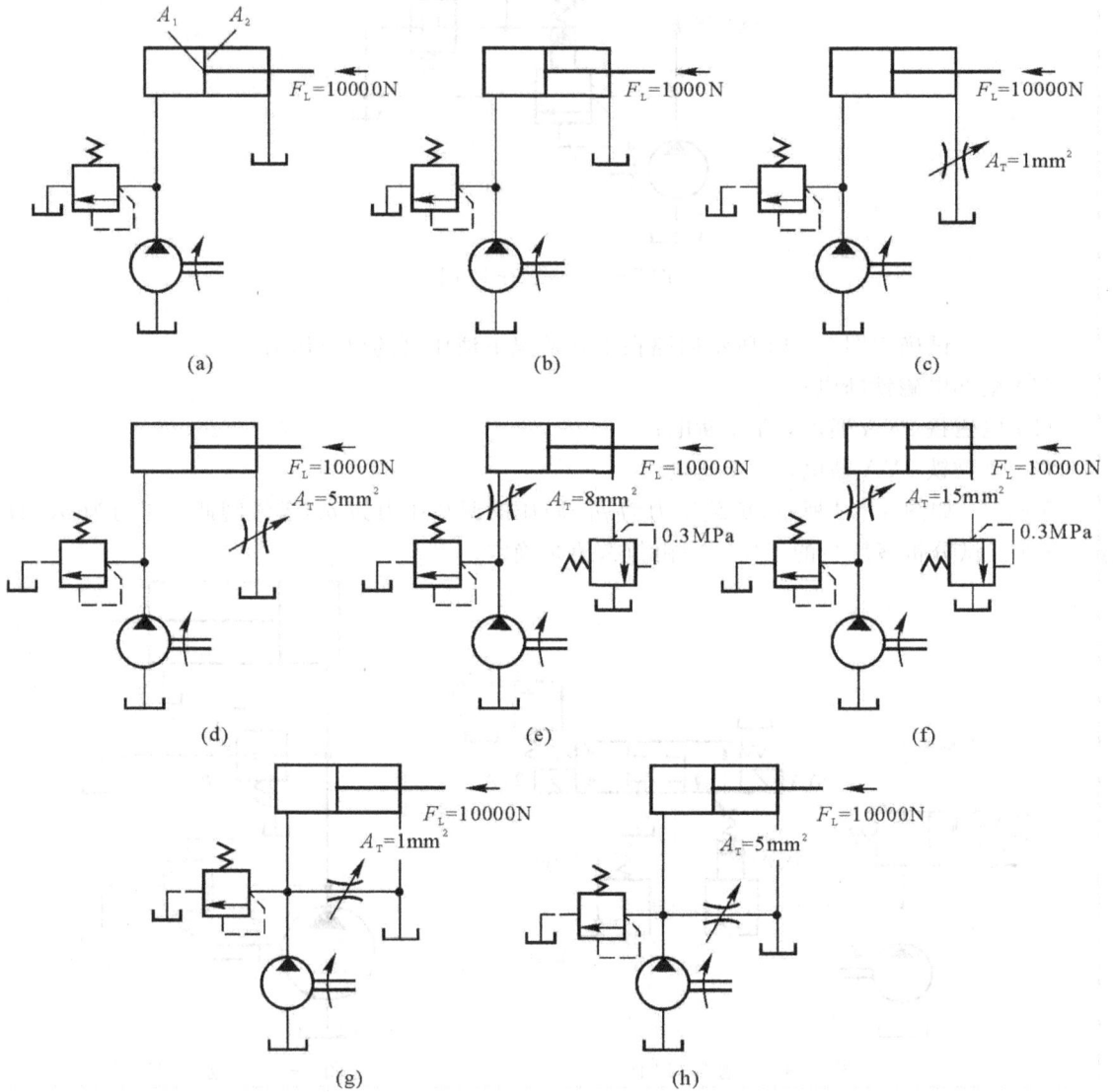

图 5-46　题 5-17 图

第六章　液压辅助元件

液压系统中的辅助装置,如蓄能器、滤油器、油箱、热交换器、管件等,对系统的动态性能、工作稳定性、工作寿命、噪声和温升等都有直接影响,必须予以重视。除油箱通常需要自行设计外,其余皆为标准件。

本章主要介绍液压辅助元件的主要类型、工作原理、选用原则及一些必要的计算。

第一节　油　　箱

一、油箱的作用和种类

在液压系统中,油箱主要有三个作用:储存油液、散发热量、分离和沉淀杂质。油箱大部分是用钢板焊接而成的,顶板需要安装油泵和阀,一个设计合理的油箱是液压系统正常工作的基础条件。因此,设计时要考虑油箱的容量、油量的指示、油箱的清洗、顶板的强度、油箱的散热、隔板的设置等问题。

油箱按布置方式,分为整体式和分离式。整体式是利用机械设备的机体空腔作为油箱,结构紧凑,各处漏油易于回收,但增加了设计和制造的复杂性,维修不便,散热条件不好,且会使主机产生热变形。分离式油箱单独设置,与主机分开,减少了油箱发热和液压源振动对主机工作精度的影响,因此得到了普遍的应用,广泛应用于精密机床等设备中。

油箱根据液面是否与大气相通,又可分为开式和闭式两种结构。开式结构的油箱,其油面与大气相通,主要用于各种固定设备,广泛用于一般的液压系统;闭式结构油箱的油面与大气隔绝,多用于行走车辆与工程机械。

二、油箱的基本结构

1.开式油箱

图 6-1 所示为一种分离式开式油箱结构示意图。由图可见,油箱内部用隔板 7,9 将吸油管 1 与回油管 4 隔开。吸油腔安装过滤网,油箱顶部装有空气滤油器 3,侧部和底部分别装有液位计 6 和放油阀 8。在安装板 5 上可安装液压泵及其驱动电机。

2.闭式油箱

图 6-2 所示是一种挠性隔离式闭式油箱。油箱是封闭的,顶部有一充气管,可送入 0.05～0.07 MPa 过滤纯净的压缩空气。大气压经气囊作用在液面上,常用在粉尘特别多的场合。

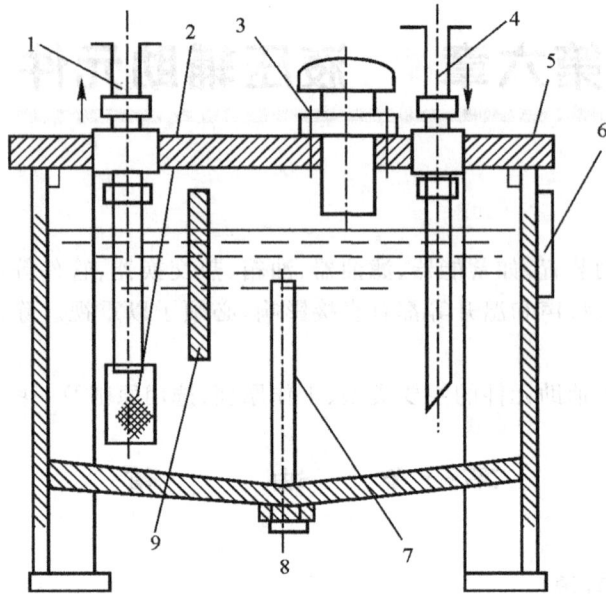

图 6-1　油箱结构示意图

1— 吸油管；　2— 过滤网；　3— 空气滤油器；　4— 回油管

5— 安装板；　6— 液位计；　7,9— 隔板；　8— 放油阀

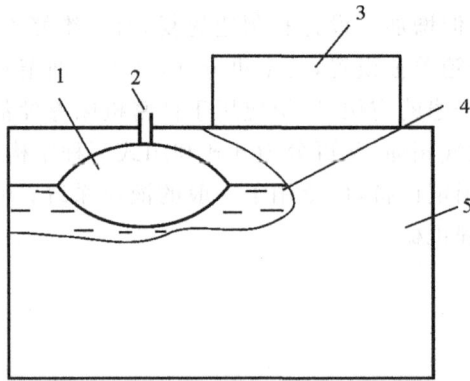

图 6-2　挠性隔离式油箱

1— 气囊；　2— 气囊进排气口；　3— 液压装置；　4— 液面；　5— 油箱

3.压力油箱

图 6-3 所示是一种压力油箱,其充气压力通常为 0.05 ~ 0.07 MPa。该压力油箱改善了液压泵的吸油条件,但要求系统回油管及泄油管能承受背压。

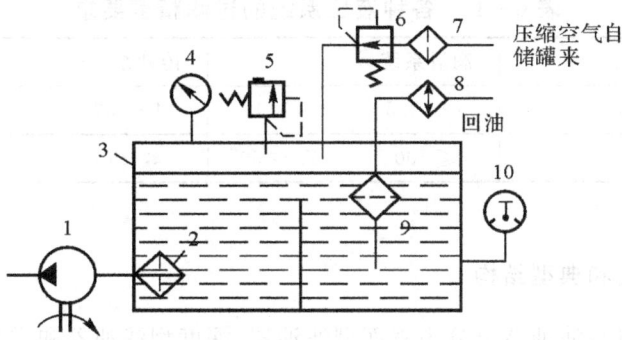

图 6 - 3　压力油箱

1— 液压泵；　2,9— 滤油器；　3— 压力油箱；　4— 电接点压力表；

5— 安全阀；　6— 减压阀；　7— 分水滤清器；　8— 冷却器；　10— 电接点温度表

三、油箱的设计要点

进行油箱设计时,应注意以下几点：

（1）油箱应有足够的容量。在液压系统工作时,液面保持一定高度,以防止液压泵吸空。最高油面只允许达到油箱高度的 80%,以保证系统中油液全部流回油箱时不致溢出。

（2）泵的吸油管与系统回油管之间的距离应尽可能远些,可在油箱中设置隔板,迫使油液增加循环流动距离,以利于散热和沉淀。

（3）要防止油液渗漏和污染,油箱上盖板及油管进出口处要加密封装置,注油口处安装滤油网,通气孔设置空气滤清器。

（4）油箱应考虑换油、清洗方便。将油箱底面做成斜面,在最低处设放油口,平时用螺塞或放油阀堵住,换油时将其打开放走油污。在油箱侧壁设清洗窗口,以便于换油时清洗油箱。

（5）油箱应便于安装、吊运及维修。

第二节　　滤　油　器

液压油中往往含有颗粒状杂质,颗粒污染物会加速液压元件的磨损,堵塞节流小孔,甚至使液压滑阀卡死,降低系统工作的可靠性。在系统中安装一定精度的滤油器,是保证液压系统正常工作的必要手段。

一、过滤精度

过滤是控制污染最有效的方法之一。过滤精度是滤油器的重要性能指标,它直接关系到液压系统中油液的清洁度等级。过滤精度是指滤芯能够滤除的最小杂质颗粒的大小,以直径 d 作为公称尺寸表示,按精度可分为粗滤油器（$d < 100\ \mu m$）、普通滤油器（$d < 10\ \mu m$）、精滤油器（$d < 5\ \mu m$）、特精滤油器（$d < 1\ \mu m$）。各种液压系统的过滤精度要求见表 6.1。

表 6-1   各种液压系统的过滤精度要求

系统类别	润滑系统		传动系统		伺服系统
工作压力 /MPa	$0 \sim 2.5$	< 14	$14 \sim 32$	> 32	$\leqslant 21$
精度 $d/\mu m$	$\leqslant 100$	$25 \sim 50$	$\leqslant 25$	$\leqslant 10$	$\leqslant 5$

二、滤油器的种类和典型结构

按滤芯的过滤机理,滤油器可分为表面型滤油器、深度型滤油器和磁性滤油器。按安放的位置,滤油器可分为吸滤器、压滤器和回油滤油器。下面介绍其典型结构。

1.表面型滤油器

该类型滤油器常用的有网式和线隙式两种。

图 6-4 所示为网式滤油器,其将铜丝网包在周围开有窗孔的塑料或金属筒形骨架上,多为无壳体结构,安装在液压泵的吸油口。其过滤精度取决于铜网层数和网孔的大小。这种滤油器结构简单,通流能力大,清洗方便,但过滤精度低。

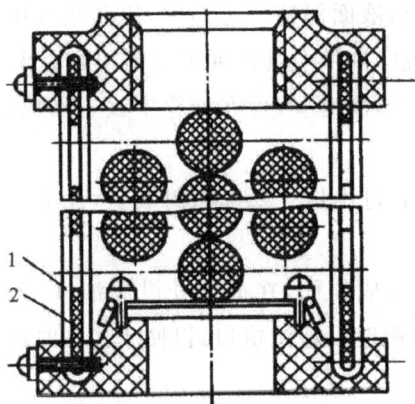

图 6-4   网式滤油器

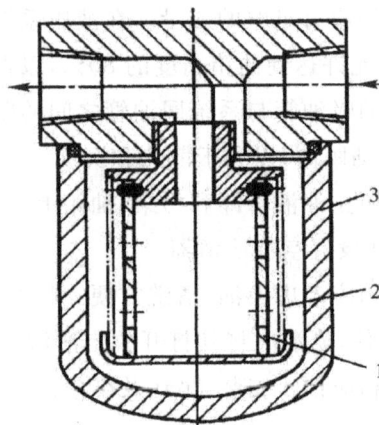

图 6-5   线隙式滤油器

图 6-5 所示为线隙式滤油器。其用钢线或铝线密绕在筒形骨架的外部来组成滤芯,依靠铜丝间的微小间隙滤除混入液体中的杂质。线隙式滤油器结构简单,通流能力大,过滤精度比网式滤油器高,但不易清洗,多为回油滤油器。

2.深度型滤油器

深度型滤油器的滤芯为多孔可透性材料。这种滤油器过滤效果好,但清洗困难,有不锈钢烧结纤维毡、烧结金属、烧结陶瓷、纸类和纤维毡类等。

图 6-6 所示为纸质滤油器。其滤芯采用酚醛树脂或木浆微孔滤纸,油液经过滤芯时,通过滤纸的微孔滤去固体颗粒。为增大过滤面积,纸芯常制成折叠形。其过滤精度较高,一般用于油液的精过滤,但堵塞后无法清洗,需经常更换滤芯。

图 6-7 所示为烧结式滤油器。其滤芯是用金属粉末烧结而成的,利用颗粒间的微孔来挡住油液中的杂质通过。其滤芯能承受高压,抗腐蚀性好,过滤精度高,缺点是颗粒易脱落,堵塞

后不易清洗,适用于精过滤的高压、高温液压系统。

金属纤维烧结毡是由长为 $15 \sim 20$ mm、丝径为 $4 \sim 20$ μm 的不锈钢纤维烧结而成的。它的过滤精度为 $2 \sim 30$ μm,强度好,耐腐蚀,抗冲击,目前在世界各国得到广泛应用。

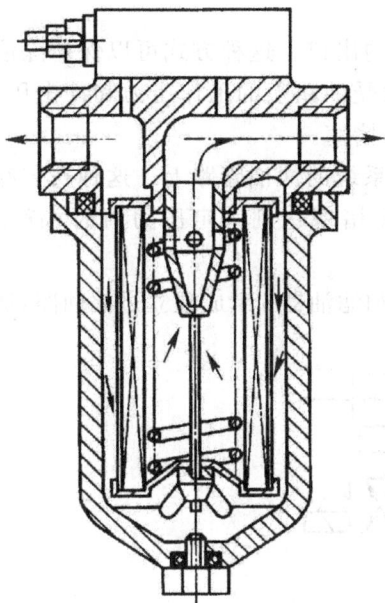

图 6-6　纸质滤油器

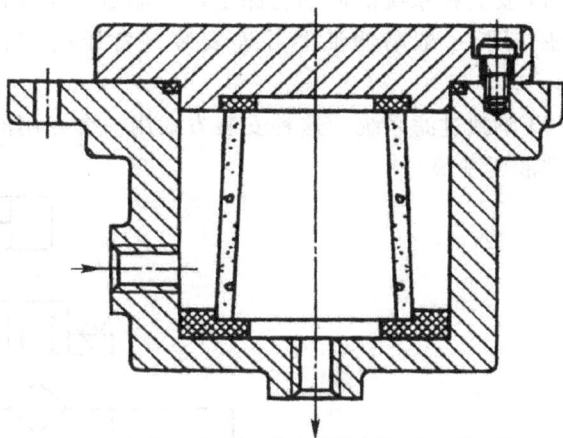

图 6-7　烧结式滤油器

3. 磁性滤油器

磁性滤油器是利用永久磁铁来吸附油液中的铁屑和带磁性的磨料。这种滤油器适用于加工钢铁件的机床液压系统。

三、滤油器的选用原则及安装

1. 选用原则

选用滤油器时,要考虑下列几点:

(1) 过滤精度应满足液压系统要求;

(2) 具有足够大的通油能力,压力损失小;

(3) 滤芯具有足够的强度,不因液压油的作用而损坏;

(4) 滤芯抗腐蚀性能好,能在规定的温度下持久地工作;

(5) 滤芯清洗、更换和维护方便。

因此,滤油器应根据液压系统的技术要求,按过滤精度、通流能力、工作压力、油液黏度、工作温度等条件选定其型号。

2. 滤油器的安装

滤油器在液压系统中的安装位置通常有以下几种(见图 6-8):

(1) 安装在液压泵的吸油口。滤油器 1 安装在液压泵的吸油管路上,目的是滤去较大的杂质微粒以保护液压泵。这种方式要求滤油器具有较大的通油能力和较小的压力损失,通常不应超过 $0.01 \sim 0.02$ MPa,否则将造成液压泵吸油不畅或引起空穴。常采用过滤精度较低的网式或线隙式滤油器。

(2) 安装在旁路上。滤油器 2 安装在旁路上。这种方式又称为局部过滤,其不会在主油路中造成压力损失,滤油器也不必承受系统工作压力,缺点是不能完全保证液压元件的安全,故不宜在重要的液压系统中采用。

(3) 安装在液压泵的出油口。滤油器 3 安装在液压泵的出口。这种方式可以保护除液压泵以外的全部元件。其过滤精度应为 $10 \sim 15 \mu m$,且能承受油路上的工作压力和冲击压力,压力降应小于 0.35 MPa。同时,应安装安全阀以防滤油器堵塞。

(4) 安装在系统的回油管路上。滤油器 4 安装在液压系统的回油管路上。这种安装起间接过滤作用,一般与滤油器并连安装一背压阀,当滤油器堵塞达到一定压力值时,背压阀打开。

(5) 单独过滤系统。这种安装方式用一个专用液压泵和滤油器 5 组成独立过滤回路,适用于大型液压系统。

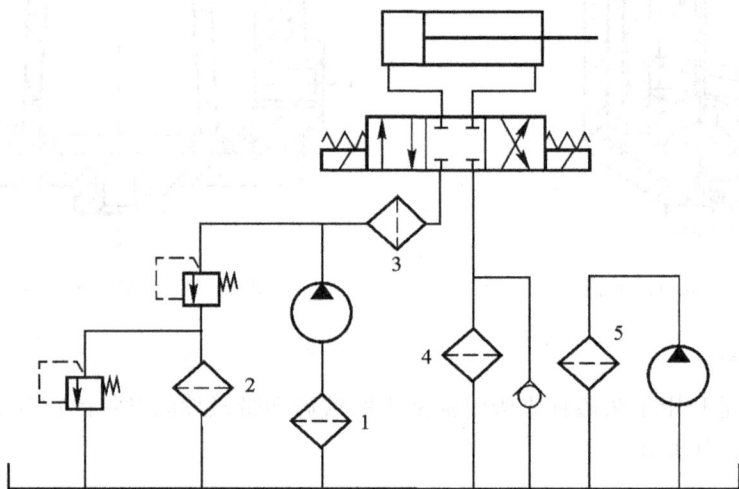

图 6-8　滤油器的安装位置

第三节　蓄　能　器

蓄能器是液体压力能的存储和释放装置。它可作为辅助动力源,也可用于吸收液压冲击、压力脉动等。

一、蓄能器的类型及其结构

蓄能器按储能方式分,主要有重力加载式、弹簧加载式和气体加载式三种类型。

1. 重力加载式

这种蓄能器的结构原理如图 6-9 所示,它利用重锤的势能变化来储存、释放能量。重锤通过柱塞作用在油液上,蓄能器产生的压力取决于重锤的质量和柱塞的大小。重力加载式蓄能器结构简单、压力恒定,能提供大容量、压力高的油液,最高工作压力可达 45 MPa,其缺点是反应不灵敏,结构庞大,主要用于冶金等大型固定液压系统的恒压供油。

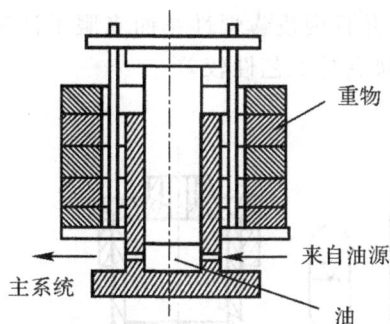

图 6-9　重力加载式蓄能器

2. 弹簧加载式蓄能器

弹簧加载式蓄能器的结构原理如图 6-10 所示,它利用弹簧的压缩和伸长来储存、释放压力能。它的结构简单,反应灵敏,但容量小,可用于小容量、低压回路起缓冲作用,不适用于高压或高频的工作场合。

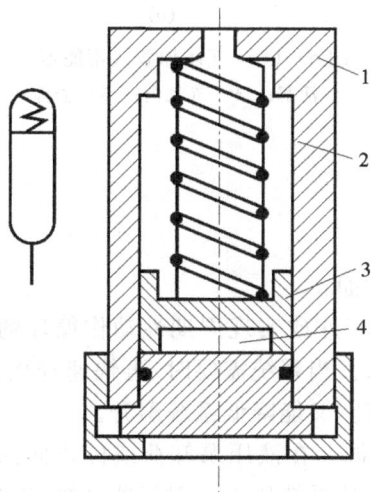

图 6-10　弹簧加载式蓄能器

1—壳体；　2—弹簧；　3—活塞；　4—进油腔

3. 气体加载式蓄能器

气体加载式蓄能器利用压缩气体(通常为氮气)储存能量。按气液隔离的方式不同,分为气液直接接触式和隔离式,隔离式又可分为活塞式和气囊式两类。

气液直接接触式(见图 6-11(a))一般采用乳化液。其结构简单,容量大,反应灵敏;缺点是气体容易混入油液,影响执行元件运动的平稳性,耗气大,需及时补充气体。它适用于要求不高的大流量低压系统。

活塞式蓄能器(见图 6-11(b))用活塞 1 将气液分开,气体由阀 3 充入,下腔通系统压力油。该结构简单,寿命长,但因活塞有一定的惯性和 O 形密封圈存在较大的摩擦力,所以反应不够灵敏,主要用于大体积和大流量液压系统。

气囊式蓄能器(见图 6-11(c))采用由耐油橡胶制成的气囊 3 将气、液分开,气囊固定在壳体 2 的上部,皮囊内充入惰性气体。为了保护气囊不被挤出油口,在壳体下端设置了菌形阀

4。这种结构使气、液密封可靠,并且因皮囊惯性小而克服了活塞式蓄能器响应慢的弱点。因此,它的应用范围非常广泛,其缺点是工艺性较差。

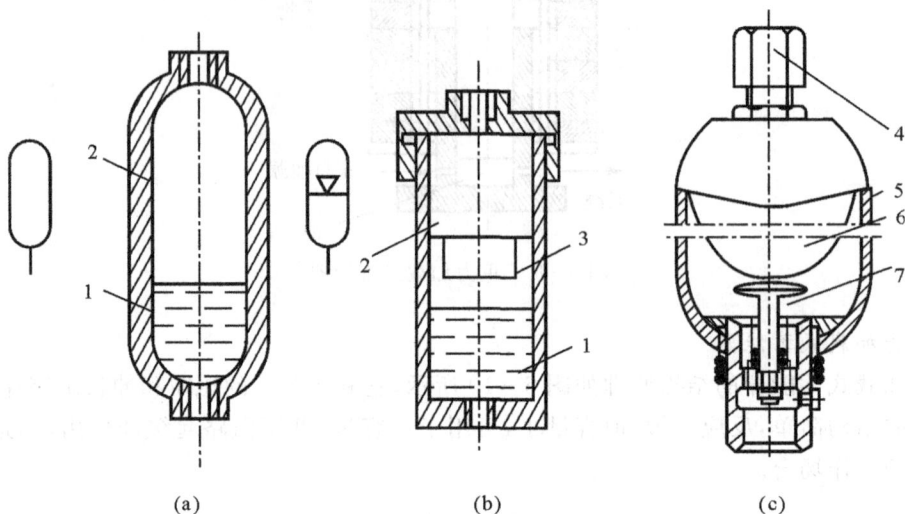

图 6-11 气体加载式蓄能器

1—液压油; 2—气体; 3—活塞; 4—充气阀; 5—壳体; 6—皮囊; 7—进油阀

二、蓄能器的功用和安装

1.蓄能器的功用

蓄能器的功用有以下几个方面:

(1)作辅助动力源。在间歇工作或实现周期性动作循环的液压系统中,蓄能器可以把液压泵输出的多余压力油储存起来。当系统需要时,再快速释放出来。这样系统可采用小流量规格的液压泵,既能减少功率损耗,又能降低系统温升。

(2)系统保压或作应急液压源。在液压泵卸荷或停止向执行元件供油时,由蓄能器释放储存的压力油,补偿系统泄漏,维持系统压力。对某些系统,当泵发生故障或停电时,执行元件应继续完成必要的动作,这时需要蓄能器还可用做应急液压源,这样可在一段时间内维持系统压力,避免造成机件损坏等事故。

(3)吸收系统脉动,缓和液压冲击。蓄能器能缓和系统压力突变时的冲击,如液压泵或液压阀突然关闭或开启、液压缸突然运动或停止而引起的液压冲击;也能吸收液压泵工作时的因流量脉动所引起的压力脉动。

2.蓄能器的使用和安装

蓄能器的安装、使用与维护应注意的事项如下:

(1)气囊式蓄能器应垂直安装,油口向下,否则会影响气囊的正常收缩。

(2)安装在管路中的蓄能器必须用支架或支承板加以固定。

(3)蓄能器与管路之间应安装截止阀,以便于充气检修;蓄能器与液压泵之间应安装单向阀,以防止液压泵停车或卸载时,蓄能器内的液压油倒流回液压泵。

(4)蓄能器用于吸收液压冲击和压力脉动时,应尽可能安装在振动源附近;用于补充泄漏,使执行元件保压时,应尽量靠近该执行元件。

第四节　热交换器

液压系统的工作温度一般希望保持在 30～50℃ 的范围之内,最高不超过 65℃,最低不低于 15℃。液压系统在适宜的工作温度下保持热平衡,不仅是系统所必需的,而且有利于提高系统工作稳定性,有利于减小机械设备的热变形,提高工作精度。为了使油温控制在最佳范围内,可使用冷却器强制冷却,使用加热器预热。

一、冷却器

冷却器有水冷式、风冷式和冷媒式三种。风冷式常用在行走设备上;冷媒式需制冷设备,常用于精密机床等设备上;水冷式是一般液压系统常用的冷却方式。

最简单的水冷式冷却器是蛇形管式,如图 6-12 所示。它直接装在液压油箱内,冷却水从蛇形管内流过时,就把油液中的热量带走。这种冷却器的结构简单,但冷却效率低,耗水量大。

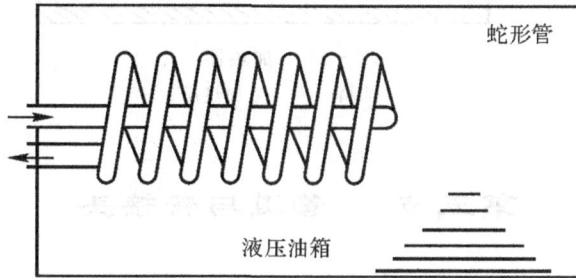

图 6-12　蛇形管冷却器

大功率液压系统一般采用多管式冷却器,其结构如图 6-13 所示,它是一种强制对流式冷却器。冷却水从管内流过,油液在水管周围流动,中间隔板使油液折流,从而增加油液的循环路线长度,以强化热交换效果。这种冷却器散热效率高,但体积稍大。

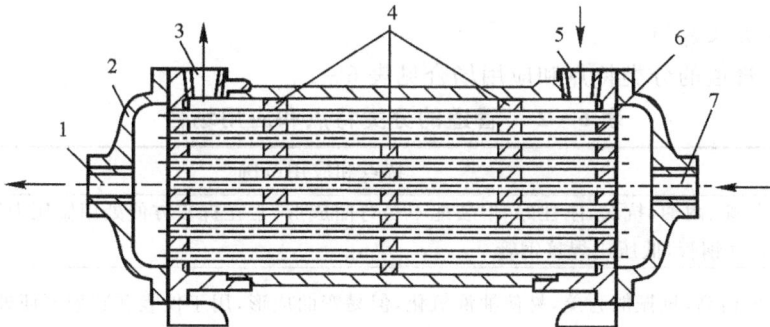

图 6-13　对流式多管头冷却器

1—出水口;　2—壳体;　3—出油口;　4—隔板;　5—进油口;　6—散热管;　7—进水口

二、加热器

加热器有用热水或蒸汽加热的,也有采用电加热的。电加热器使用方便,易于自动控制温度,应用较广泛。电加热器的安装方式如图6-14所示,它用法兰盘水平安装在油箱侧壁上,发热部分应完全浸在油液的流动处。单个加热器的功率容量不能太大,以免其周围油液的温度过高而发生变质现象。当油液没有完全包围加热器的加热元件,或没有足够的油液进行循环时,加热器不能工作。

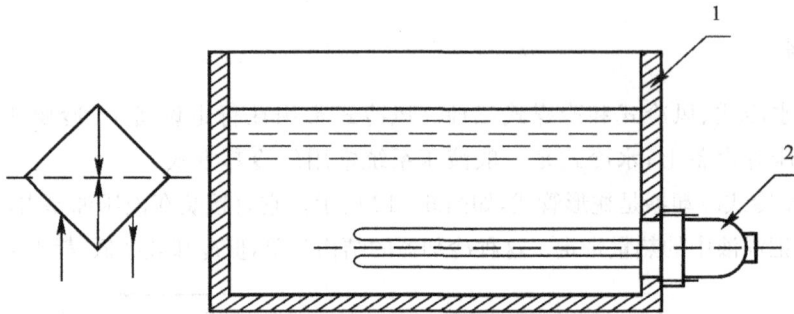

图6-14　加热器
1— 油箱；　2— 电加热器

第五节　　管道与管接头

液压管道和管接头是连接液压元件、输送压力油的装置。设计液压系统时,要认真选择管道和管接头。管径过大,会使液压装置结构庞大,增加不必要的成本费用;管径太小,又会使管内液体流速过高,不但会增大压力损失、降低系统效率,而且易引起振动和噪声,影响系统的正常工作。

一、管道

1. 管道的分类及应用

液压系统中管道的分类特点和应用场合见表6-2。

表6-2　管道的分类特点和应用场合

种类	特点和应用范围
钢管	价廉、耐油、抗腐、刚性好,但装配不易弯曲成形,常在拆装方便处用做压力管道,中压以上用无缝钢管,低压用焊接钢管
紫铜管	价格高,抗振能力差,易使油液氧化,但易弯曲成形,用于仪表和装配不便处
尼龙管	半透明材料,可观察流动情况,加热后可任意弯曲成形和扩口,冷却后即定形,承压能力较低,一般在 2.8 ～ 8 MPa 之间
塑料管	耐油、价廉、装配方便,长期使用会老化,只用于压力低于 0.5 MPa 的回油或泄油管路
橡胶管	用耐油橡胶和钢丝编织层制成,价格高,多用于高压管路;还有一种用耐油橡胶和帆布制成,用于回油管路

2.管道的尺寸计算

管道的内径 d 和壁厚可采用下列两式计算,并需圆整为标准数值,即

$$d = 2\sqrt{\frac{Q}{\pi[v]}} \qquad (6-1)$$

$$\delta = \frac{pdn}{2[\sigma_b]} \qquad (6-2)$$

式中,$[v]$ 为允许流速,推荐值吸油管为 $0.5 \sim 1.5$ m/s,回油管为 $1.5 \sim 2$ m/s,压力油管为 $2.5 \sim 5$ m/s,控制油管取 $2 \sim 3$ m/s,橡胶软管应小于 4 m/s。n 为安全系数。对于钢管,$p \leqslant 7$ MPa 时,$n=8$;7 MPa $< p \leqslant 17.5$ MPa 时,$n=6$;$p > 17.5$ MPa 时,$n=4$。$[\sigma_b]$ 为管道材料的抗拉强度(Pa),可由《材料手册》查出。

3.管道的安装要求

(1)管道应尽量短,最好横平竖直,拐弯少。为避免管道皱褶,减少压力损失,管道装配的弯曲半径要足够大。管道悬伸较长时,要适当设置管夹及支架。

(2)管道尽量避免交叉,平行管距要大于 10 mm,以防止干扰和振动,并便于安装管接头。

(3)软管直线安装时,要有一定的余量,以适应油温变化、受拉和振动产生的 $-2\%\sim+4\%$ 的长度变化的需要。弯曲半径要大于 10 倍软管外径,弯曲处到管接头的距离至少等于 6 倍外径。

二、管接头

管接头用于管道和管道、管道和其他液压元件之间的连接。对管接头的主要要求是安装、拆卸方便,抗振动,密封性能好。

目前用于硬管连接的管接头类型主要有扩口式管接头、卡套式管接头和焊接式管接头三种;用于软管连接的主要有扣压式。

1.硬管接头

硬管接头结构形式如图 $6-18$ 所示,具体特点如下:

扩口式管接头(见图 $6-18$(a)),适用于紫铜管、薄钢管、尼龙管和塑料管等低压管道的连接。拧紧接头螺母,通过管套使管子压紧密封。

卡套式管接头(见图 $6-18$(b)),拧紧接头螺母后,卡套发生弹性变形便将管子夹紧。它对轴向尺寸要求不严,装拆方便,但对连接用管道的尺寸精度要求较高。

焊接式管接头(见图 $6-18$(c)),接管与接头体之间的密封方式有球面、锥面接触密封和平面加 O 形圈密封两种。前者有自位性,安装要求低,耐高温,但密封可靠性稍差,适用于工作压力不高的液压系统;后者密封性好,可用于高压系统。

此外,尚有二通、三通、四通、铰接等数种形式的管接头,供不同情况下选用,具体可查阅有关手册。

2.软管接头

胶管接头随管径和所用胶管钢丝层数的不同,工作压力在 $6 \sim 40$ MPa 之间。图 $6-19$ 所示为扣压式胶管接头的具体结构。

(a)

(b)

(c)

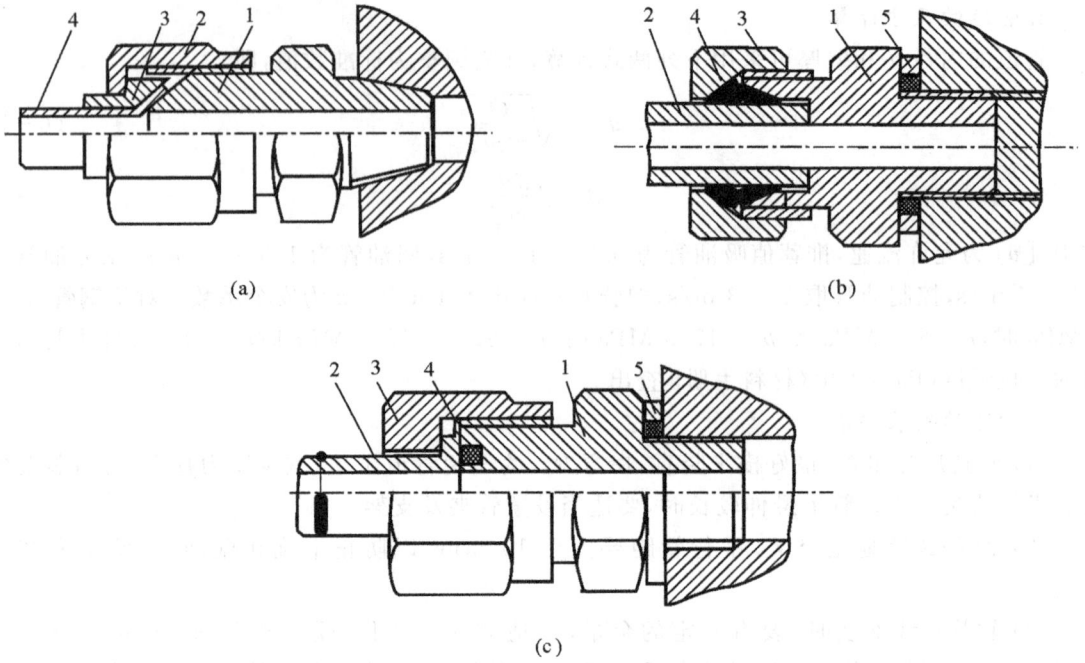

图 6-18　硬管接头的连接形式

（a）扩口式

1—接头体；　2—接管；　3—螺母；　4—卡套

（b）卡套式

1—接头体；　2—接管；　3—螺母；　4—卡套；　5—组合密封器

（c）焊接式

1—接头体；　2—接管；　3—螺母；　4—O型密封圈；　5—组合密封圈

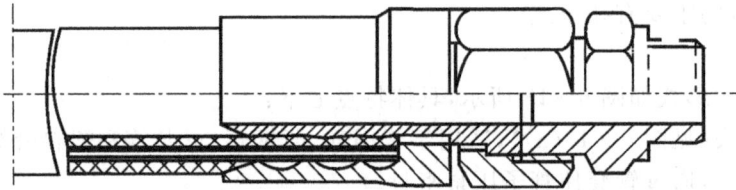

图 6-19　扣压式胶管接头

第七章 液压基本回路

随着工业自动化的迅速发展,各种机械设备中所使用的液压系统变得越来越复杂,但是任何液压系统都是由一个或多个基本回路所组成的。所谓液压基本回路,是指能实现某种特定功能的液压元件的组合油路。按其在液压系统中的功用,基本回路可分为以下几种:

压力控制回路 —— 控制整个系统或局部油路的工作压力;

速度控制回路 —— 控制和调节执行元件的速度;

方向控制回路 —— 控制执行元件运动方向的变换;

多执行元件控制回路 —— 控制几个执行元件相互间的工作循环。

本章介绍的是最常见的液压基本回路,熟悉和掌握典型液压基本回路的组成、工作原理及应用,是分析、设计和使用各种复杂液压系统的基础。

第一节 压力控制回路

压力控制回路是利用压力控制阀来控制整个液压系统或局部油路的压力,达到调压、减压、增压、卸载、平衡、保压、泄压等目的,以满足执行元件对力或力矩的要求。

一、调压回路

调压回路的功能是调定或限制液压系统的最高工作压力,或者使执行元件在工作过程的不同阶段实现多级压力变换。一般由溢流阀来实现这一功能。

1. 单级调压回路

图 7-1(a)所示为最基本的单级调压回路。当改变节流阀 2 的开口来调节液压缸速度时,溢流阀 1 始终开启溢流,使系统工作压力稳定在溢流阀 1 调定的压力附近,溢流阀 1 作定压阀用。若系统中无节流阀,则溢流阀 1 作安全阀。当系统工作压力达到或超过溢流阀调定压力时,溢流阀开启,对系统起安全保护作用。

2. 多级调压回路

图 7-1(b)所示为三级调压回路。主溢流阀 1 的遥控口通过三位四通换向阀 4 分别接通具有不同调定压力的远程调压阀 2 和 3。当换向阀在左位时,压力由调压阀 2 调定;当换向阀在右位时,压力由调压阀 3 调定;当换向阀在中位时,由主溢流阀 1 来调定系统最高压力。

3. 无级调压回路

图 7-1(c)所示为通过电液比例溢流阀进行无级调压的比例调压回路。根据执行元件工作过程各个阶段的不同要求,调节比例溢流阀 1 的输入电流,即可达到调节系统工作压力的目的,而且容易使系统实现远距离控制或程控。

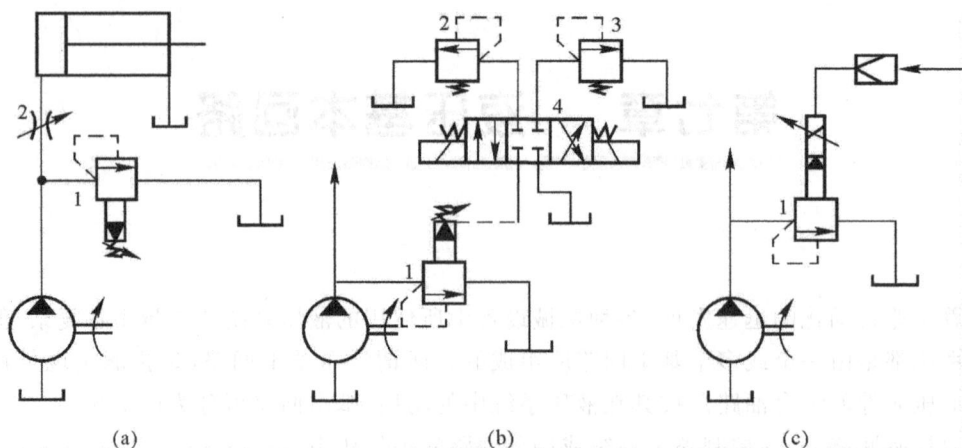

图 7-1 调压回路

二、减压回路

减压回路的功能是使系统某一部分油路具有低于系统压力调定值的稳定工作压力,如控制油路、夹紧油路、润滑油路中的工作压力常常需要低于主油路的压力,因而常采用减压回路。一般由减压阀来实现这一功能。

图 7-2(a) 所示为最常见的减压回路,是在所需低压的支路上串接定值减压阀,与主油路相连。图中单向阀的作用是当主系统压力下降到低于减压阀调定压力(如主油路中液压缸快速运动)时,防止油液倒流,起到短时保压作用,使夹紧缸的夹紧力在短时间内保持不变。

也可采用类似两级或多级调压的方法获得两级或多级减压,如图 7-2(b) 所示为两级减压回路。此外,还可采用比例减压阀来实现无级减压。

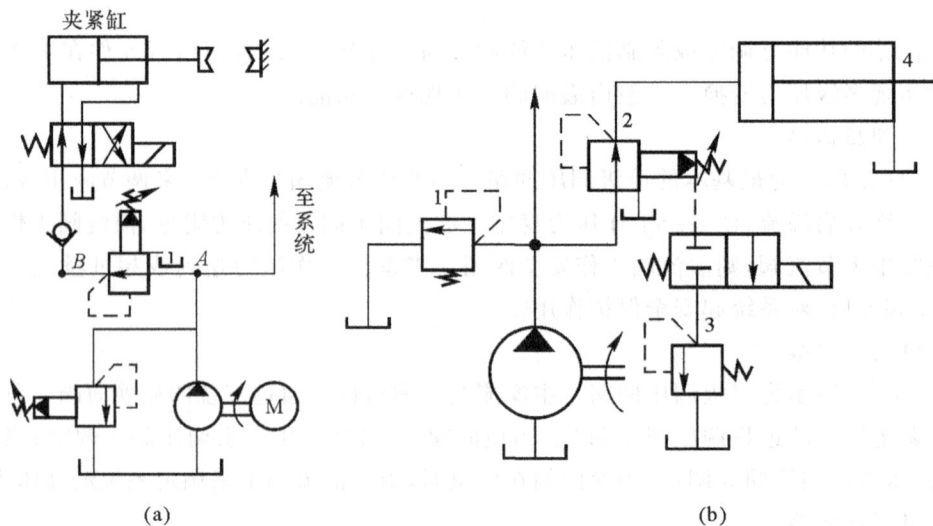

图 7-2 减压回路

为使减压回路可靠地工作,其最高调整压力应比系统压力低 0.5 MPa,最低调整压力应不小于 0.5 MPa,否则减压阀不能正常工作。当减压支路的执行元件需要调速时,节流元件应安装在减压阀出口的油路上,以免减压阀泄油影响执行元件的速度。

三、增压回路

在液压系统中,当某一支路需要压力较高、流量不大的压力油时,常用增压回路获得。增压回路的功能在于提高系统中局部油路中的压力,能使局部压力远远高于油源的压力。

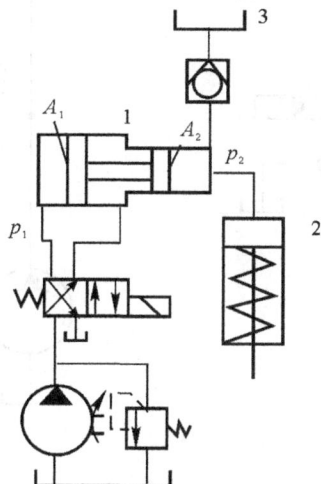

图 7-3 增压回路

图 7-3 所示为使用单作用增压器的增压回路。在图示位置,系统供油压力 p_1 进入增压缸的大活塞腔,在小活塞腔得到所需较高压力 p_2;二位四通电磁换向阀右位接入系统,增压缸返回,辅助油箱中的油液经单向阀补入小活塞腔。该回路只能间歇增压,所以称为单作用增压回路。

四、卸荷回路

卸荷回路功能是在系统执行元件短时间不工作时,不需频繁启、停驱动泵的原动机,而使泵在很小的输出功率下运转的回路。因为泵的输出功率等于压力和流量的乘积,所以卸荷的方法有两种:一种是将泵的出口直接接回油箱,泵在零压或接近零压下工作;另一种是使泵在零流量或接近零流量下工作。前者称为压力卸荷,后者称为流量卸荷。当然,流量卸荷仅适用于变量泵。

1.用换向阀中位机能的卸荷回路

定量泵可借助 M 型、H 型或 K 型换向阀中位机能来实现泵出口的降压卸荷,如图 7-4(a)所示。因回路需保持一定(较低)控制压力以操纵电液动换向阀,在回油路上应安装背压阀 a,使系统保持 0.2～0.3 MPa 的压力。

2.用先导型溢流阀的卸荷回路

图 7-4(b)是采用二位二通电磁阀控制先导型溢流阀的卸荷回路。当先导型溢流阀 1 的遥控口通过二位二通电磁阀 2 接通油箱时,泵输出的油液以很低的压力经溢流阀回油箱,实现卸荷。为防止卸荷或升压时产生压力冲击,在溢流阀遥控口与电磁阀之间可设置阻尼 b。

3.用限压式变量泵的卸荷回路

采用限压式变量泵的卸荷回路为零流量卸荷,如图 7-4(c)所示。当液压缸 3 活塞运动到行程终点时,泵 1 的压力升高,流量减小。当压力接近压力限定螺钉调定的极限值时,泵的流量减小到只补充液压缸或换向阀的泄漏,回路实现保压卸荷。系统中的溢流阀 4 作安全阀用,以防止泵的压力补偿装置的零漂和动作滞缓导致压力异常。

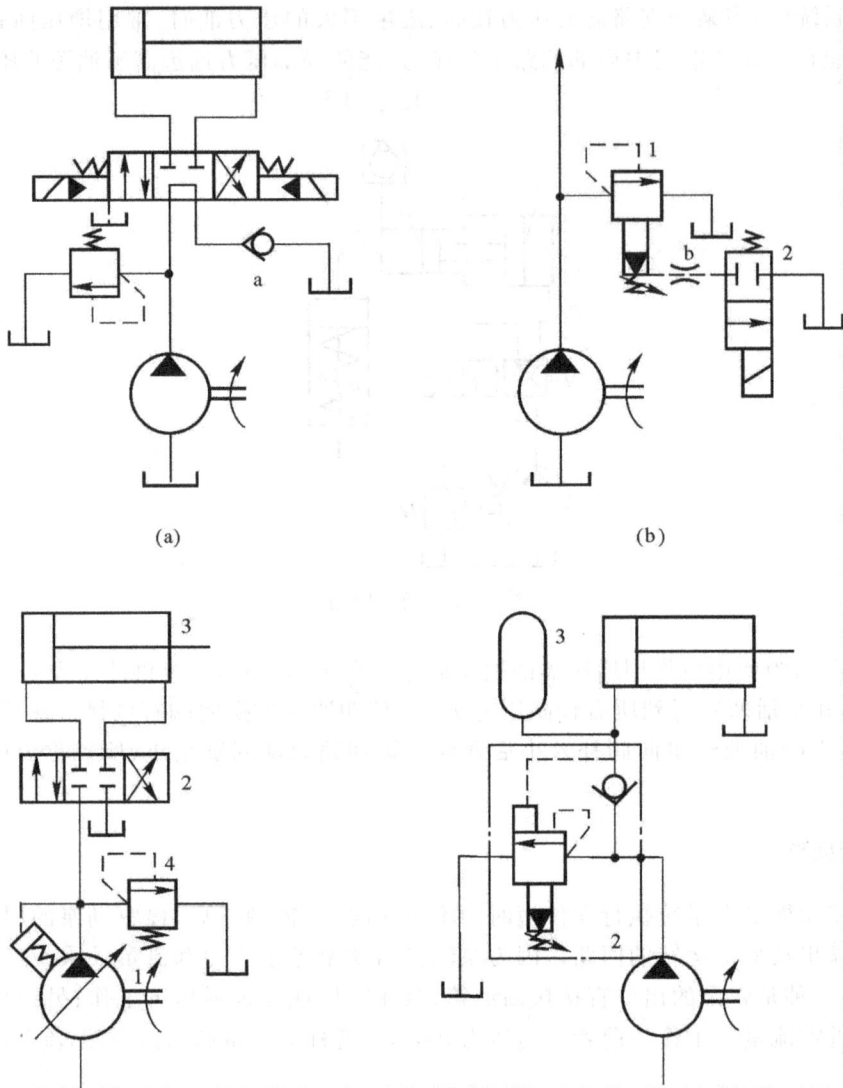

(a)　　　　　　　　　　　(b)

图 7-4　卸荷回路

4.用蓄能器的卸荷回路

图 7-4(d)是系统中有蓄能器的卸荷回路。当回路压力到达卸荷溢流阀 2 的调定值时,定量泵通过阀 2 卸荷,由蓄能器 3 保持系统压力,补充系统泄漏;当回路压力下降至低于卸荷溢流阀 2 的调定值时,阀 2 关闭,泵恢复向系统供油。卸荷溢流阀是由溢流阀和单向阀组合而成的,能自动控制泵的卸荷和升压。

五、平衡回路

平衡回路的功用在于防止垂直或倾斜放置的液压缸和与之相连的工作部件因自重而自行

下落。一般由单向顺序阀和液控单向阀来实现这一功能。

图7-5(a)是使用单向顺序阀的平衡回路。当换向阀1左位接入回路使活塞下行时,回油路上存在着一定的背压,只要将这个背压调得使液压缸内的背压能支承得住活塞和与之相连的工作部件,活塞就可以平稳地下落。当换向阀处于中位时,活塞就停止运动,不再继续下移。这种回路在活塞向下运动时功率损失较大,锁住时活塞和与之相连的工作部件会因单向顺序阀2和换向阀1的泄漏而缓慢下落,因此活塞不可能长时间停在固定位置,该回路只适用于工作部件质量不大、活塞锁住时定位要求不高的场合。

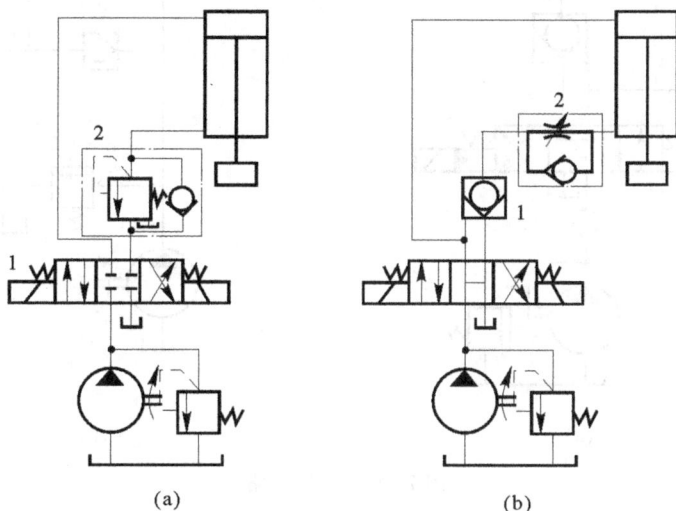

图7-5 平衡回路

图7-5(b)是使用液控单向阀的平衡回路。由于液控单向阀是锥面密封,泄漏量小,因此其闭锁性能好,活塞能够较长时间停止不动。回油路上串联单向节流阀2,用于保证活塞下行运动的平稳。假如回油路上没有节流阀,活塞下行时液控单向阀1被进油路上的控制油打开,回油腔没有背压,运动部件由于自重而加速下降,造成液压缸上腔供油不足,液控单向阀1因控制油路失压而关闭。阀1关闭后控制油路又建立起压力,阀1再次被打开。液控单向阀时开时闭,使活塞在向下运动过程中产生振动和冲击。

六、保压回路

保压回路的功用是使系统在液压缸不动或仅有微小的位移下保持稳定不变的压力。最简单的保压回路常用密封性能较好的液控单向阀来实现。

1. 用液控单向阀的保压回路

图7-6(a)所示是一种采用液控单向阀和电接触式压力表的自动补油式保压回路。当换向阀2右位接入回路时,液压缸上腔成为压力腔,活塞伸出加压。当压力到达预定上限值时,电接触式压力表4发出信号,使换向阀切换成中位,液压泵卸荷,液压缸由液控单向阀3保压。当液压缸上腔压力下降到预定下限值时,电接触式压力表又发出信号,使换向阀右位接入回路,这时液压泵给液压缸上腔补油,使压力回升。当换向阀左位接入回路时,活塞快速向上退回。这种回路保压时间长,压力稳定性高,适用于保压性能较高的高压系统,如液压机等。

2. 用蓄能器的保压回路

图 7-6(b) 所示是利用蓄能器的保压回路。当主油路压力降低时, 单向阀 3 关闭, 支路由蓄能器保压并补偿泄漏。压力继电器 5 的作用是, 当支路中压力达到预定值时发出信号, 使主油路开始工作。该回路用于多缸系统中的一缸保压回路。

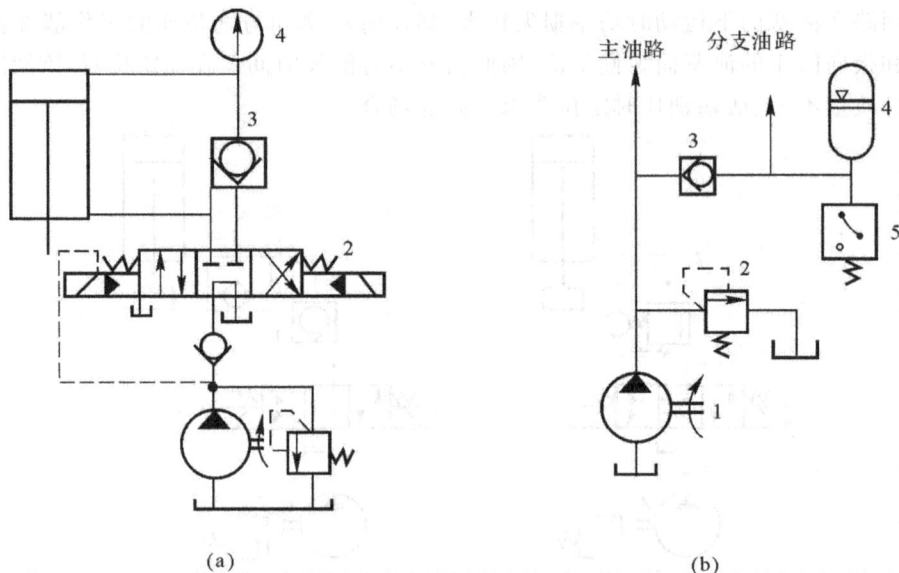

图 7-6 保压回路

例 7-1 压力控制回路应用。图 7-7 所示回路, 液压缸无杆腔面积 $A = 50 \text{ cm}^2$, 负载 $F_L = 10\,000 \text{ N}$, 各阀的调定压力如图所示, 试确定回路在活塞运动时和活塞运动到终端停止时, A, B 两点的压力。

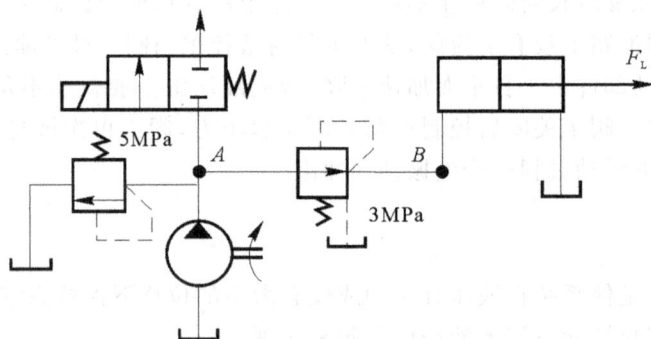

图 7-7 例 7-1 图

解 (1) 活塞运动时液压缸的力平衡方程为

$$p_B A = F_L, \quad p_B = \frac{F_L}{A} = \frac{10\,000}{50 \times 10^{-4}} = 2 \text{ MPa}$$

此时 B 点压力未达到减压阀的设定压力, 减压阀的阀口全开, 进、出油口互通, A 点压力与 B 点压力相等, 即

$$p_A = p_B = 2 \text{ MPa}$$

（2）活塞在终端停止时，减压阀的出口不再输出油液，它的出口压力从 2 MPa 升高到调定压力，并能够保持恒定，此时减压阀处于工作状态。

$$p_B = 3 \text{ MPa}$$

由于只有少量油液流经减压阀外泄流回油箱，油泵输出的液压油只能打开溢流阀返回油箱，故 A 点压力应等于溢流阀的调定压力，即

$$p_A = 5 \text{ MPa}$$

例 7-2 压力控制回路应用。图 7-8 所示的系统中，$A_1 = 80 \text{ cm}^2$，$A_2 = 40 \text{ cm}^2$，立式液压缸活塞与运动部件自重 $F_G = 6\,000 \text{ N}$，活塞在运动时的摩擦阻力 $F_f = 2\,000 \text{ N}$，向下工作进给时工作负载 $R = 24\,000 \text{ N}$。系统停止工作时，应保证活塞不因自重而下滑。试求：

（1）顺序阀的最小调定压力 p_s；

（2）溢流阀的最小调定压力 p_y。

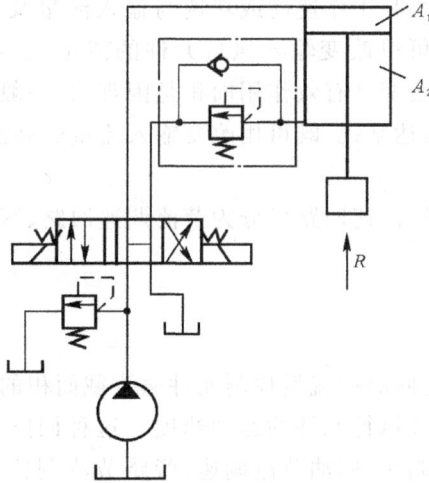

图 7-8　例 7-2 图

解　（1）求顺序阀调定压力。停止工作时应保证活塞不因自重而下滑，活塞垂直方向受力平衡方程为

$$p_s A_2 + F_f = F_G$$

因此

$$p_s = \frac{F_G - F_f}{A_2} = \frac{6\,000 - 2\,000}{40 \times 10^{-4}} = 10^6 \text{ Pa}$$

（2）求溢流阀调定压力。活塞向上运动时，有

$$p_y A_2 = F_G + F_f$$

因此

$$p_y = \frac{F_G + F_f}{A_2} = \frac{6\,000 + 2\,000}{40 \times 10^{-4}} = 2 \times 10^6 \text{ Pa}$$

活塞向下运动时，有

$$p_y A_1 + F_G = p_s A_2 + F_f + R$$

因此

$$p_y = \frac{p_s A_2 + F_f + R - F_G}{A_1} = \frac{10^6 \times 40 \times 10^{-4} + 2\,000 + 24\,000 - 6\,000}{40 \times 10^{-4}} = 3 \times 10^6 \text{ Pa}$$

综合考虑,取 $p_y = 3 \times 10^6$ Pa。

第二节　速度控制回路

速度控制回路是讨论液压执行元件速度的调节和变换的问题。速度控制回路包括调速回路、快速运动回路和速度换接回路。

一、调速回路

实现功率传递的调速回路在液压系统中占有非常重要的地位。在液压传动装置中,执行元件主要是液压缸和液压马达,其工作速度或转速与输入流量及其几何参数有关。要调节液压缸或液压马达的工作速度,可以改变输入执行元件的流量,也可以改变执行元件的几何参数。对于确定的液压缸来说,改变其有效作用面积是困难的,一般只能用改变输入液压缸流量的办法来调速。对变量液压马达来说,既可用改变输入流量的办法来调速,也可用改变马达排量的办法来调速。

改变输入执行元件的流量,调速回路可分为节流调速回路、容积调速回路和容积节流调速回路三类。

(一) 节流调速回路

节流调速回路是通过改变回路中流量控制元件通流截面积的大小来控制流入执行元件或自执行元件流出的流量,以调节执行元件的运动速度。这种回路根据流量控制阀在回路中安放位置的不同,分为进油节流调速、回油节流调速、旁路节流调速三种基本形式。以下分析时忽略油液的压缩性、泄漏、管道压力损失和执行元件的机械摩擦等,假定节流口形状都为薄壁小孔,即节流口的压力流量方程中 $m = 0.5$。

1.进油节流调速回路

将节流阀串联在液压泵的进油路,用它来控制进入液压缸的流量以达到调速的目的。进油节流调速回路如图 7-9 所示。定量泵多余的油液通过溢流阀回油箱,由于溢流阀有溢流,泵的出口压力 p_p 为溢流阀的调定压力 p_s 并基本保持定值。

(1)速度-负载特性。在图 7-9 所示的进油节流调速回路中,p_1 和 p_2 为液压缸两腔压力(其中由于液压缸回油腔通油箱,$p_2 = 0$),F_L 为负载力;q_p 为泵的输出流量,q_1 为流经节流阀进入液压缸的流量,Δq 为溢流阀的溢流量;p_s 为泵的出口压力即溢流阀的调定压力,A_1 和 A_2 为液压缸两腔作用面积,A_T 为节流阀的通流面积,K_L 为节流阀阀口的节流系数。

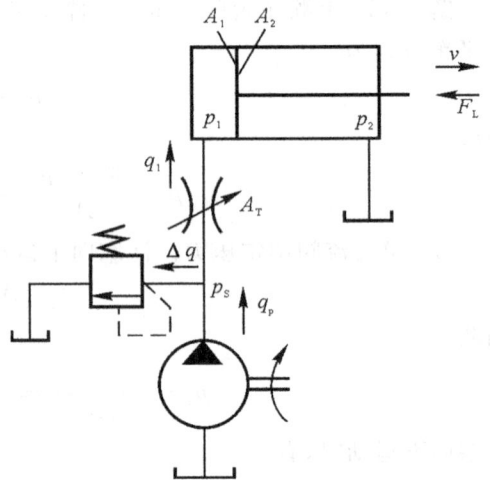

图 7-9　进油节流阀速回路

根据流量连续方程,可得到液压缸活塞运动速度为

$$v = \frac{q_1}{A_1} \qquad (7-1)$$

其中

$$q_1 = K_L A_T \sqrt{\Delta p} = K_L A_T \sqrt{p_s - p_1} = K_L A_T \sqrt{p_s - \frac{F_L}{A_1}}$$

将 q_1 代入式(7-1),得到

$$v = \frac{q_1}{A_1} = \frac{K_L A_T}{A_1^{3/2}} (p_s A_1 - F_L)^{1/2} \qquad (7-2)$$

式(7-2)即为进油节流调速回路的速度负载特性方程,它反映了速度 v 与负载 F_L 的关系。

以活塞运动速度 v 为纵坐标,负载 F_L 为横坐标,将式(7-2)按不同节流阀通流面积 A_T 作图,可得一组抛物线,称为进油节流调速回路的速度-负载特性曲线,如图7-10所示。曲线越陡,表明负载变化对速度的影响越大,即速度刚性小。

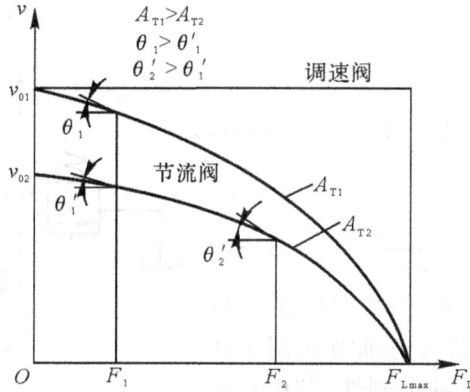

图 7-10 进油节流阀速回路的速度-负载特性

从式(7-2)和图7-10看出,当其他条件不变时,活塞的运动速度 v 与节流阀通流面积 A_T 成正比,调节 A_T 就能实现无级调速。节流阀通流面积 A_T 一定时,活塞运动速度 v 随负载 F_L 的增加按抛物线规律下降。速度随负载变化的程度不同,表现出速度-负载特性曲线的斜率不同,常用速度刚性 k_v 来评定,它表示负载变化时回路阻抗速度变化的能力。

$$k_v = -\frac{\partial F_L}{\partial v} = -\frac{1}{\tan \theta} \qquad (7-3)$$

速度刚性 k_v 由式(7-2)和式(7-3)可得

$$k_v = -\frac{\partial F_L}{\partial v} = \frac{2(p_s A_1 - F_L)}{v} \qquad (7-4)$$

由上式可以看到,当节流阀通流面积 A_T 一定时,负载 F_L 越小,速度刚性越大;当负载 F_L 一定时,活塞速度越低,速度刚性 k_v 越大。增大 p_s 和 A_1 可以提高速度刚性 k_v。

(2)功率特性。

液压泵输出功率

$$P_p = p_s q_p = 常量$$

液压缸输出的有效功率

$$P_1 = F_L v = p_L q_L$$

式中，q_L 为负载流量，即进入液压缸的流量 q_1。

回路的功率损失

$$\Delta P = P_p - P_1 = p_s q_p - p_L q_L = p_s \Delta q + \Delta p q_L$$

式中，Δq 为溢流阀的溢流量，$\Delta q = q_p - q_1$；Δp 为节流阀进出口压力差，$\Delta p = p_s - p_1$。

回路的输出功率与输入功率之比被定义为回路效率。进油节流调速回路的效率

$$\eta = \frac{P_p - \Delta P}{P_p} = \frac{p_L q_L}{p_s q_p} \tag{7-5}$$

2. 回油节流调速回路

将节流阀串联在液压缸的回油路上，用节流阀调节液压缸的回油流量便构成回油节流调速回路，如图 7-11 所示。与进油节流调速回路类似，回油节流调速回路中定量泵多余的油液通过溢流阀回油箱，这是该回路能够工作的必要条件。

对图 7-11 所示回油节流调速回路，用同样的方法分析可得：

（1）速度-负载特性。

液压缸活塞运动速度为

$$v = \frac{q_2}{A_2} = \frac{K_L A_T}{A_2^{3/2}} (p_s A_1 - F_L)^{1/2} \tag{7-6}$$

速度刚性为

$$k_v = -\frac{\partial F_L}{\partial v} = \frac{2(p_s A_1 - F_L)}{v} \tag{7-7}$$

由式（7-6）与式（7-2）、式（7-7）与式（7-4）比较看出，回油节流调速回路与进油节流调速回路有相似的速度-负载特性和速度刚性，其中最大承载能力 F_{Lmax} 相同。

（2）功率特性。

液压泵输出功率

$$P_p = p_s q_p = 常量$$

液压缸输出的有效功率

$$P_1 = F_L v = p_L q_L$$

回路的功率损失

$$\Delta P = P_p - P_1 = p_s q_p - \left(p_s - p_2 \frac{A_2}{A_1}\right) q_1 = p_s \Delta q + p_2 q_2$$

回油节流调速回路的效率为

$$\eta = \frac{P_p - \Delta P}{P_p} = \frac{p_L q_L}{p_s q_p} \tag{7-8}$$

由此看出，式（7-8）与进油节流调速回路的回路效率表达式相同，但负载压力 p_L 不同，$p_L = p_s - p_2 \dfrac{A_2}{A_1}$。

3. 进油节流与回油节流调速回路的性能差异

（1）承受负值负载的能力。所谓负值负载，就是作用力的方向和执行元件运动方向相同

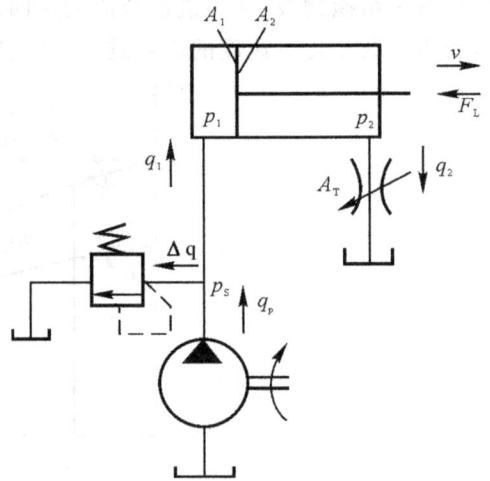

图 7-11 回油节流调速回路

的负载。回油节流调速回路的节流阀在液压缸的回油腔形成一定背压,在负值负载作用下能阻止工作部件前冲。如果要使进油节流调速回路承受负值负载,就得在回油路上加背压阀。

(2)运动平稳性。回油节流调速回路由于回油路上始终存在背压,可有效地防止空气从回油路吸入,因而低速运动时不易爬行,高速运动时不易颤振,即运动平稳性好。进油节流调速回路在不加背压阀时,不具备这种长处。

(3)油液发热对泄漏的影响。进油节流调速回路中通过节流阀发热了的油液直接进入液压缸,会使缸的泄漏增加,而回油节流调速回路油液经节流阀温升后直接回油箱,经冷却后再进入系统,对系统泄漏影响较小。

(4)取压力信号实现程序控制的方法。进油节流调速回路的进油腔压力随负载而变化,工作部件碰到死挡铁停止运动后,其压力将升至溢流阀调定压力,取此压力作控制顺序动作的指令信号。而在回油节流调速回路中,回油腔压力随负载而变化,工作部件碰上死挡铁后压力将下降至零,故取此零压发信号,但是可靠性差。

(5)启动性能。回油节流调速回路中若停车时间较长,液压缸回油腔的油液会泄漏回油箱,重新启动时不能立刻建立背压,会引起瞬间工作机构的前冲现象。对于进油节流调速,只要在启动时关小节流阀,即可避免启动冲击。

进油、回油节流调速回路结构简单,价格低廉,但效率较低,只宜用在负载变化不大、低速、小功率的场合,如某些机床的进给系统中。为了提高回路的综合性能,一般常采用进油节流调速回路,并在回油路上加背压阀。

4. 旁路节流调速回路

如图 7-12(a) 所示,这种节流调速回路是将节流阀装在执行元件并联的支路上。定量泵输出的流量 q 中一部分 Δq 通过节流阀溢回油箱,一部分 q_1 进入液压缸,使活塞获得一定运动速度。调节节流阀的通流面积,即可调节进入液压缸的流量,从而实现调速。由于溢流功能由节流阀来完成,故正常工作时溢流阀处于关闭状态,溢流阀作安全阀用,其调定压力为最大工作压力的 $1.1 \sim 1.2$ 倍。因此,液压泵工作过程的供油压力 p_p 取决于负载。

(1)速度-负载特性。由流量连续性方程、节流阀的压力流量方程和活塞的受力平衡方程,可得旁路节流调速回路的速度-负载特性方程。需要指出,由于泵的工作压力随负载而变化,泵的输出流量 q_p 应计入泵的泄漏量随压力的变化 Δq_p。因此,速度表达式为

$$v = \frac{q_1}{A_1} = \frac{q_{pt} - \Delta q_p - \Delta q}{A_1} = \frac{q_{pt} - \lambda_p \left(\dfrac{F_L}{A_1} \right) - K_L A_T \left(\dfrac{F_L}{A_1} \right)^{1/2}}{A_1} \tag{7-9}$$

式中,q_{pt} 为泵的理论流量;λ_p 为泵的泄漏系数;其他符号意义同前。

速度刚性为

$$k_v = -\frac{\partial F_L}{\partial v} = \frac{2 A_1 F_L}{\lambda_p \left(\dfrac{F_L}{A_1} \right) + q_{pt} - A_1 v} \tag{7-10}$$

根据式(7-9),选取不同的节流阀通流面积 A_T 作出一组速度-负载特性曲线,如图7-12(b) 所示。

由式(7-9)和图7-12(b)可看出,当节流阀通流面积一定而负载增加时,速度显著下降,负载越大,速度刚性越大;当负载一定时,节流阀通流面积越小(活塞运动速度越高),速度刚性越大。这与前两种调速回路正好相反。由于负载变化引起泵的泄漏对速度产生附加影响,导

致这种回路的速度–负载特性较前两种回路要差。

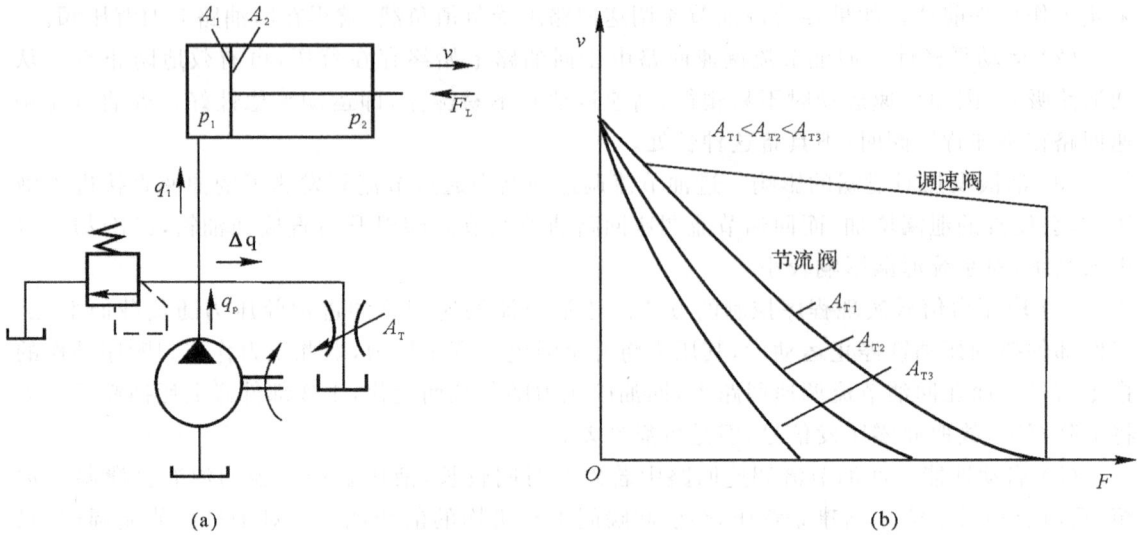

图 7 - 12　旁路节流调速回路

（2）功率特性。

液压泵输出功率

$$P_p = p_L q_p$$

其中

$$p_L = \frac{F_L}{A_1}$$

液压缸输出的有效功率

$$P_1 = F_L v = p_L A_1 v = p_L q_1$$

回路的功率损失

$$\Delta P = P_p - P_1 = p_L q_p - p_l q_1 = p_L \Delta q$$

回油节流调速回路的效率

$$\eta = \frac{P_p - \Delta P}{P_p} = \frac{p_L q_1}{p_L q_p} = \frac{q_1}{q_p} \tag{7-11}$$

由式（7-11）看出，旁路节流调速回路只有节流损失，而无溢流损失，因而功率损失比前两种调速回路小，效率高。这种调速回路一般用于功率较大且对速度稳定性要求不高的场合。

5．节流调速回路调速性能的改进

使用节流阀的节流调速回路，机械特性比较软，即刚性差，变载下的运动平稳性比较差。这主要是由于负载变化引起节流阀前后压差变化，使通过节流阀的流量发生了变化的缘故。在负载变化较大而又要求速度稳定时，这种调速回路远不能满足要求。为了克服这个缺点，回路中的流量控制元件可以改用调速阀或旁通型调速阀。

（1）采用调速阀的节流调速回路。如图 7-13（a），（b），（c）所示是采用调速阀的进油节流、回油节流和旁路节流三种方式的节流调速回路（图中使用了先节流后减压式的，当然也可使用先减压后节流式的）。它们都能使节流阀处的工作压差在负载变化时基本上保持恒定，使回路的速度刚性大为提高，机械特性得到改善。需要指出的是，由于调速阀的最小压差比节流阀的压差大，所以其调速回路的功率损失比节流阀调速回路要大一些。

（2）采用旁通型调速阀的节流调速回路。如图 7-13（d）所示，旁通型调速阀只能用于进油节流调速回路中，液压泵的供油压力随负载而变化，因此回路的功率损失较小，其效率比采用调速阀时高。旁通型调速阀的流量稳定性较调速阀差，在小流量时尤为明显，故不宜用在对低速稳定性要求较高的精密机床调速系统中。

使用调速阀的节流调速回路在机床的中、低压小功率进给系统中得到了广泛的应用；使用旁通型调速阀的节流调速回路则适用于机床上运动平稳性要求较高、功率较大的主传动系统。

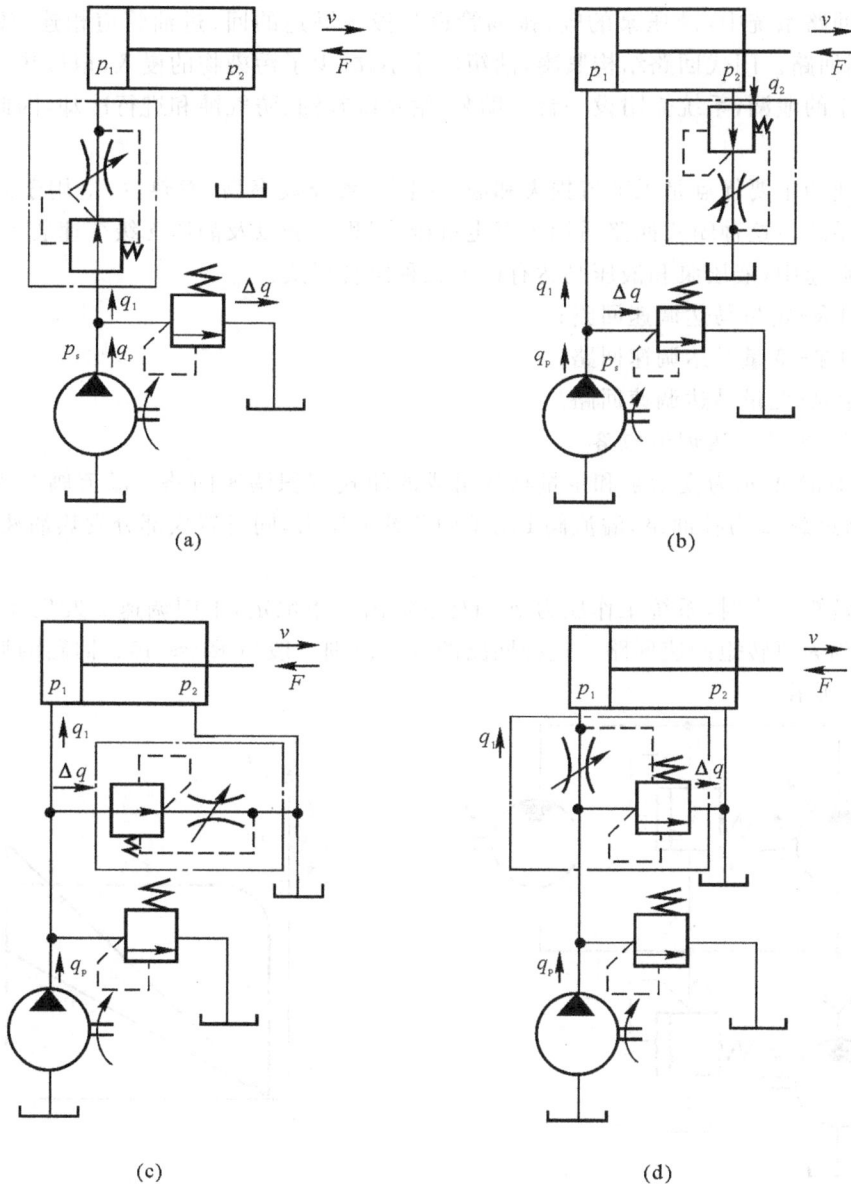

图 7-13　采用调速阀、旁通型调速阀的调速回路

(二) 容积调速回路

容积调速是通过改变液压泵或液压马达的排量实现速度调节的。容积调速按油液循环方式的不同有两类实用系统,即开式回路系统和闭式回路系统两种。

在开式回路系统中,液压泵从油箱吸油后送入执行元件,执行元件的回油直接排回油箱,循环液体的流道是小连续的,是被油箱中断的。开式回路结构简单,油液能够得到充分冷却,但油箱体积大,污染物易侵入,影响正常工作。

在闭式回路系统中,液压泵的吸、排油管道与液压马达的回、进油管道相连,流道是连续的,形成封闭回路。闭式回路结构紧凑,油箱尺寸小,减少了污染物的侵入,但散热条件差。为了补偿回路中的泄漏,系统需附设一台辅助泵,给系统补油、防气蚀和进行冷却,因此回路结构复杂化。

容积调速的主要优点是无节流损失和溢流损失,系统效率高,发热少,适用于高速、重载、大功率调速系统。这种闭式回路适用于行走机械、工程机械以及静压无级变速装置中。

在容积调速中,液压泵和液压马达有以下三种组合形式:

(1) 变量泵-定量马达调速回路;

(2) 定量泵-变量马达调速回路;

(3) 变量泵-变量马达调速回路。

1. 变量泵-定量马达调速回路

图 7-14(a) 所示为变量泵和定量马达组成的闭式容积调速回路。溢流阀 3 为系统安全阀,防止回路过载,2 为补油泵,溢流阀 1 用于调节补油压力,同时置换部分发热油液,降低系统温升。

当负载转矩恒定时,系统工作压力 p 和马达输出转矩恒定,不因调速而发生变化,所以这种回路常被称为恒转矩调速回路。这种回路的调速范围一般为 $R_c \approx 40$。回路的调速特性如图 7-14(b) 所示。

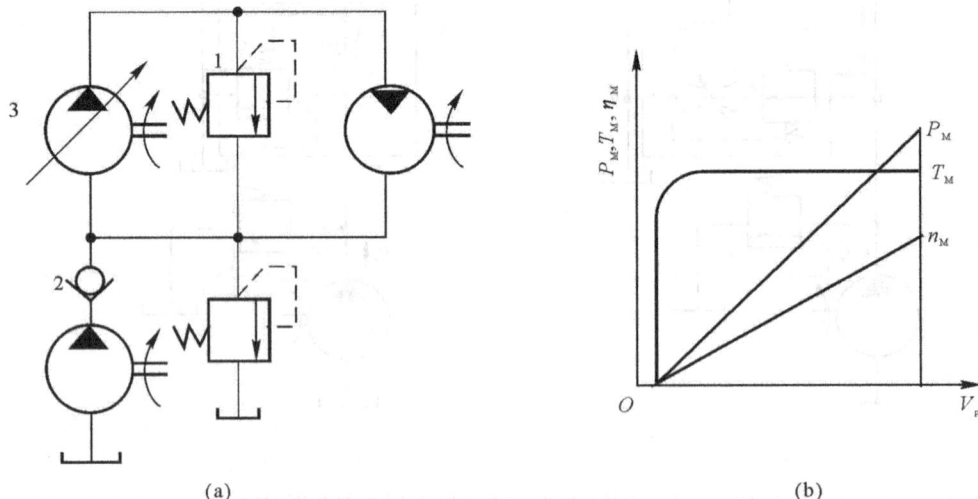

(a)   (b)

图 7-14　变量泵-定量马达调速回路

2.定量泵-变量马达调速回路

由定量泵和变量马达组成的调速回路如图 7-15(a) 所示。图中各元件名称与作用同图 7-14(a)。定量泵 1 的排量 V_P 不变,改变变量马达 5 的排量 V_M 就可调节马达的转速 n_M。

当负载功率恒定时,系统工作压力和马达输出功率恒定,不因调速而发生变化,所以这种回路常被称为恒功率调速回路。回路的调速特性如图 7-15(b) 所示。

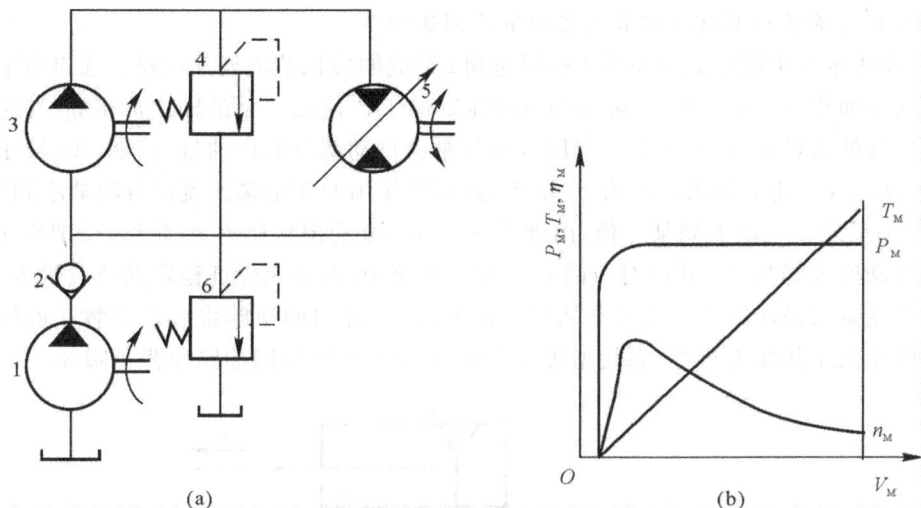

图 7-15　定量泵-变量马达调速回路

3.变量泵-变量马达调速回路

图 7-16(a) 所示为采用双向变量泵和双向变量马达的调速回路。单向阀 4 和 5 用于辅助泵 3 能双向补油;单向阀 6 和 7 使溢流阀 8 在两个方向对系统起安全保护作用,其他元件同前所述。这种调速回路是前述两种回路的组合,由于液压泵和液压马达的排量 V_p,V_M 均可改变,调速范围大,并扩大了液压马达输出转矩和功率的选择余地。一般机械要求低速时有较大的输出转矩,高速时能提供较大的输出功率。采用这种回路恰好可以达到这个要求。回路特性曲线如图 7-16(b) 所示,回路的调速范围一般为 $R_c \leqslant 100$。

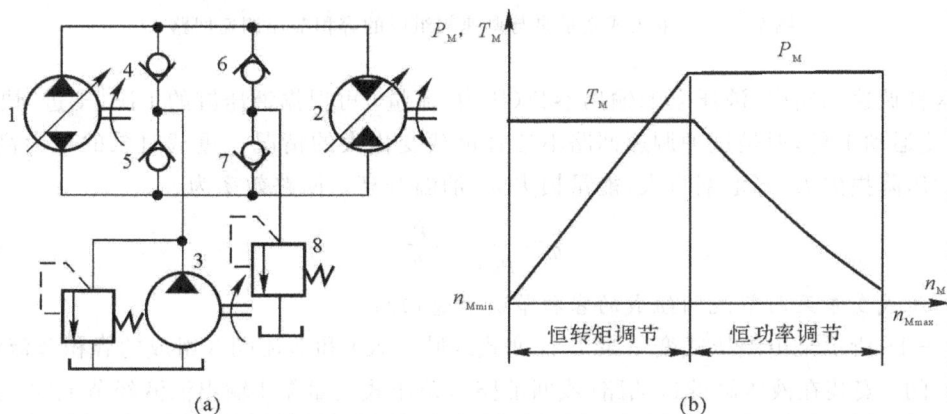

图 7-16　变量泵-变量马达调速回路

(三) 容积节流调速回路

容积节流调速采用变量泵供油,通过节流阀或调速阀控制流入(或流出)执行元件的流量来调节执行元件的运动速度,使变量泵的供油量与执行元件所需流量相适应。这种回路无溢流损失,效率高,速度-负载特性比单纯的容积调速回路好。

1. 限压式变量泵与调速阀组成的容积节流调速回路

图 7-17 所示是由限压式变量泵 1 和调速阀 2 组成的容积节流调速回路。通过调节调速阀中节流阀通流面积 A_T 的大小,就可以调节液压缸的工作速度。泵的输出流量 q_p 与通过调速阀进入液压缸的流量 q_1 自相适应。限压式变量泵会自动调节其供油量,例如,A_T 减小到某一值,出现了 $q_p \geqslant q_1$,使泵的出口压力 p_p 增大,其反馈作用使变量泵的流量自动减小到与 A_T 开度对应的 q_1;反之,A_T 增大到某一值,出现了 $q_p \leqslant q_1$,泵的出口压力 p_p 降低,反馈作用使变量泵的流量自动增大到与 A_T 开度对应的 q_1。在该系统中,调速阀保证稳定的流量进入液压缸,又使泵输出流量与液压缸需求流量相适应。此外,该系统的调速阀也可以安装在液压缸回油路中。为防止泵工作压力过高,系统增加安全阀 4,并在液压缸回油路加背压阀 3。

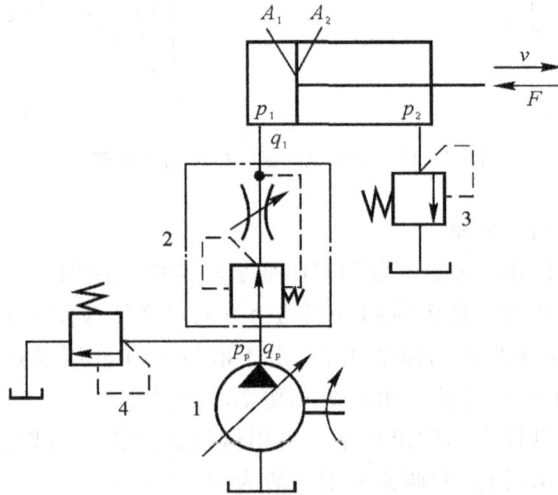

图 7-17　限压式变量泵与调速阀组成的容积节流调速回路

在这种调速回路中,液压泵的输出参数(压力、流量)可根据液压缸的工况(工进、快进)自动变换,使运动平稳,但是这种调速回路不适宜负载变化大的情况。重载时泵的压力高,通过调速阀的压降损失大,泵泄漏量大,能量损失大,油温升高。回路效率为

$$\eta = \frac{p_1 q_1}{p_p q_p} = \frac{p_1}{p_p} \tag{7-12}$$

2. 差压式变量泵与节流阀组成的容积节流调速回路

图 7-18 所示是由差压式变量泵 1(柱塞式或叶片式)和节流阀 3 组成的容积节流调速回路。节流阀 3 安装在液压缸的进油路(或回油路),差压式变量泵 1 输出油液经节流阀 3 进入液压缸,推动活塞运动。节流阀 3 控制输入液压缸的流量,变量泵自动调节输出流量与节流阀控制流量相适应。工作进给时,若 $q_p > q_1$,则液压泵压力 p_p 升高,弹簧被压缩,定子右移,偏心量 e 减小,液压泵流量 q_p 随之减小,直至与 q_1 相适应。若 $q_p < q_1$,则 p_p 降低,定子左移,偏心量 e

增大，q_p 增大，又与 q_1 相适应。若负载变化，系统能够自动调节，使通过节流阀的流量 q_1 稳定，从而达到稳速目的。

在这种调速回路中，节流阀 3 前后压差 $\Delta p = p_p - p_1$ 基本上由作用在变量泵控制活塞上的弹簧力 F_s 来确定，即 $\Delta p = F_s/A_0$（A_0 为变量泵控制活塞作用面积）。为防止变量泵定子移动速度大而引起振荡，特设置阻尼孔 5，溢流阀 4 作安全阀用，6 为背压阀。

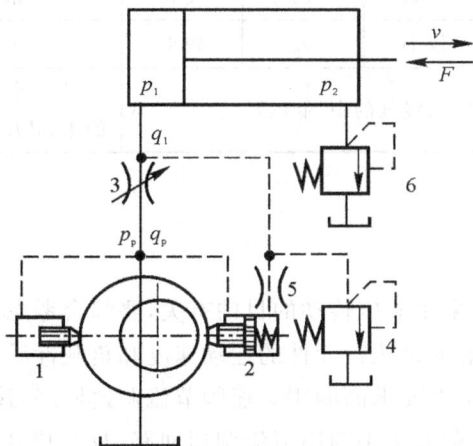

图 7-18　差压式变量泵与节流阀组成的容积节流调速回路

这种调速回路只有节流损失，无溢流损失，效率高，发热少。回路效率为

$$\eta = \frac{p_1 q_1}{p_p q_p} = \frac{p_1}{p_1 + \dfrac{F_s}{A_0}} \qquad (7-13)$$

（四）调速回路应满足的要求

（1）能在规定的调速范围内调节执行元件的工作速度。

（2）当负载变化时，已调好的速度波动愈小愈好，并应在允许的范围内波动。

（3）具有驱动执行元件所需的力或转矩。

（4）使功率损失尽可能小，效率尽可能高，发热尽可能小。

（五）调速回路的比较

调速回路的比较见表 7-1。

表 7-1　调速回路的比较

主要性能	回路类型	节流调速回路				容积调速回路	容积节流调速回路	
		用节流阀		用调速阀			限压式	变压式
		进回油	旁路	进回油	旁路			
机械特性	速度稳定性	较差	差	好		较好	好	
	承载能力	较好	较差	好		较好	好	
调速范围		较大	小	较大		大	较大	

续 表

回路类型 主要性能		节流调速回路				容积调速回路	容积节流调速回路	
		用节流阀		用调速阀			限压式	变压式
		进回油	旁路	进回油	旁路			
功率 特性	效率	低	较高	低	较高	最高	较高	高
	发热	大	较小	大	较小	最小	较小	小
适用范围		小功率、轻载的中、低压系统				大功率、重载高速的中、高压系统	中、小功率的中压系统	

(六) 调速回路的选用

调速回路的选用与主机采用液压传动的目的有关,要综合考虑各种因素才能做出决定。

例如在机床上,首先考虑的是执行元件的运动速度和负载性质。一般说来,速度低的用节流阀节流调速回路,速度稳定性要求高的用调速阀节流调速回路,速度稳定性要求低的用节流阀节流调速回路;负载小、负载变化小的用节流调速回路,反之则用容积调速回路或容积节流调速回路。

其次考虑的是功率大小。一般认为 3 kW 以下的用节流调速回路,3 ~ 5 kW 的用容积节流调速回路或容积调速回路,5 kW 以上的则用容积调速回路。

再次,从设备费用上考虑。要求费用低廉时用节流调速回路,允许费用高些时则用容积节流调速回路或容积调速回路。

二、快速运动回路

快速运动回路的功用是使执行元件获得尽可能大的空载运行速度,以提高系统的生产效率,充分利用功率。常用的方法有以下几种:

1. 液压缸差动连接快速运动回路

如图 7-19 所示,当换向阀处于右位时,缸呈差动连接,液压缸有杆腔的回油和液压泵供油合在一起进入液压缸无杆腔,使活塞快速向右运动。这种回路结构简单,应用较多,但液压缸的速度加快有限。当 $A_1 = 2A_2$ 时,差动连接的快进速度是非差动连接的2倍。在差动回路中,泵的流量和液压缸有杆腔排出的流量合在一起流过的阀和管路应按合成流量来选择其规格,否则会导致压力损失过大,泵空载时供油压力过高。

2. 双泵供油快速运动回路

如图 7-20 所示,低压大流量泵 1 和高压小流量泵 2 组成的双联泵作动力源用。换向阀 6 处于图示位置,系统压力低于卸载阀 3 调定压力时,两个泵同时向系统供油,活塞快速向右运动;外控顺序阀 3(卸载阀)和溢流阀 5 分别设定双泵供油和小流量泵 2 供油时系统的最高工作压力。换向阀 6 处于右位,节流阀 7 接入,系统压力达到或超过卸载阀 3 的调定压力时,大流量泵 1 通过阀 3 卸载,单向阀 4 自动关闭,只有小流量泵向系统供油,活塞慢速向右运动。这种回路效率较高,常用在执行元件快进和工进速度相差较大的场合,在机床上得到广泛的应用。

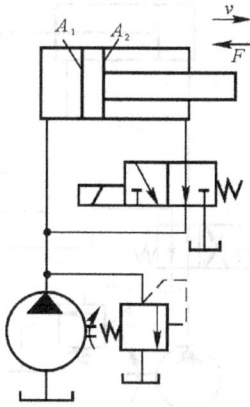

图7-19　液压缸差动连接快速运动回路

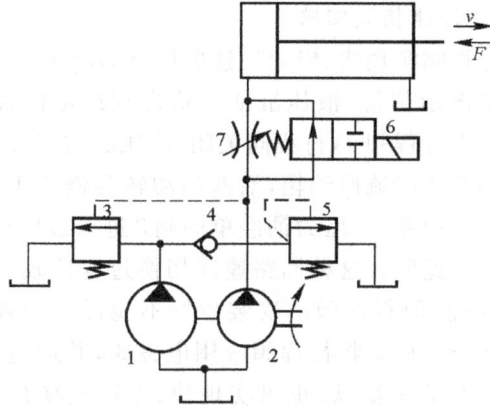

图7-20　双泵供油快速运动回路

3. 增速缸的增速回路

图7-21所示是采用增速缸的快速运动回路。增速缸由活塞缸与柱塞缸复合而成。当换向阀左位接入回路时,压力油经柱塞孔进入增速缸小腔1,推动活塞快速向右移动,大腔2所需油液由充液阀3从油箱吸取,活塞缸右腔的油液经换向阀回油箱。当执行元件接触工件负载增加时,回路压力升高,使顺序阀4开启,高压油关闭充液阀3,并进入增速缸大腔2,活塞转换成慢速运动,且推力增大。换向阀右位接入回路,压力油进入活塞缸右腔,同时打开充液阀3,大腔2的回油排回油箱,活塞快速向左退回。这种回路功率利用比较合理,但增速比受增速缸尺寸的限制,结构比较复杂。它大多用在空行程速度要求较快的卧式液压机上。

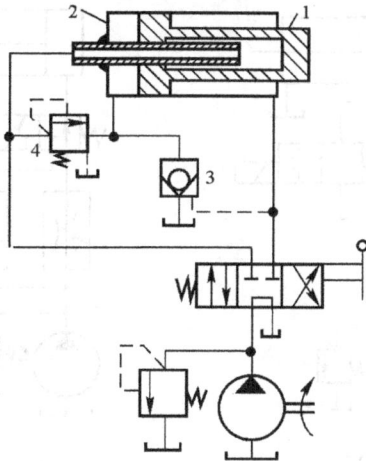

图7-21　采用增速缸的快速运动回路

三、速度换接回路

速度换接回路用于执行元件实现一种运动速度变换到另一种运动速度。因切换前后速度的不同,有快速-慢速、慢速-慢速两种换接。这种回路应该具有较高的换接平稳性和换接精度。

1.快速-慢速换接回路

采用行程阀实现快、慢速换接的回路如图 7-22 所示。换向阀处于图示位置,液压缸活塞快进到预定位置,活塞杆上挡块压下行程阀 1,行程阀关闭,液压缸右腔油液必须通过节流阀 2 才能流回油箱,活塞运动转为慢速工进。换向阀左位接入回路时,压力油经单向阀 3 进入液压缸右腔,活塞快速向左返回。这种回路速度切换过程比较平稳,换接点位置准确,但行程阀的安装位置不能任意布置,管路连接较为复杂。如果将行程阀改用电磁阀,并通过挡块压下电气行程开关来操纵,也可实现快、慢速度换接。这样虽然阀的安装灵活、连接方便,但是换接的平稳性和精度相对较差。

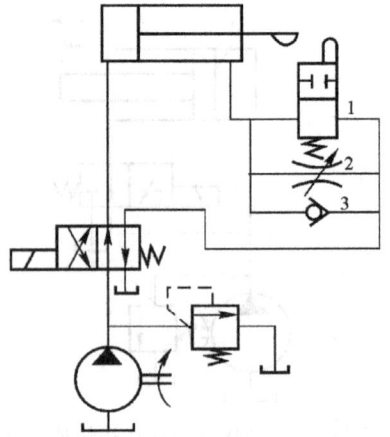

图 7-22 用行程阀的速度换接回路

2.慢速-慢速换接回路

在一些液压系统中,执行元件的工作行程需要两种进给速度,一般第一进给速度大于第二进给速度。为实现两次工进速度,常用两个调速阀串联或并联在油路中,用换向阀进行切换。

图 7-23(a)所示为两个调速阀串联来实现两次进给速度的换接回路。它只能用于第二进给速度小于第一进给速度的场合,故调速阀 B 的开口小于调速阀 A。这种回路速度换接平稳性较好。

图 7-23(b)所示为两个调速阀并联来实现两次进给速度的换接回路。这里两个进给速度可以分别调整,互不影响,但一个调速阀工作时,另一个调速阀无油通过。

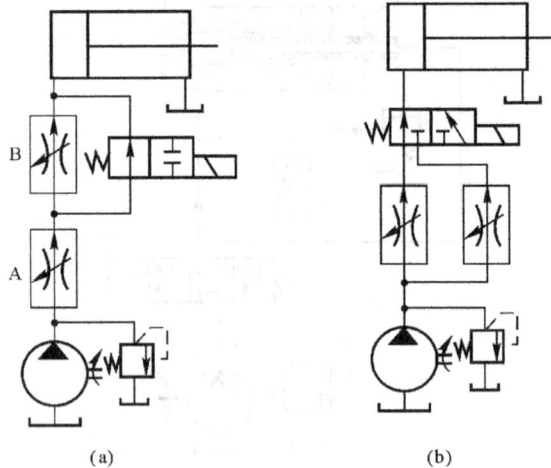

图 7-23 调速阀串、并联的速度换接回路
(a)调速阀串联回路; (b)调速阀并联回路

例 7-3 速度控制回路应用。图 7-24 所示液压系统中,已知泵 1 的流量 $q_{p1}=16$ L/min,泵 2 的流量 $q_{p2}=4$ L/min,液压缸两腔的工作面积 $A_1=2A_2=100$ cm²,溢流阀 5 的调定压力 $p_y=2.4$ MPa,卸载阀 3 的调定压力 $p_x=1$ MPa,工作负载 $F=20\ 000$ N,节流阀为薄壁小孔,流量系数 $C_d=0.62$,油液密度 $\rho=900$ kg/m³。不计泵和缸的容积损失,不计换向阀、单向阀及管路的压力损失。求:

（1）负载为零时活塞的快进速度 v；

（2）节流阀开口面积 $a = 0.01\ \mathrm{cm^2}$ 时活塞运动速度 v_1 及泵的出口压力 p_p；

（3）节流阀开口面积 $a = 0.06\ \mathrm{cm^2}$ 时活塞运动速度 v_2 及泵的出口压力 p_p。

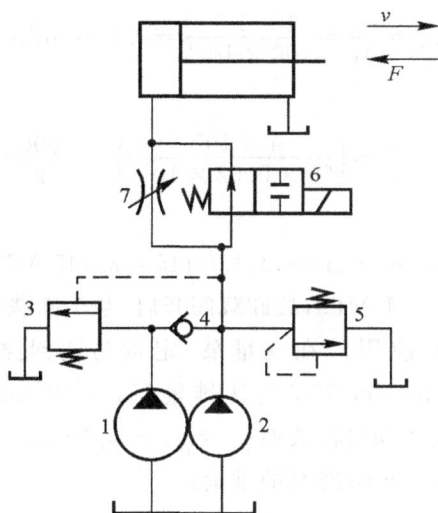

图 7 - 24　例 7 - 3 图

解　（1）系统为双泵供油快速运动回路，负载为零时溢流阀与卸载阀均不开启，双泵供油，活塞的快进速度为

$$v = \frac{q_{p_1} + q_{p_2}}{A_1} = \frac{(16 + 4) \times 10^{-3}}{100 \times 10^{-4}} = 2\ \mathrm{m/min}$$

（2）系统为进油节流调速，设卸载阀开启，泵 1 卸载，仅由泵 2 供油，溢流阀开启，泵的出口压力为溢流阀调定压力 $p_y = 2.4\ \mathrm{MPa}$。列活塞受力平衡方程

$$p_1 A_1 = F$$

得

$$p_1 = \frac{F}{A_1} = \frac{20\ 000}{100 \times 10^{-4}} = 2\ \mathrm{MPa}$$

由节流阀流量特性方程得

$$q_1 = C_d a \sqrt{\frac{2\Delta p}{\rho}} = C_d a \sqrt{\frac{2(p_y - p_1)}{\rho}} = 0.62 \times 0.01 \times 10^{-4} \sqrt{\frac{2 \times (24 - 20) \times 10^5}{900}} =$$

$$18.48 \times 10^{-6}\ \mathrm{m^3/s} = 1.11 \times 10^{-3}\ \mathrm{m^3/min}$$

由于 $q_1 < q_{p2}$，因此假设成立，活塞运动速度为

$$v_1 = \frac{q_1}{A_1} = \frac{1.11 \times 10^{-3}}{100 \times 10^{-4}} = 0.11\ \mathrm{m/min}$$

泵的出口压力

$$p_p = 2.4\ \mathrm{MPa}$$

（3）仍然假设泵 1 卸载，由泵 2 供油。溢流阀开启，泵的供油压力为 $p_p = 2.4\ \mathrm{MPa}$。

由节流阀流量特性方程得

$$q_1 = C_d a \sqrt{\frac{2\Delta p}{\rho}} = C_d a \sqrt{\frac{2(p_y - p_1)}{\rho}} = 0.62 \times 0.06 \times 10^{-4} \sqrt{\frac{2 \times (24 - 20) \times 10^5}{900}} =$$

$$11.08 \times 10^{-5} \ \text{m}^3/\text{s} = 6.65 \times 10^{-3} \ \text{m}^3/\text{min}$$

由于 $q_1 > q_{p2}$，因此溢流阀开启的假设不成立，泵 2 的流量全部进入液压缸，活塞运动速度为

$$v_1 = \frac{q_{P_2}}{A_1} = \frac{4 \times 10^{-3}}{100 \times 10^{-4}} = 0.4 \ \text{m/min}$$

节流阀前后压差

$$\Delta p = \left(\frac{q_{P_2}}{C_d a} \right)^2 \times \frac{\rho}{2} = \left(\frac{4 \times 10^{-3}}{60 \times 0.62 \times 10^{-4}} \right)^2 \times \frac{900}{2} = 0.145 \ \text{MPa}$$

泵的出口压力

$$p_p = p_1 + \Delta p = 2 + 0.145 = 2.145 \ \text{MPa}$$

因 $p_p = 2.145 \ \text{MPa} > p_x = 1 \ \text{MPa}$，故卸载阀开启，泵 1 卸载假设成立。

例 7 - 4　速度控制回路应用。在变量泵-定量马达回路中，已知变量泵转速 $n_p = 1\ 500 \ \text{r/min}$，排量 $V_{pmax} = 8 \ \text{mL/r}$，定量马达排量 $V_M = 10 \ \text{mL/r}$，安全阀调整压力 $p_y = 4 \ \text{MPa}$。设泵和马达的容积效率和机械效率 $\eta_{pV} = \eta_{pm} = \eta_{MV} = \eta_{Mm} = 0.95$。试求：

(1) 马达转速 $n_M = 1\ 000 \ \text{r/min}$ 时泵的排量；

(2) 马达负载转矩 $T_M = 8 \ \text{N} \cdot \text{m}$ 时马达的转速 n_M；

(3) 泵的最大输出功率。

解　(1) 由马达转速

$$n_M = \frac{q_{M_2} \eta_{MV}}{V_M} = \frac{q_p \eta_{MV}}{V_M} = \frac{V_p n_p \eta_{pV} \eta_{MV}}{V_M}$$

得马达转速 $n_M = 1\ 000 \ \text{r/min}$ 时，泵的排量

$$V_p = \frac{n_{M_2} V_M}{n_p \eta_{pV} \eta_{MV}} = \frac{1\ 000 \times 10}{1500 \times 0.95 \times 0.95} = 7.39 \ \text{mL/r}$$

(2) 由马达转矩

$$T_M = \frac{\Delta p V_M \eta_{Mm}}{2\pi}$$

得马达前后压力差

$$\Delta p = \frac{2\pi T_M}{V_M \eta_{Mm}} = \frac{2 \times 3.14 \times 8}{10 \times 10^{-6} \times 0.95} = 5.29 \ \text{MPa}$$

因 $\Delta p = 5.29 \ \text{MPa} > p_y = 4 \ \text{MPa}$，故安全阀开启，泵输出油液从安全阀流回泵的进口，马达转速 $n_M = 0$。

(3) 泵的最大输出功率

$$P_{pmax} = p_y q_{pmax} = p_y V_{pmax} n_p \eta_{pV} = 4 \times 10^6 \times 8 \times 10^{-6} \times 1\ 500 \times 0.95/60 = 760 \ \text{W}$$

第三节　方向控制回路

通过控制进入执行元件液流的通、断或变向来实现液压系统执行元件的启动、停止或改变运动方向的回路称为方向控制回路。常用的方向控制回路主要是换向回路。

一、采用换向阀的换向回路

1. 简单换向回路

简单换向回路,只需在泵与执行元件之间采用标准的普通换向阀即可实现。如采用二位四通(五通)、三位四通(五通)换向阀都可以使执行元件换向。二位阀只能使执行元件正、反向运动,而三位阀有中位,不同中位滑阀机能可使系统获得不同性能。

采用电磁阀换向最为方便,但电磁阀动作快,换向有冲击。交流电磁铁一般不宜作频繁切换,以免线圈烧坏。采用电液换向阀,可通过调节单向节流阀(阻尼器)来控制其液动阀的换向速度,换向冲击较小,但仍不能进行频繁切换。采用机动阀换向时,可以通过工作机构的挡块和杠杆,直接使阀换向,这样既省去了电磁阀换向的行程开关、继电器等中间环节,换向频率也不会受电磁铁的限制。

2. 复杂换向回路

图 7-25 所示为采用机液换向阀的换向回路。按照工作台制动原理不同,机液换向阀的换向回路分为时间控制制动式和行程控制制动式两种。它们的主要区别在于,前者的主油路只受主换向阀 3 的控制,而后者的主油路还受先导阀 2 的控制,先导阀阀芯上的制动锥可逐渐将液压缸的回油通道关小,使工作台实现预制动。在节流器 J_1,J_2 的开口调定后,不论工作台原来的速度快慢如何,前者工作台制动的时间基本不变,而后者工作台预先制动的行程基本不变。时间控制制动式换向回路主要用于工作部件运动速度大、换向频率高、换向精度要求不高的场合,如平面磨床液压系统。行程控制制动式换向回路宜用于工作部件运动速度不大,但换向精度要求较高的场合,如内、外圆磨床液压系统。

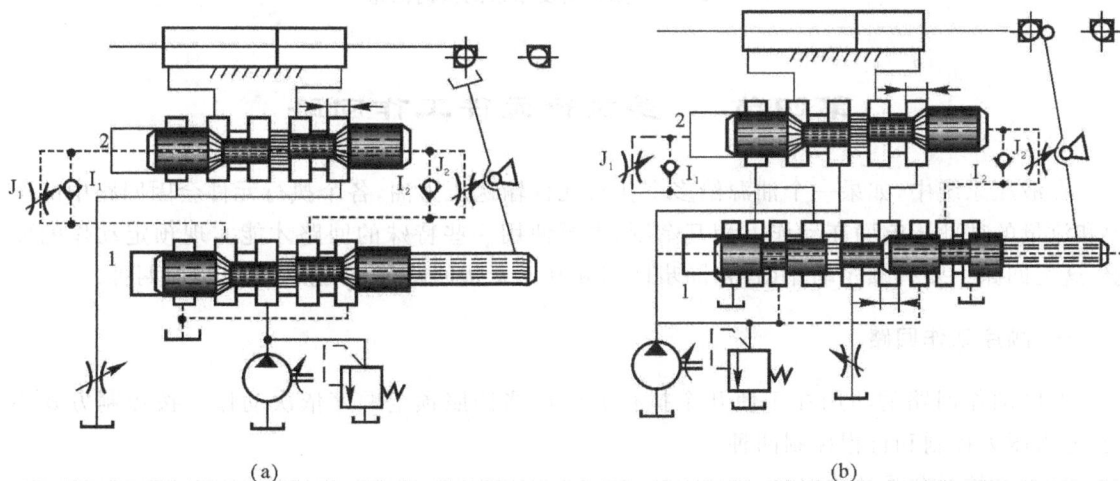

图 7-25　采用机液换向阀的换向回路
(a)时间控制制动式换向回路；　(b)行程控制制动式换向回路

二、采用双向变量泵的换向回路

在闭式回路中,可用双向变量泵变更供油方向来实现液压缸(马达)换向。如图 7-26 所示,执行元件是单杆双作用液压缸 5,活塞向右运动时,其进油流量大于排油流量,双向变量泵 1 吸油侧流量不足,可用辅助泵 2 通过单向阀 3 来补充;变更双向变量泵 1 的供油方向,活塞向左运动时,排油流量大于进油流量,泵 1 吸油侧多余的油液通过由缸 5 进油力控制的二位二通阀 4 和溢流阀 6 排回油箱。溢流阀 6 和 8 既使活塞向左或向右运动时泵吸油侧有一定的吸入压力,又可使活塞运动平稳。溢流阀 7 是防止系统过载的安全阀。这种回路适用于压力较高、流量较大的场合。

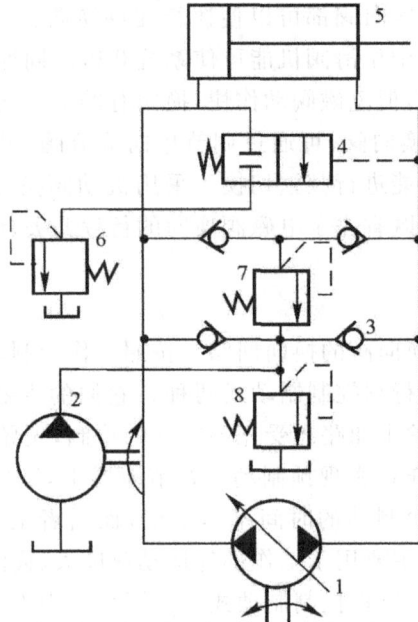

图 7-26　采用双向变量泵的换向回路

第四节　　多执行元件工作回路

在液压系统中,如果一个油源给多个执行元件输送压力油,各个执行元件会因回路中的压力和流量的彼此影响而在动作上相互牵制,需要使用一些特殊的回路才能实现预定动作的要求,这类回路主要有顺序动作回路、同步回路和互不干扰回路等,下边主要介绍前两种。

一、顺序动作回路

顺序动作回路的功用在于使几个执行元件严格按照预定顺序依次动作。按控制方式不同,分为压力控制和行程控制两种。

1. 压力控制顺序动作回路

图 7-27(a) 所示为用顺序阀控制的顺序动作回路。钻床液压系统中两执行元件分别为夹紧缸 1 和钻孔缸 2,其动作顺序为 ① 夹紧工件 —② 钻头进给 —③ 钻头退出 —④ 松开工件。当换向阀 5 左位接入回路时,夹紧缸 1 活塞向右运动,夹紧工件后回路压力升高到顺序阀 3 的调定压力,顺序阀 3 开启,钻孔缸 2 活塞才向右运动进行钻孔。钻孔完毕,换向阀 5 右位接入回路,钻孔缸 2 活塞先退到左端点,回路压力升高,打开顺序阀 4,再使夹紧缸 1 活塞退回原位。

图 7-27(b) 所示为用压力继电器控制的顺序动作回路。按启动按钮,电磁铁 1Y 得电,缸 1 活塞前进到右端点后,回路压力升高,压力继电器 1K 动作,使电磁铁 3Y 得电,缸 2 活塞前

进。按返回按钮,1Y,3Y 失电,4Y 得电,缸 2 活塞先退回原位后,回路压力升高,压力继电器 2K 动作,使 2Y 得电,缸 1 活塞后退。

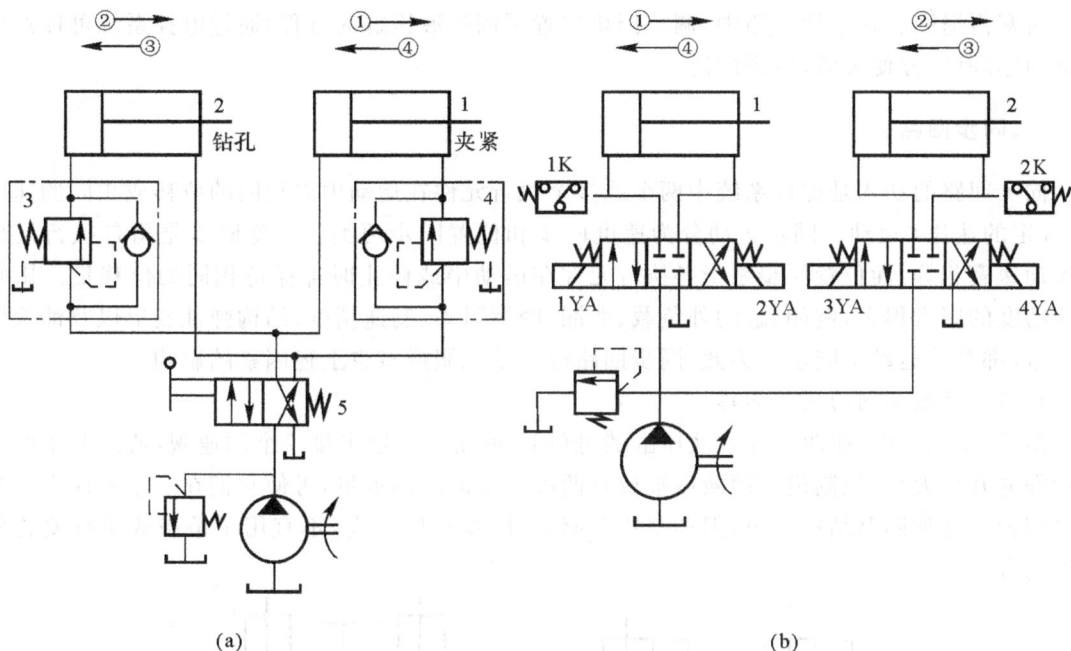

图 7-27　压力控制顺序动作回路

(a)顺序阀控制的顺序回路;　(b)压力继电器控制的顺序回路

2.行程控制顺序动作回路

图 7-28(a)所示为采用行程阀控制的顺序回路。图示位置两液压缸活塞均退至左端点。电磁阀 3 左位接入回路后,缸 1 活塞先向右运动,活塞杆上挡块压下行程阀 4 后,缸 2 活塞才向右运动;电磁阀 3 右位接入回路,缸 1 活塞先退回,其挡块离开行程阀 4 后,缸 2 活塞才退回。这种回路动作可靠,但要改变动作顺序难。

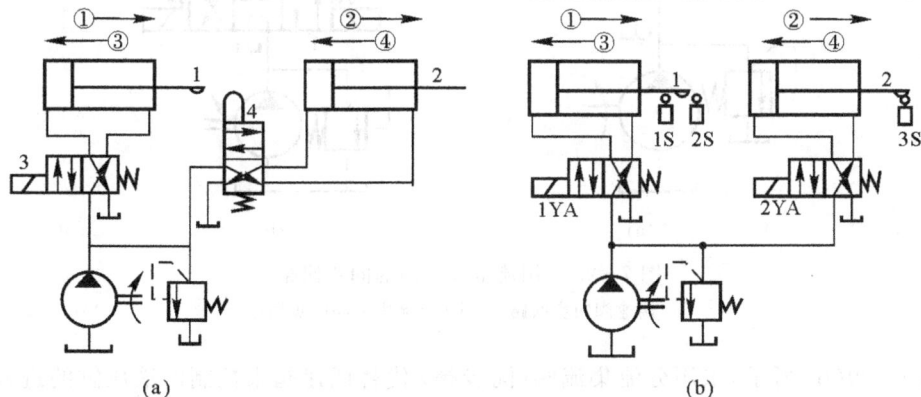

图 7-28　行程控制顺序动作回路

(a)行程阀控制的顺序回路;　(b)行程开关控制的顺序回路

图 7-28(b)是采用行程开关控制电磁换向阀的顺序回路。按启动按钮,电磁铁 1Y 得电,

缸 1 活塞先向右运动。当活塞杆上的挡块压下行程开关 2S 时,使电磁铁 2Y 得电,缸 2 活塞才向右运动。直到压下 3S,使 1Y 失电,缸 1 活塞向左退回。而后压下行程开关 1S,使 2Y 失电,缸 2 活塞再退回。在这种回路中,调整挡块位置可调整液压缸的行程,通过电控系统可任意地改变动作顺序,方便灵活,应用广泛。

二、同步回路

同步回路的功用是保证系统中两个或多个执行元件在运动中以相同的位移或相同的速度(或固定的速比)运动。同步运动分为速度同步和位置同步两类。速度同步是指各执行元件的运动速度相等,而位置同步是指各执行元件在运动中或停止时都保持相同的位移量。影响同步精度的因素很多,例如,缸的外负载、泄漏、摩擦阻力、制造精度、结构弹性变形以及油液中含气量,都会使运动不同步。为此,同步回路应尽量克服或减少上述因素的影响。

1. 用流量控制阀的同步回路

图 7 - 29(a) 中,在两个并联液压缸的进(回)油路上分别串接一个调速阀,通过调整两个调速阀的开口大小,控制进入两液压缸或自两液压缸流出的流量,可使它们在一个方向上实现速度同步。这种回路结构简单,但调整比较麻烦,同步精度不高,不宜用于偏载或负载变化频繁的场合。

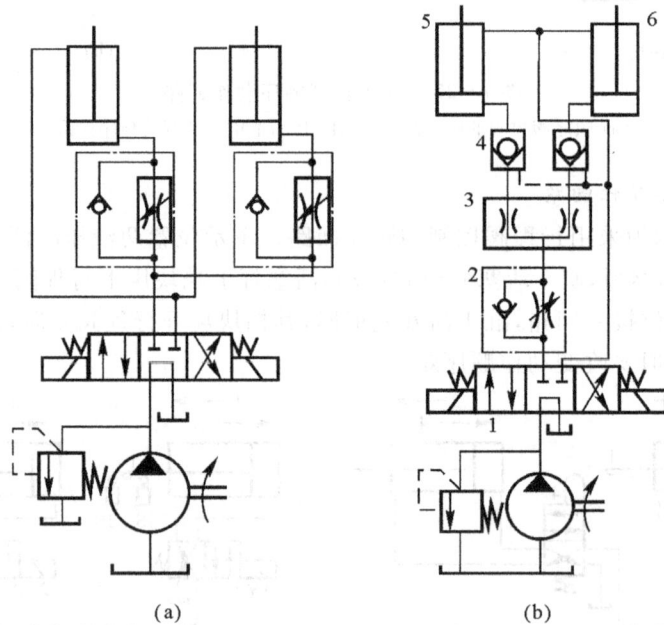

图 7 - 29　用流量控制阀的同步回路
(a)调速阀同步回路；　(b)分流集流阀同步回路

如图 7 - 29(b) 所示,采用分流集流阀(同步阀)代替调速阀来控制两液压缸的进入或流出的流量,可使两液压缸在承受不同负载时仍能实现速度同步。回路中的单向节流阀 2 用来控制活塞的下降速度,液控单向阀 4 是防止活塞停止时的两缸负载不同而通过分流阀的内节流孔窜油。由于同步作用靠分流阀自动调整,使用较为方便,但效率低,压力损失大,不宜用于低压系统。

2.用同步缸的同步回路

图7-30(a)是用同步缸的同步回路。同步缸3是两个尺寸相同的缸体和两个活塞共用一个活塞杆的液压缸,活塞向左或向右运动时输出或接受相等容积的油液,在回路中起着配流的作用,使有效面积相等的两个液压缸实现双向同步运动。同步缸的两个活塞上装有双作用单向阀4,可以在行程端点消除误差。图7-30中,1为溢流阀,2为换向阀。

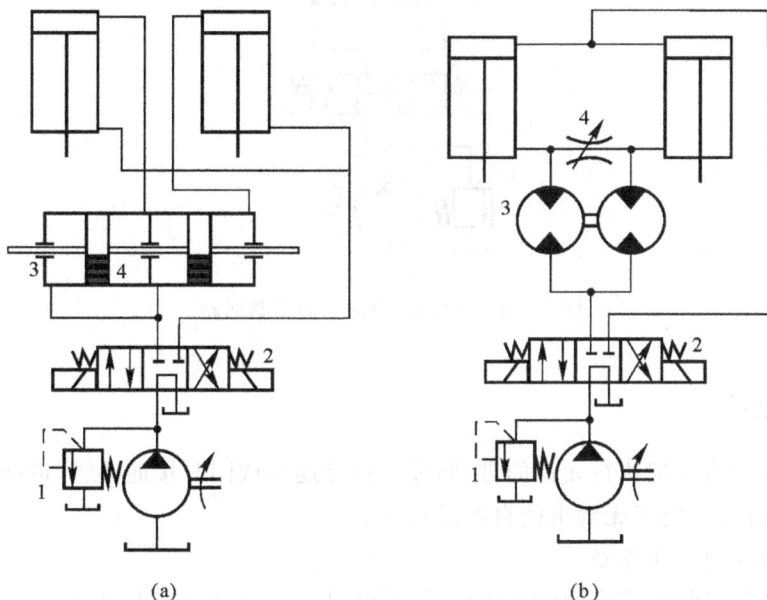

图7-30 用同步缸、同步马达的同步回路
(a)同步缸同步回路; (b)同步马达同步回路

3.用同步马达的同步回路

如图7-30(b)所示,和同步缸一样,用两个同轴等排量双向液压马达3作配油环节,输出相同流量的油液亦可实现两缸双向同步。节流阀4用于行程端点消除两缸位置误差。这种回路的同步精度比采用流量控制阀的同步回路高,但专用的配流元件带来了系统复杂、制作成本高的缺点。

第五节 其他回路

一、锁紧回路

锁紧回路的功用是在液压执行元件不工作时切断其进、出油液通道,使它准确地保持在既定位置上,并防止停止运动后因外界因素而发生窜动。

图7-31所示是在液压缸的两侧油路上都串接一液控单向阀(又称液压锁)的双向锁紧回路,它能在液压缸不工作时使活塞迅速、平稳、可靠且长时间地被锁住,不为外力所移动。其锁紧精度只受液压缸的泄漏和油液压缩性的影响。为了保证锁紧迅速、准确,换向阀应采用H型或Y型中位机能。该回路常用于汽车起重机的支腿油路和飞机起落架的收放油路上。

此外,使液压缸锁紧的最简单的方法还有利用三位换向阀的M型或O型中位机能来封闭缸的两腔,使活塞在行程范围内任意位置停止,但由于滑阀的泄漏,不能长时间地保持停止位置不动,因此,锁紧精度不高。

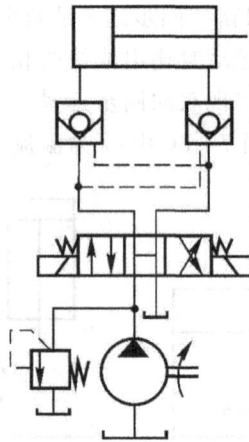

图 7-31　用液控单向阀的锁紧回路

二、浮动回路

浮动回路的作用是把执行元件的进、回油路直接连通或同时接通油箱,借助于自重或负载的惯性力,使执行元件处于无约束的自由浮动状态。

1.用三位四通阀实现浮动

如图 7-32 所示回路,当换向阀在中位时,回转马达处于浮动状态,然后再用脚制动使它平稳地停止转动。这种回路常采用滑阀机能为 H 型或 Y 型的换向阀,例如液压起重机的回转机构,当它带动负载回转时,如果制动过急,惯性力将产生很大的液压冲击,为此,可以采用该回路实现浮动。

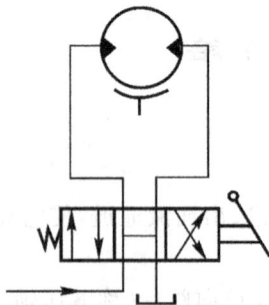

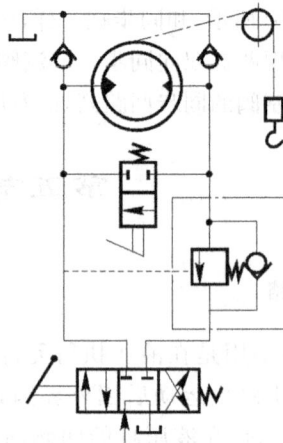

图 7-32　用 H 型三位四通换向阀的浮动回路　　图 7-33　用二位二通阀的浮动回路

2.用二位二通阀实现浮动

如图 7-33 所示是一种利用二位二通阀实现起重机吊钩马达浮动的回路。二位阀在图示位置时,回路正常工作。当二位二通阀换向即下位接入回路时,于是主油路短路,马达进出油路自行循环,起重机吊钩便在自重作用下不受约束快速下降(即"抛钩")。马达浮动时,若有外泄漏,可从回路中的补油阀得到补油,以防止空气进入。该回路常用于工程机械要求能够"抛钩",即为了提高生产率,希望空钩能借自重快速自由下降。这种方案比较简单,但如果吊钩自重太轻而马达内阻相对较大,则有可能达不到快速下降的效果。

思考与习题

7-1　什么是液压基本回路? 按其功用,可分为哪几类基本回路?

7-2　为什么要调整液压系统的压力? 如何调整?

7-3　液压系统为什么要设置卸载回路? 卸载的方法有哪些? 各用在什么场合?

7-4　如何调节液压执行元件的运动速度? 常用的调速方式有哪些? 分别叙述它们的调速原理。

7-5　为什么采用调速阀能提高调速性能?

7-6　常见的容积节流调速回路有哪些? 它们有何特点? 多用在什么场合?

7-7　在液压系统中,为什么要设置快速运动回路? 实现执行元件快速运动的方法有哪些?

7-8　在两调速阀串联和两调速阀并联的速度换接回路中,两阀开口的大小各有什么关系? 两种回路各用在什么场合?

7-8　浮动回路的功用是什么?

7-9　图 7-34(a),(b),(c)所示的三个调压回路能否实现三级调压(压力分别为 60×10^5 Pa,40×10^5 Pa,10×10^5 Pa)? 若能实现三级调压,阀的压力调整值应分别取多少?

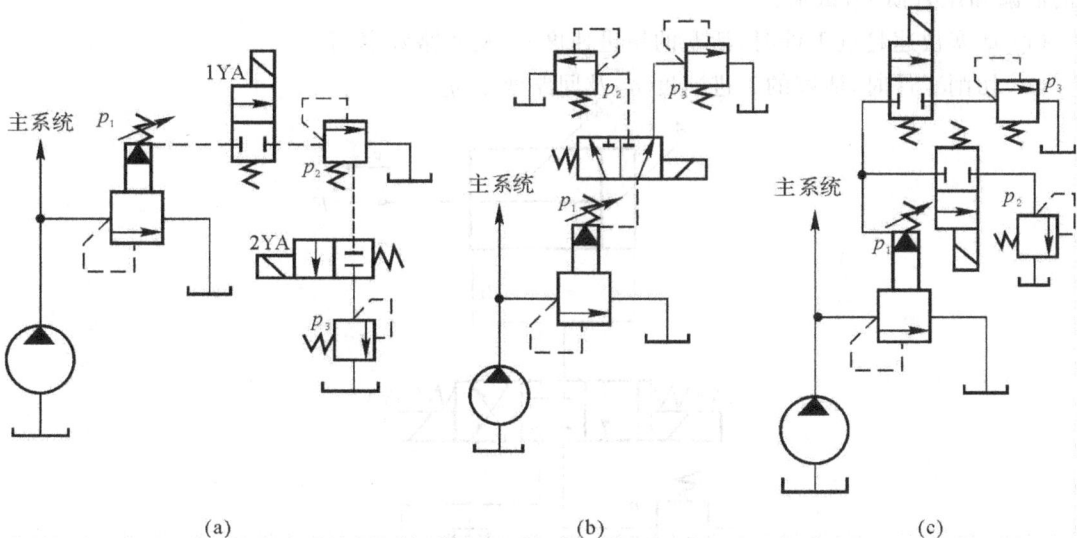

图 7-34　题 7-9 图

7-10　试用一个先导型溢流阀、两个远程调压阀组成一个三级调压且能卸载的多级调压回路,绘出回路图并简述工作原理(换向阀任选)。

7-11　列出图 7-35 所示回路液压缸活塞"快进 — 工进 — 快退 — 停止"的电磁铁动作

循环表,说明回路工作原理。若液压缸活塞直径是活塞杆直径的两倍,即 $D = 2d$,求活塞快进速度 v_1 与快退速度 v_3 之间的关系。

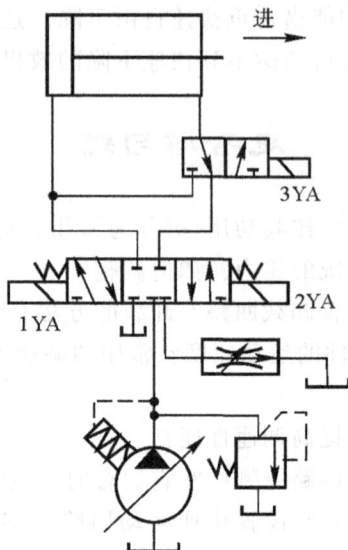

图 7-35   题 7-11 图

7-12   图 7-36 所示为某专用铣床液压系统,已知液压泵输出流量 $q_p = 30$ L/min,溢流阀调整压力 $p_y = 2.4$ MPa,液压缸两腔作用面积分别为 $A_1 = 50$ cm²,$A_2 = 25$ cm²,切削负载 $F_L = 9\,000$ N,摩擦负载 $F_f = 1\,000$ N,切削时通过调速阀的流量为 $q_2 = 1.2$ L/min。若忽略元件的泄漏和压力损失,试求:

(1) 活塞快速趋近工件时,活塞的快进速度 v_1 及回路效率 η_1;

(2) 切削工件时,活塞的工进速度 v_2 及回路效率 η_2。

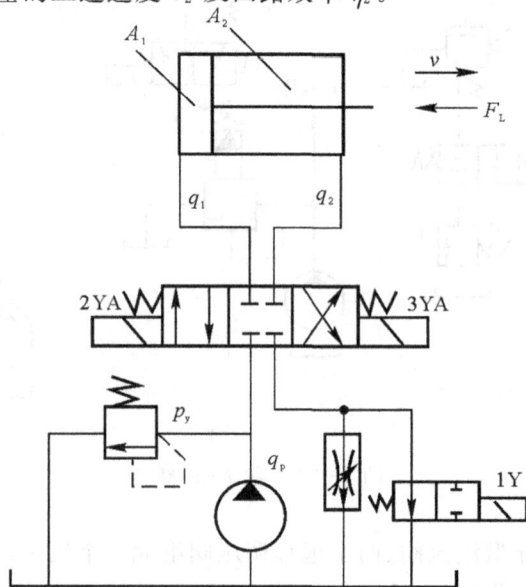

图 7-36   题 7-12 图

7-13　某专用机床液压系统,要求完成"夹紧缸夹紧工件—进给缸快进—进给缸工进—进给缸快退—夹紧缸松开工件"的动作循环,其夹紧缸工作压力为 2 MPa,进给缸工作压力为6 MPa,试绘出液压系统图并说明其工作原理。

7-14　图 7-37 所示为采用液控单向阀的双向锁紧回路,为什么换向阀的中位机能为 H型? 换向阀的中位机能还可以采用什么形式? 若采用 M 型,会出现什么问题?

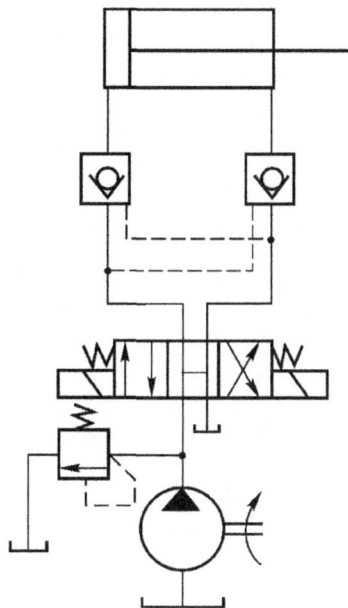

图 7-37　题 7-14 图

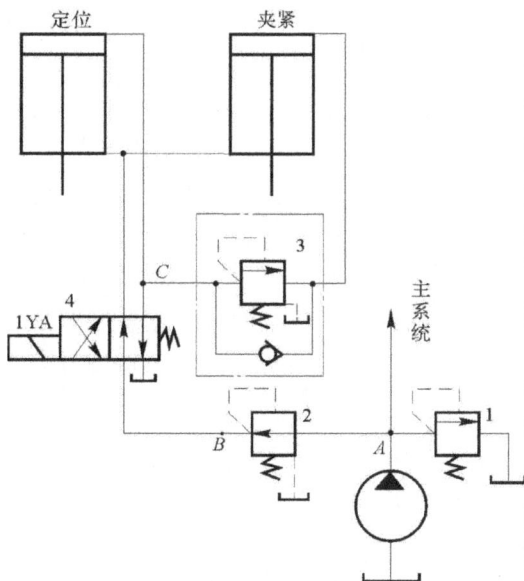

图 7-38　题 7-15 图

7-15　分析图 7-38 所示的某专用机床定位夹紧回路,简述其工作过程,并确定:

（1）阀 1、阀 2、阀 3 调整压力之间的关系；

（2）在定位缸活塞运动过程中（无负载）A,B,C 三点的压力关系；

（3）定位缸到位，夹紧缸开始动作和夹紧工件后，A,B,C 三点的压力关系；

（4）为了使定位夹紧回路不受主油路工作的影响，应在该回路上增添什么元件？

第八章　典型液压系统

液压传动技术已广泛应用于工程机械、起重运输机械、机械制造业、冶金机械、矿山机械、建筑机械、农业机械、轻工机械、航空航天等领域。由于液压系统所服务的主机的工作循环、动作特点等各不相同,相应的各液压系统的组成、作用和特点也不尽相同。本章对几个典型液压系统进行了分析,通过本章的学习,应熟悉各液压元件在系统中的作用和各种基本回路的组成,并掌握分析液压系统的方法和步骤。

典型液压系统是将实现各种不同运动的执行元件及其液压回路组合起来,用液压泵组集中供油,使液压设备实现特定的运动循环或工作的液压传动系统。可以通过各种液压元件的图型符号反映组成液压系统的所有液压元件及它们之间相互连接的情况,并表明各执行元件所实现的运动循环及循环的控制方式等,从而反映整个液压系统的工作原理。

通过对典型系统的学习和分析,掌握阅读液压传动系统图的方法,为分析和设计液压传动系统打下必要的基础。分析较复杂的液压系统,可以按照以下步骤进行:

(1)了解设备的功用及对液压系统动作和性能的要求。

(2)初步分析液压系统图,并按执行元件数将其分解为若干个子系统。

(3)对每个子系统进行分析,分析组成子系统的换向、调速、压力等基本回路及各液压元件的作用,按执行元件的工作循环分析实现每步动作的进油和回油路线。

(4)根据设备对液压系统中各子系统之间的顺序、同步、互锁、防干扰等要求,分析它们之间的联系。

(5)归纳整个液压系统的特点及其使设备正常工作的要领,加深对整个液压系统的理解。

第一节　组合机床液压滑台液压系统

一、概述

组合机床是是一种高效率和自动化程度较高的专用机床,它由通用部件和部分专用部件组成,在成批和大量生产中得到了广泛的应用。液压滑台是组合机床上的一种通用部件,根据加工要求,滑台台面上可设置各种加工工艺用途的切削头,以完成钻、镗、铣、铰、刮端面、攻螺纹等加工工序。

为了缩短加工的辅助时间,满足各种工序的进给速度要求,液压滑台的液压系统必须具有良好的速度换接性能与调速特性。要求动力滑台空载时速度快、推力小;工进时速度慢、推力大,速度稳定;速度换接平稳;功率利用合理、效率高、减少发热。

二、组合机床液压滑台液压系统工作原理

一般要求组合机床液压滑台实现的工作循环是:快进 → 一工进 → 二工进 → 停留 → 快退 → 停止。完成这一动作循环的滑台液压系统工作原理如图8-1所示。系统中采用限压式变量叶片泵供油,并使液压缸差动连接以实现快速运动。由电液换向阀换向,用行程阀、外控单向顺序阀实现快进与工进的转换,用二位二通电磁换向阀实现一工进和二工进之间的速度换接。为保证进给的尺寸精度,采用了死挡铁停留来限位。实现工作循环的工况如下:

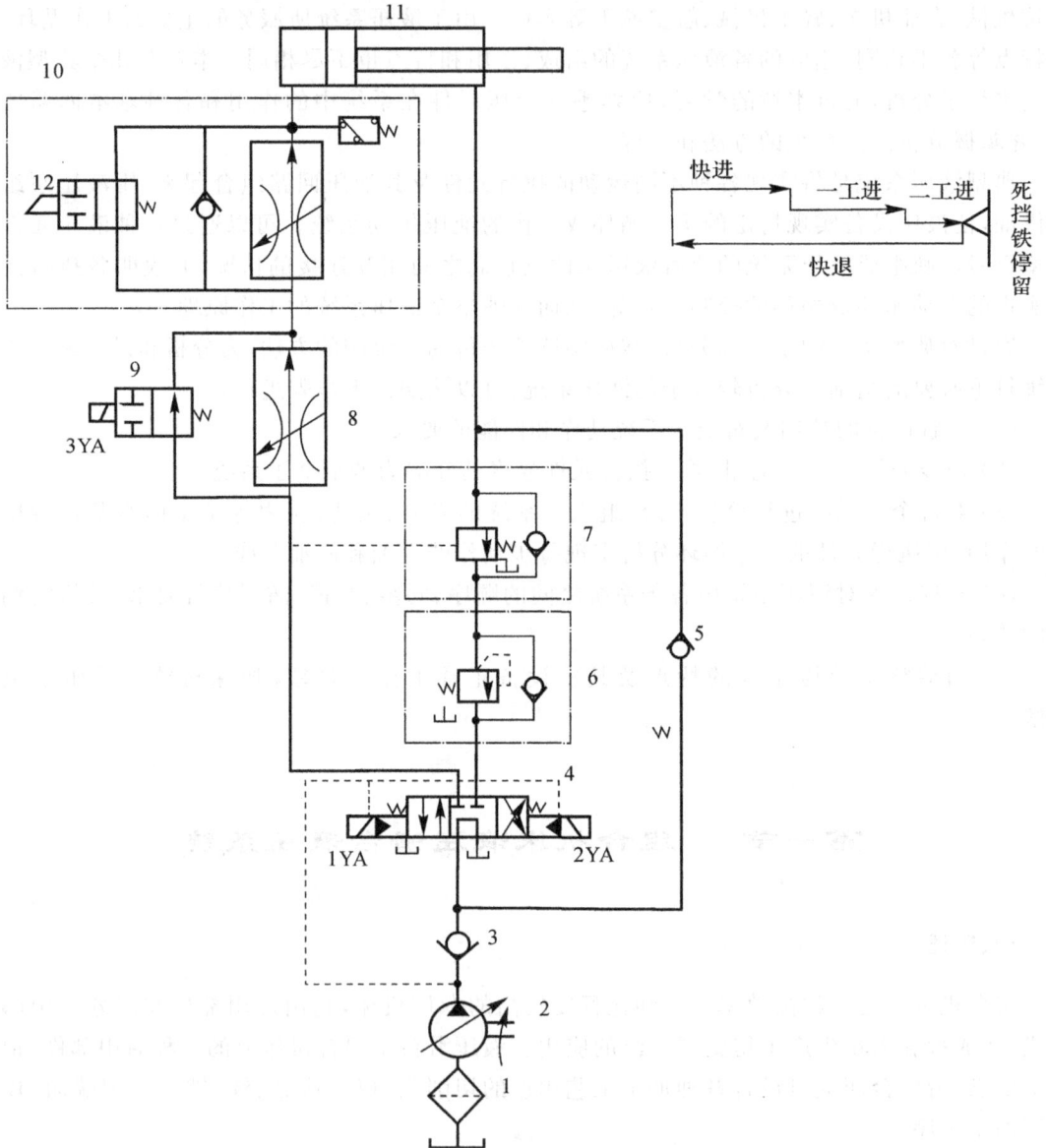

图8-1　组合机床液压滑台液压系统原理图

1—滤油器;　2—变量泵;　3,5—单向阀;　4—电液换向阀;　6—单向顺序阀(背压阀);　7—外控单向顺序阀;
8—调速阀;　9—电磁换向阀;　10—带压力继电器的单向行程调速阀;　11—液压缸;　12—行程阀

1. 快进

按下启动按钮,电液换向阀 4 的左位进入工作状态,这时的主油路是:

进油路:滤油器 1 → 变量泵 2 → 单向阀 3 → 电液换向阀 4 左位 → 电磁换向阀 9 右位 → 行程阀 12 右位 → 液压缸 11 左腔;

回油路:液压缸 11 右腔 → 单向阀 5 → 电液换向阀 4 左位 → 电磁换向阀 9 右位 → 行程阀 12 右位 → 液压缸 11 左腔。

这时形成差动连接回路。因为快进时,滑台的载荷较小,同时进油经单向行程调速阀右位阀直通油缸左腔,系统中压力较低,所以变量泵 2 输出流量大,滑台快速前进,实现快进。

2. 第一次工进

快进行程结束,滑台上的挡铁压下行程阀 12,行程阀 12 左位工作,电液换向阀 4 左位仍在工作,电磁换向阀 9 的电磁铁处于断电状态。进油路经单向行程调速阀 10 进入液压缸左腔,与此同时,系统压力升高,关闭单向阀 5,使液压缸实现差动连接的油路切断。回油经外控顺序阀 7 和背压阀 6 回到油箱。这时的主油路是:

进油路:滤油器 1 → 变量泵 2 → 单向阀 3 → 电液换向阀 4 左位 → 电磁换向阀 9 右位 → 单向行程调速阀 10 的调速阀 → 液压缸 11 左腔;

回油路:液压缸 11 右腔 → 外控顺序阀 7 → 背压阀 6 → 电液换向阀 4 左位 → 油箱。

因为工作进给时油压升高,所以变量泵 2 的流量自动减小,滑台向前作第一次工作进给,进给量的大小可以用单向行程调速阀调节。

3. 第二次工进

在第一次工作进给结束后,滑台上的挡铁压下行程开关,使电磁换向阀 9 的电磁铁得电,阀 9 左位接入工作,切断了该阀所在的油路,经单向行程调速阀 10 的油液必须经过调速阀 8 进入液压缸的左腔,其他油路不变。由于调速阀 8 的开口量小于单向行程调速阀 10,进给速度降低,进给量的大小可由调速阀 8 来调节。

进油路:滤油器 1 → 变量泵 2 → 单向阀 3 → 电液换向阀 5 左位 → 调速阀 8 → 单向行程调速阀 10 → 液压缸 11 左腔;

回油路:液压缸 11 右腔 → 外控顺序阀 7 → 背压阀 6 → 电磁换向阀 5 左位 → 油箱。

4. 滑台停留

在动力滑台第二次工作进给终了碰上死挡铁后,液压缸停止不动,系统的压力进一步升高,达到压力继电器的调定值时,经过时间继电器的延时,再发出电信号,使滑台退回。在时间继电器延时动作前,滑台停留在死挡块限定的位置上。

5. 快退

在时间继电器发出电信号后,电液换向阀 4 右位工作,这时的主油路是:

进油路:滤油器 1 → 变量泵 2 → 单向阀 3 → 电液换向阀 4 右位 → 液压缸 11 右腔;

回油路:液压缸 11 左腔 → 单向行程调速阀 10 的单向阀 → 电磁换向阀 9 右位 → 电液换向阀 4 右位 → 油箱。

这时系统的压力较低,变量泵 2 输出流量大,滑台快速退回。由于活塞杆的面积大约为活塞的一半,所以滑台快进、快退的速度大致相等。

6. 原位停止

当滑台退回到原始位置时,挡块压下行程开关,这时电磁铁都失电,电液换向阀 4 处于中位,动力滑台停止运动,变量泵 2 输出油液的压力升高,使泵的流量自动减至最小。表 8-1 是该液压系统的电磁铁和行程阀的动作表。

表 8-1　组合机床动力滑台液压系统电磁铁和行程阀的动作表

	1YA	2YA	3YA	行程阀 12
快　进	+	-	-	通
一工进	+	-	-	断
二工进	+	-	+	断
死挡铁停留	+	-	+	断
快　退	-	+	-	断
原位停止	-	-	-	通

注:"+"表示电磁铁通电;"-"表示电磁铁断电。

三、组合机床液压滑台液压系统特点

通过以上分析可以看出,为了实现自动工作循环,该液压系统应用了下列一些基本回路:① 容积节流调速回路;② 差动连接的快速运动回路;③ 换向回路;④ 快速运动与工作进给的换接回路;⑤ 两种工作进给的换接回路。

该液压系统具有如下特点:

采用限压式变量泵和调速阀组成的容积节流调速回路,无溢流功率损失,系统效率较高,且能保证稳定的低速运动、较好的速度刚性和较大的调速范围。在回油路上设置背压阀,提高了滑台运动的平稳性。把调速阀设置在进油路上,具有启动冲击小、便于压力继电器发信号控制、容易获得较低速度等优点。

采用限压式变量泵和差动连接来实现快进路,既解决了快慢速度相差悬殊的问题,又使能量利用经济合理。

采用行程阀实现快慢速换接,其动作的可靠性、转换精度和平稳性都较高。一工进和二工进之间的转换,由于通过调速阀的流量很小,采用电磁阀换接已能保证所需的转换精度。

采用三位四通电液换向阀,具有换向性能好,滑台可在任意位置停止,快进时构成差动连接等优点,而且 M 型中位机能使泵在低压下卸荷,降低了能量损耗。

第二节　汽车起重机液压系统

一、概述

汽车起重机是将起重机安装在汽车底盘上的一种起重运输设备,可以和运输车队编队行

驶,机动性好,用途广泛。它主要由起升、回转、变幅、伸缩和支腿等工作机构组成,这些动作的完成由液压系统来实现。作为起重用的汽车起重机属于工程机械,它所要求的动作比较简单、输出力大、动作平稳、耐冲击、操作灵活,对于液压系统具有很高的安全和可靠性要求。

图8-2是Q2—8型汽车起重机的外形结构简图。它由载重汽车1、回转台2、支腿3、吊臂变幅缸4、吊臂伸缩缸5、起升机构6、基本臂7等组成。这种类型的起重机最大起重量为80 kN(幅度为3 m时),最大起重高度为11.5 m,起重装置可连续回转。该系统分上车和下车两部分布置,液压泵、安全阀、阀组及支腿部分装在下车部分,其余液压元件都装在可回转的上车部分。其中油箱也在上车部分,兼作配重。上车和下车部分的油路通过中心回转接头连通。

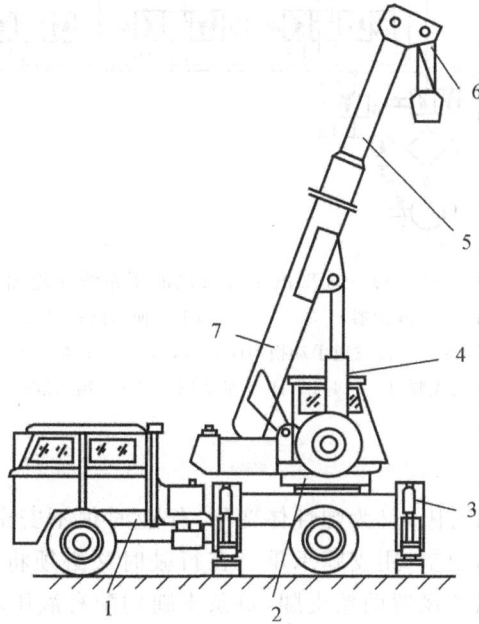

图8-2　Q2—8型汽车起重机外形结构简图

1— 载重汽车;　2— 回转台;　3— 支腿;　4— 吊臂变幅缸;　5— 吊臂伸缩缸;　6— 起升机构;　7— 基本臂

二、汽车起重机液压系统工作原理

图8-3是Q2—8型汽车起重机液压系统原理图。

这是一个单泵、开式、串联(串联式多路阀)液压系统。该系统属于中高压液压系统,采用一个额定压力为21 MPa的轴向柱塞泵作动力源,由汽车发动机通过装在汽车底盘变速箱上的取力箱传动。起重机液压系统包括支腿收放、转台回转、吊臂伸缩、吊臂变幅和吊重起升等五个部分。其中,前、后支腿收放回路的换向阀5,6组成一个阀组A,其余四条支回路的换向阀13,16,17,18组成一个阀组B。各换向阀均为M型中位机能三位四通手动阀,相互串联组合,可实现多缸卸荷。根据起重工作的具体要求,操纵各阀不仅可以分别控制各执行元件的运动方向,还可以通过控制阀心的位移量来实现节流调速。

实现各个动作的回路如下所述:

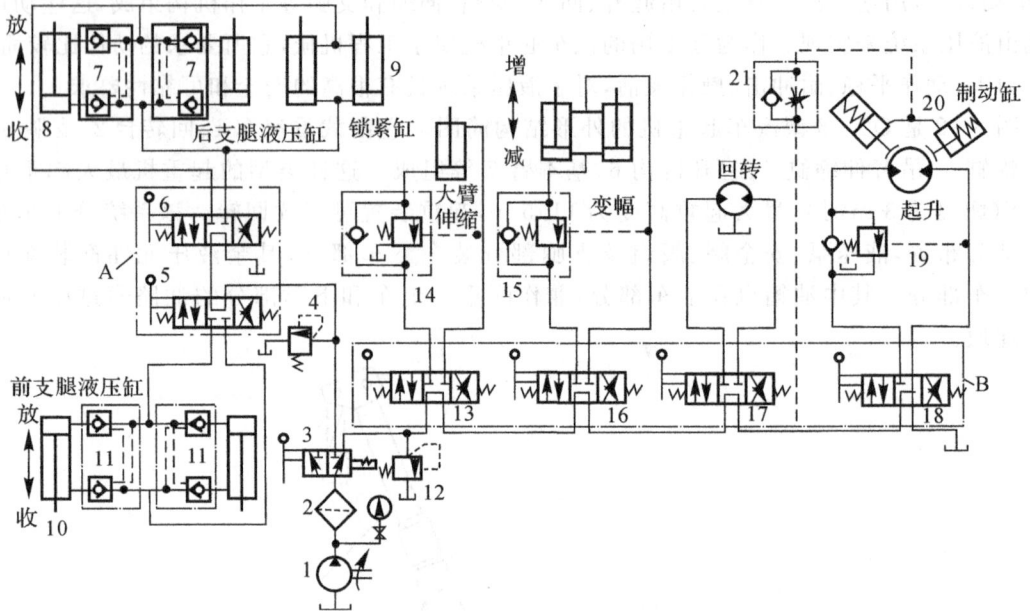

图 8-3 Q2-8 型汽车起重机液压系统原理图

1— 液压泵； 2— 滤油器； 3— 二位三通手动换向阀； 4,12— 溢流阀；

5,6,13,16,17,18— 三位三通手动换向阀； 7,11— 液压锁； 8— 后支腿缸；

9— 锁紧缸； 10— 前支腿缸； 14,15,19— 平衡阀； 20— 制动缸； 21— 单向节流阀

1. 支腿收放回路

由于汽车轮胎支承能力有限,且为弹性体变形,作业时很不安全,因此在起重作业前必须放下前、后支腿,使汽车轮胎架空,用支腿承重。在行驶时又必须将前、后支腿收起,轮胎着地支承。为此,汽车的前、后端各设置两条支腿,每条支腿均配有液压缸。

支腿动作的顺序是:缸 9 锁紧后桥板簧,同时缸 8 放下后支腿到所需位置,再由缸 10 放下前支腿。作业结束后,先收前支腿,再收后支腿。当手动换向阀 6 右位接入工作时,后支腿放下。

进油路为:泵 1 → 滤油器 2 → 阀 3 左位 → 阀 5 中位 → 阀 6 右位 → 锁紧缸下腔锁紧板簧 → 液压锁 7 → 缸 8 下腔。

回油路为:缸 8 上腔 → 双向液压锁 7 → 阀 6 右位 → 油箱;缸 9 上腔 → 阀 6 右位 → 油箱。

回路中的双向液压锁 7 和 11 的作用是防止液压支腿在支撑过程中因泄漏出现"软腿现象",或行走过程中支腿自行下落,或因管道破裂而发生倾斜事故。

2. 起升回路

吊重起升回路是起重机系统中的主要工作回路。起升机构要求所吊重物可升降或在空中停留,速度要平稳,变速要方便,冲击要小,启动转矩和制动力要大。回路中采用柱塞液压马达带动重物升降,变速和换向是通过改变手动换向阀 18 的开口大小来实现的,用液控单向顺序阀 19 来限制重物超速下降。单作用液压缸 20 是制动缸。单向节流阀 21 的作用:一是保证液压油先进入马达,使马达产生一定的转矩,再解除制动,以防止重物带动马达旋转而向下滑;二是保证吊物升降停止时,制动缸中的油马上与油箱相通,使马达迅速制动。

　　起升重物时,手动阀 18 切换至左位工作,泵 1 打出的油经滤油器 2,阀 3 右位,阀 13,16,17 中位,阀 18 左位,阀 19 中的单向阀进入马达左腔;同时压力油经单向节流阀到制动缸 20,从而解除制动,使马达旋转。

　　重物下降时,手动换向阀 18 切换至右位工作,液压马达反转,回油经阀 19 的液控顺序阀,阀 18 右位回油箱。

　　当停止作业时,阀 18 处于中位,泵卸荷。制动缸 20 上的制动瓦在弹簧作用下使液压马达制动。

3.吊臂伸缩回路

　　吊臂由基本臂和伸缩臂组成,伸缩臂套装在基本臂中。吊臂伸缩可采用单级长液压缸驱动,也可采用伸缩液压缸驱动。工作中,改变阀 13 的开口大小和方向,即可调节大臂运动速度和使大臂伸缩。行走时,应将大臂缩回。大臂缩回时,因液压力与负载力方向一致,为防止吊臂在重力作用下自行收缩,在收缩缸的下腔回油腔安置了平衡阀 14(属于外控式单向顺序阀),提高了收缩运动的可靠性。吊臂的伸缩由换向阀 13 来控制伸缩臂的伸出、缩回和停止三种工况。例如,当换向阀 13 在右位工作时,吊臂缩回,其油路为:

　　进油路:液压泵 → 滤油器 2 → 阀 3 右位 → 阀 13 右位 → 伸缩液压缸有杆腔;

　　回油路:伸缩液压缸无杆腔 → 阀 14 中顺序阀 → 换向阀 13 右位 → 换向阀 16 中位 → 换向阀 17 中位 → 换向阀 18 中位 → 油箱。

4.吊臂变幅回路

　　吊臂变幅就是由液压缸来改变吊臂的起落角度,用于改变作业高度,要求能带载变幅,动作要平稳。本机采用两个液压缸并联,提高了变幅机构承载能力。变幅工作也要防止因自重而下降造成的工作不安全,故在油路中也设置了平衡阀 15。换向阀 16 控制吊臂的增幅、减幅和停止三种工况。其油路路线类同于吊臂伸缩回路。

5.回转机构回路

　　回转机构要求大臂能在任意方位起吊。本机采用低速柱塞液压马达,回转速度为 $1 \sim 3$ r/min。由于惯性小,一般不设缓冲装置,操作手动换向阀 17 控制马达的正转、反转、停转三种不同工况。其油路为:

　　进油路:液压泵 → 滤油器 2 → 换向阀 3 右位 → 换向阀 13 中位 → 换向阀 16 中位 →

换向阀 17 $\left\{\begin{array}{l} \text{左位} \to \text{液压马达反转} \\ \text{中位} \to \text{液压马达停转} \\ \text{右位} \to \text{液压马达正转} \end{array}\right\}$ → 油箱。

三、汽车起重机液压系统的特点

　　(1)起吊重物在下降时以及大臂收缩和变幅时,负载与液压力方向相同,执行元件会失控,为此,系统中采用了平衡回路,在其回油路上设置平衡阀。此外,还采取了制动回路和锁紧回路,从而保证了起重机操作安全、工作可靠和运动平稳。

　　(2)该系统采用中位机能为 M 型的三位四通手动弹簧复位的多路换向阀。当换向阀处于中位时,能使系统卸荷,减少功率损失。该系统适于工况作业随机性较大、动作频繁的间歇工况。

　　(3)采用了手动换向阀串联组合,不仅可以灵活方便地控制各机构换向动作,还可通过手柄操纵来控制流量,以实现节流调速。在起升工作中,将此节流调速方法与控制发动机转速方法相结合,可以实现各工作部件微速动作。另外,当空载或轻载吊重作业时,可实现各机构任意组合并同时动作,以提高生产率。

第三节 数控机床液压系统

一、概述

随着装备制造业技术的不断发展,特别是先进制造技术的飞速发展,数控机床设备的自动化程度和精度越来越高。液压与气动技术在数控机床、数控加工中心及柔性制造系统中得到了广泛应用。本节以数控车床为例,说明液压技术在数控机床上的基本应用。

MJ—50型数控车床是两坐标连续控制的卧式车床,主要用来加工轴类零件的内外圆柱面、圆锥面、螺纹表面、成形回转体表面,对于盘类零件可进行钻孔、扩孔、铰孔和镗孔等加工,还可以完成车端面、切槽、倒角等加工。数控车床的卡盘夹紧与松开、卡盘夹紧力的高低压转换、回转刀架的松开与夹紧、刀架刀盘的正转反转、尾座套筒的伸出与退回都是由液压系统驱动的。液压系统中各电磁阀电磁铁的动作是由数控系统的PLC控制实现的。

二、MJ—50型数控车床液压系统的工作原理

图8-4所示是MJ—50型数控车床的液压系统原理图。液压系统的作用是控制卡盘的夹紧与松开,回转刀架的夹紧与松开以及刀架的转位,尾座套筒的伸缩移动。

实现各个动作的原理如下所述:

1.卡盘的夹紧与松开

主轴卡盘的夹紧与松开,由二位四通电磁阀4控制。卡盘的高压夹紧与低压夹紧的转换,由二位四通电磁阀5控制。

卡盘处于正卡(也称外卡)且在高压夹紧状态下(3YA断电),夹紧力的大小由减压阀9来调整,由压力表16显示卡盘压力。当1YA通电、3YA断电时,系统压力油经阀9 → 阀5 → 阀4 → 液压缸右腔;液压缸左腔的油液经阀4直接回油箱,活塞杆左移,卡盘夹紧。反之,当2YA通电、3YA断电时,系统压力油经阀9 → 阀5 → 阀4 → 液压缸左腔;液压缸右腔的油液经阀4直接回油箱,活塞杆右移,卡盘松开。

卡盘处于正卡且在低压夹紧状态下(3YA通电),夹紧力的大小由减压阀10来调整。当1YA,3YA通电时,系统压力油经阀10 → 阀5 → 阀4 → 液压缸右腔;液压缸左腔的油 → 阀4 → 油箱,活塞杆向左移动,卡盘夹紧。反之,当2YA,3YA通电时,系统压力油经阀10 → 阀5 → 阀4 → 液压缸左腔;液压缸右腔的油 → 阀4 → 油箱,活塞杆向右移动,卡盘松开。

卡盘反卡(也称内卡)的过程与正卡类似,所不同的是卡爪外张为夹紧,内缩为松开。

2.回转刀架的松夹及正反转

回转刀架换刀时,首先是刀盘松开,然后刀盘转到指定的刀位,最后刀盘夹紧。

刀盘的夹紧与松开,由一个二位四通电磁阀7控制。当4YA通电时刀盘松开,断电时刀盘夹紧,消除了加工过程中突然停电所引起的事故隐患。刀盘的旋转有正转和反转两个方向,它由一个三位四通电磁阀3控制,其旋转速度分别由单向调速阀9和10控制。

当4YA通电时,阀4右位工作,刀盘松开;当7YA断电、8YA通电时,刀架正转;当7YA通电、8YA断电时,刀架反转;当4YA断电时,阀4左位工作,刀盘夹紧。

3.尾座套筒伸缩动作

尾座套筒的伸出与退回由一个三位四通电磁阀8控制。当5YA断电、6YA通电时,系统压力油经减压阀11→阀8(左位)→液压缸左腔;液压缸右腔油液→单向调速阀15→阀8→油箱,套筒伸出。套筒伸出时的工作预紧力大小通过减压阀11来调整,并由压力表17显示,伸出速度由调速阀15控制。反之,当5YA通电,6YA断电时,系统压力油经减压阀11→电磁阀8→阀15→液压缸右腔,这时液压缸左腔的油经电磁阀8直接回油箱,套筒缩回。

整个系统的电磁铁动作顺序如表8-2所示。

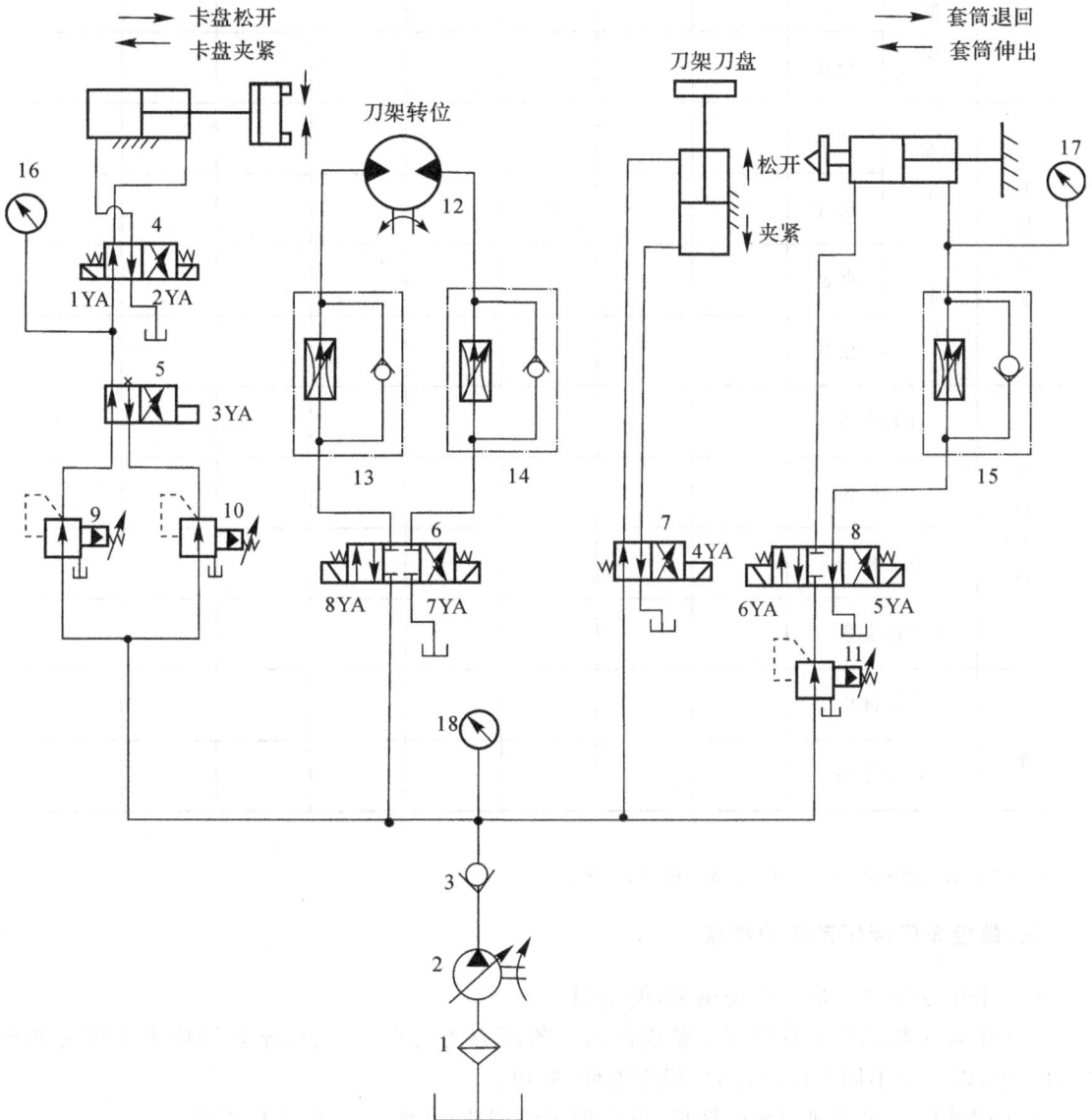

图8-4　MJ—50型数控车床液压系统原理图

表 8－2　数控车床电磁铁动作顺序表

动作顺序			电　磁　铁							
			1YA	2YA	3YA	4YA	5YA	6YA	7YA	8YA
卡盘正卡	高压	夹紧	＋	－	－					
		松开	－	＋	－					
	低压	夹紧	＋	－	＋					
		松开	－	＋	＋					
卡盘反卡	高压	夹紧	－	＋	－					
		松开	＋	－	－					
	低压	夹紧	－	＋	＋					
		松开	＋	－	＋					
回转刀架	刀架正转								－	＋
	刀架反转								＋	－
	刀盘松开					＋				
	刀盘夹紧					－				
尾座	套筒伸出						－	＋		
	套筒退回						＋	＋		

注:"＋"表示电磁铁通电;"－"或空格表示电磁铁断电。

三、数控车床液压系统的特点

(1) 采用变量叶片泵向系统供油,能量损失小。

(2) 用减压阀调节卡盘高压夹紧或低压夹紧压力的大小,以及尾座套筒伸出工作时的预紧力大小,以适应不同工件的需要,操作方便、简单。

(3) 用液压马达实现刀架的转位,可实现无级调速,并能控制刀架正、反转。

第九章　　液压传动系统的设计与计算

设计出简单、可靠、经济性好、寿命长、操作维护方便的液压传动系统是这门课的终极目标。液压传动系统的设计是整机设计的一部分,设计者要与主机的总体设计师、其他部件设计师及时沟通,相互配合。液压系统的设计步骤往往随系统的复杂程度、可借鉴的多少、设计者经验的丰富程度不同而各有差异,但其基本设计步骤为:

(1) 明确设计依据(要求),进行工况分析;

(2) 拟定液压系统原理图;

(3) 计算和选择液压元件;

(4) 验算液压系统的性能;

(5) 液压传动装置设计;

(6) 绘制工作图,编制技术文件。

第一节　　液压系统的设计步骤

一、明确设计依据(要求),进行工况分析

(一) 明确设计依据(要求)

设计液压系统时,首先必须明确主机对液压系统提出的要求,这也是液压系统设计的原始依据,一般由整机总体设计师以任务书的形式给出。其内容主要包含:

(1) 主机的用途、总体布局与工作环境(环境温度、湿度、有无粉尘等);

(2) 主机的动作循环与节拍;

(3) 执行元件的形式与数量、运动参数大小、平稳性与调节范围(有时也包含执行元件的主要尺寸);

(4) 工作负载的大小、方向与性质;

(5) 多执行元件的同步与互锁要求;

(6) 经济性与成本要求。

(二) 工况分析

工况分析的目的是通过对执行元件的速度、负载变化规律的分析,来确定液压传动系统的主要参数(压力和流量)。

1.速度分析

将各执行元件在一个完整的工作循环内各阶段的速度用速度-位移(v-s)或速度-时间(v-t)曲线表示出来,称为速度循环图。若知道了执行元件的主要参数,也可以绘出其流量-

位移或流量-时间曲线。通过对同时动作执行元件的流量-位移或流量-时间曲线分析,可为选择液压泵的流量提供依据。

图 9-1 所示为组合机床液压滑台的速度-位移曲线。

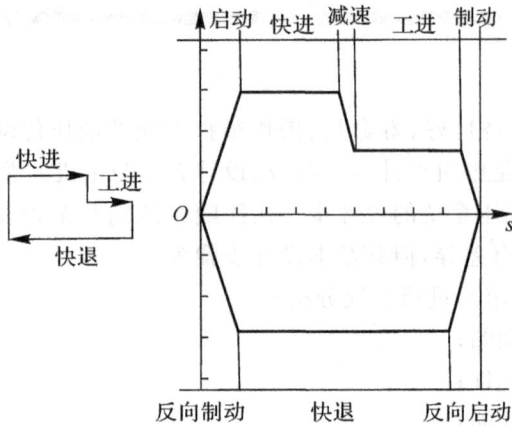

图 9-1　组合机床液压滑台动作循环及速度-位移曲线

2. 负载分析

将各执行元件在一个完整的工作循环内各阶段所需克服的外负载用负载-位移($F-s$)或负载-时间($F-t$)曲线表示出来,称为负载循环图。若知道了执行元件的主要参数,也可以绘出其压力-位移或压力-时间曲线。通过对其分析,可为选择液压泵的压力提供依据。

对于液压缸而言,其所需克服的外负载 F 可表示为

$$F = F_L + F_f + F_a \tag{9-1}$$

式中,F_L 为工作负载。工作负载与设备的工作情况有关,可以是定量,也可以是变量,可以是正值,也可以是负值。

F_f 为摩擦阻力,可表示为

$$F_f = fF_N \tag{9-2}$$

式中,f 为摩擦系数,F_N 为运动部件及外负载对支撑面的正压力。

F_a 为惯性负载,由运动部件的惯性产生,可用牛顿第二定律计算,即

$$F_a = ma = \frac{G}{g}\frac{\Delta v}{\Delta t} \tag{9-3}$$

式中,m 为运动部件的质量(kg);a 为运动部件的加速度(m/s^2);Δv 为速度变化量(m/s);Δt 为速度变化所需的时间(s)。

另外,外负载还应该包括密封件阻力(一般用效率 $\eta = 0.85 \sim 0.9$ 来考虑)和背压阻力等。

对于液压马达而言,其所需克服的外负载力矩也应包含工作负载力矩、摩擦阻力矩和惯性力矩。

计算出外负载后,便可绘制负载循环图。上述组合机床液压滑台的负载循环图(负载-位移曲线)如图 9-2 所示。

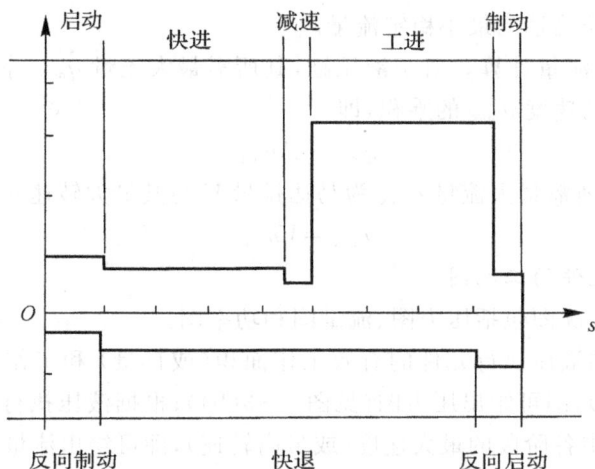

启动   快进   减速   工进   制动

反向制动   快退   反向启动

图 9 - 2   组合机床液压滑台负载-位移曲线

3.执行元件的参数确定

（1）工作压力确定。若已知执行元件的主要几何参数（如缸经、活塞杆直径、液压马达排量），其工作压力可根据外负载大小计算（见液压缸、液压马达相关计算），也可根据主机类型选取，见表 9 - 1。

表 9 - 1   各类液压设备常用工作压力

设备类型	磨床	组合机床	车床、铣床	齿轮加工机床	农业机械、 小型工程机械	液压机、重型机械、 起重运输机械
工作压力 p/MPa	$\leqslant 2$	$3 \sim 5$	$2 \sim 4$	< 6.3	$10 \sim 16$	$20 \sim 32$

（2）确定执行元件的几何参数。液压缸的有效工作面积 $A(\text{m}^2)$ 可由下式计算：

$$A = \frac{F}{\eta_{cm} p} \tag{9-4}$$

式中，F 为液压缸上的外负载（N）；η_{cm} 为液压缸的机械效率；p 为液压缸的工作压力（Pa）。

按式（9-4）计算出来的有效工作面积还必须按液压缸的最低稳定速度 v_{min} 来验算，即

$$A \geqslant \frac{q_{min}}{v_{min}} \tag{9-5}$$

式中，q_{min} 为调速阀的最小稳定流量。

液压马达的排量计算公式为

$$V = \frac{2\pi T}{p \eta_{Mm}} \tag{9-6}$$

式中，T 为液压马达的总负载力矩（N·m）；η_{Mm} 为液压马达的机械效率；p 为液压马达的工作压力（Pa）；V 为液压马达的排量（m³/r）。

按式（9-6）计算出来的排量也必须满足液压马达最低转速 n_{min} 的要求，即

$$V \geqslant \frac{q_{min}}{n_{min}} \tag{9-7}$$

式中,q_{min} 为输入给液压马达的最小稳定流量。

（3）执行元件最大流量计算。对于液压缸,其所需最大流量 q_{max} 等于液压缸有效工作面积 A 与液压缸最大移动速度 v_{max} 的乘积,即

$$q_{max} = Av_{max} \tag{9-8}$$

对于液压马达,其所需最大流量 q_{max} 为马达排量 V 与其最大转速 n_{max} 的乘积,即

$$q_{max} = Vn_{max} \tag{9-9}$$

4.绘制液压执行元件的工况图

液压执行元件的工况图包括压力图、流量图和功率图。

按照上面所确定的液压执行元件的有效工作面积（或排量）和工作循环中各阶段的最大负载（或最大负载力矩）,即可绘出压力图（见图 9-3(b)）;根据液压执行元件的有效工作面积（或排量）和工作循环中各阶段的最大速度（或最高转速）,即可绘出流量图（见图 9-3(a)）;根据所绘制的压力图和流量图,即可绘制出功率图（见图 9-3(c)）。

从工况图上可以很容易地找出最大工作压力、最大流量和最大功率,根据这些参数可以选择液压泵及其驱动电机,同时对液压元件及液压基本回路的选用也具有一定的指导意义。

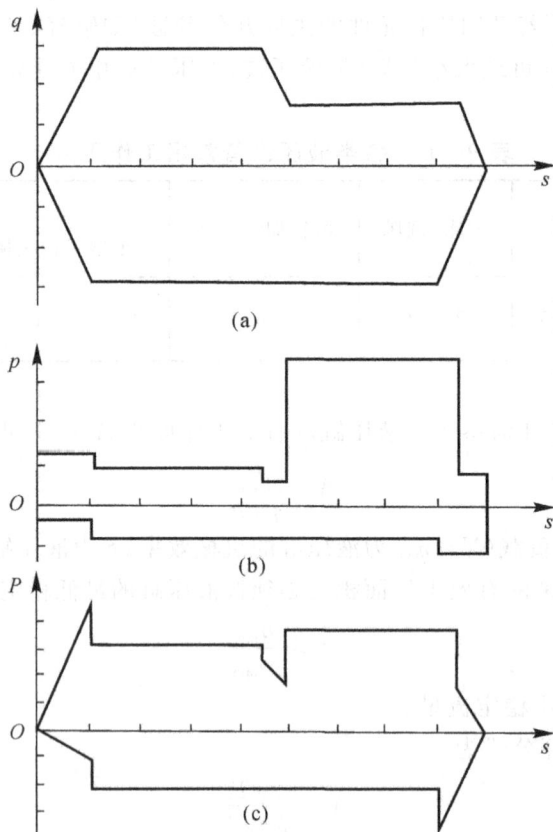

图 9-3　组合机床液压滑台缸工况图

二、拟定液压系统原理图

拟定液压系统原理图是整个液压系统设计中最重要的一步,需要综合运用前面各章所讲

授的内容。拟定液压系统原理图的一般方法:首先根据设计任务书中提出的具体动作及性能要求选择适当的液压基本回路,然后将基本回路有机地组成完整的液压系统。

选择液压基本回路的依据是执行元件的动作循环图和工况图。因为满足同一设计要求的液压基本回路往往不止一种,必须通过分析、比较后确定,在这里,收集、整理和参考同类型设备液压系统的成熟经验是十分必要的。

选择液压基本回路时,最主要的是对主机起决定性影响的主要回路的选择与确定。例如,机床液压系统,调速和速度换接是主要回路;压力机液压系统,调压回路是主要回路等。选择调速回路时,对于小功率($\leqslant 2 \sim 3$ kW)液压系统,当速度稳定性要求不高时,宜采用节流阀节流调速;当负载变化较大、速度稳定性要求较高时,宜采用调速阀节流调速回路。对于中等功率($3 \sim 5$ kW)及较大功率(> 5 kW)液压系统,可采用容积调速回路或容积节流调速回路。速度换接回路可根据换接精度、换接平稳性、换接可靠性等要求来选择。在选择主要回路的同时,也要结合其他辅助液压基本回路的选用。例如,有垂直运动部件的液压系统要考虑平衡回路,有多个执行元件的液压系统要考虑顺序动作、同步要求和相互之间的压力干涉问题等。

液压系统的供油方式对系统的性能与效率起着至关重要的作用。一般变量泵供油的液压系统效率较定量泵系统高。液压泵(定量泵、变量泵)和蓄能器组成的供油方式也可以获得很高的效率。

在选择液压基本回路时要同时考虑液压元件的形式,如叠加阀组成的液压系统与一般板式阀、管式阀组成的液压系统在原理图绘制上是有区别的。

组成液压系统的所有基本回路选定好之后,就可以进行完整液压系统原理图的合成了。完成这项工作要注意以下几点:

(1)尽可能省去不必要的元件,以简化系统。

(2)最终合成的液压系统应力求做到工作可靠、效率高、价格低。

(3)应尽可能采用标准化的液压元件。

三、液压元件的计算与选择

这项工作的任务是计算所有液压元件的工作压力和通过的流量,以便确定元件的规格与型号。

(一)液压泵的选择

1.确定液压泵的最高工作压力

液压泵的最高工作压力是选择液压泵型号的重要依据。对于定量泵供油的液压系统来说,其最高工作压力由油泵出口处所并联的溢流阀调定;对于变量泵供油的液压系统来说,其最高工作压力由其压力流量特性曲线确定。

液压泵的最高工作压力 p_p 可用下式表示:

$$p_\mathrm{p} \geqslant p_1 + \sum \Delta p_1 \qquad\qquad (9-10)$$

式中,p_1 为执行元件的最高工作压力(由最大负载决定),$\sum \Delta p_1$ 为液压泵出口到执行元件进口之间的总的压力损失(包括沿程压力损失和局部压力损失,当执行元件的最高工作压力出现在行程终了的保压状态时,由于油液基本不再流动,此时可不考虑压力损失)。$\sum \Delta p_1$ 的准确计算只有在管路系统及其安装形式确定后才能进行，此时只能进行大致估算。一般节流调速管路简单的系统可取 $\sum \Delta p_1 = 0.2 \sim 0.5$ MPa，有调速阀和管路较复杂的系统可取 $\sum \Delta p_1 = 0.5 \sim 1.5$ MPa。

2. 确定液压泵的最大流量

液压泵的最大流量 q_p 可依据执行元件工况图上的最大工作流量（同时工作的执行元件的最大工作流量之和）和系统中的泄漏量来确定，即

$$q_p \geqslant K \sum q_{max} \qquad (9-11)$$

式中，K 为考虑系统中有泄漏等因素的修正系数，一般 $K = 1.1 \sim 1.3$，流量小时取大值，流量大时取小值；$\sum q_{max}$ 为同时工作的执行元件工作流量之和的最大值。

当液压系统采用泵和蓄能器的供油方式时，液压泵的最大流量可按下式确定：

$$q_p \geqslant \frac{K}{T} \sum_{i=1}^{n} q_i \Delta t_i \qquad (9-12)$$

式中，T 为工作循环的周期时间；q_i 为工作循环中第 i 个阶段所需的流量；Δt_i 为第 i 个阶段持续的时间；n 为循环中的阶段数。

3. 选择液压泵的型号与规格

依据式（9-10）所计算出的 p_p 可选择液压泵的类型与型号，依据式（9-11）、式（9-12）所计算出的 q_p 可选择液压泵的规格。通常液压泵的额定压力宜比 p_p 高 $25\% \sim 60\%$，液压泵的额定流量宜比 q_p 略大一些。

4. 确定液压泵的驱动功率

确定了液压泵的型号与规格后，驱动液压泵的电动机功率可按下式计算：

$$P = p_p q_p / \eta_p \qquad (9-13)$$

式中，P 为电动机功率（W）；p_p 为液压泵的最高工作压力（Pa）；q_p 为液压泵的输出流量（m^3/s）；η_p 为液压泵的总效率（可由液压泵产品样本中查出）。

电动机的功率可由计算出的 P 值从产品样本中选取，电动机的转速一般与所选定的液压泵转速相同，电动机的安装形式一般由液压泵的安装形式确定。对于双泵供油以及限压式变量泵供油的液压系统，其驱动功率需根据快进、工进两种情况的压力、流量值分别计算，并取两者较大值作为选择电动机功率的依据。一般电动机允许短时过载 25%。

（二）液压控制阀的选择

可根据每个液压阀的最大工作压力和流经的最大流量来选择其规格，即液压阀的额定压力要大于其实际最高工作压力，液压阀的额定流量要大于其实际通过的最大流量。同时，选择压力控制阀时还要考虑其调压范围；选择流量控制阀时应同时考虑其最小稳定流量；选择换向阀时还要考虑其中位机能和操纵方式。

（三）液压辅助元件的选择

液压系统中的油箱、滤油器、蓄能器、油管、管接头、冷却器等辅助元件的选用见本书第六章。

四、液压系统的性能计算

(一) 压力损失的计算

选择了液压元件,设计了液压传动装置,绘制出了管路的安装图后,就可以对式(9-10)中的总压力损失 $\sum \Delta p_1$ 进行精确计算了(具体计算方法见第二章),并用下式重新计算液压泵的工作压力。

(1) 当执行元件为液压缸时,有

$$p_p \geqslant \frac{F}{A_1 \eta_{cm}} + \frac{A_2}{A_1} \Delta p_2 + \Delta p_1 \tag{9-14}$$

式中,F 为作用在液压缸上的外负载;A_1,A_2 分别为液压缸进、回油腔的有效工作面积;Δp_1,Δp_2 分别为进、回油路上的总压力损失;η_{cm} 为液压缸的机械效率。

可按式(9-14)计算出的 p_p 值重新选择液压泵的额定压力。

(2) 当执行元件为液压马达时,有

$$p_p \geqslant \frac{2\pi T}{V_M \eta_{Mm}} + \Delta p_2 + \Delta p_1 \tag{9-15}$$

式中,V_M 为液压马达的排量;T 为液压马达的输出转矩;Δp_1,Δp_2 分别为进、回油路上的总压力损失;η_{Mm} 为液压马达的机械效率。

(二) 系统温升的计算

液压系统工作时,既有机械损失,也有压力损失和流量损失,这些损失大都转变为热能,使系统发热,油温升高。油温升高使油液黏度降低,泄漏增大,同时也会加速油液变质。为了保证液压系统的正常工作,必须对系统的温升进行计算,使之保持在允许的范围内。

1. 系统发热量的计算

液压系统工作循环中每个工作阶段单位时间的发热量 H 可按下式计算:

$$H = P(1 - \eta) \tag{9-16}$$

式中,P 为液压泵的输入功率(kW);η 为液压系统的总效率。

若工作循环中有 n 个工作阶段,则系统单位时间内的平均发热量为

$$H = \frac{1}{T} \sum_{i=1}^{n} P_i (1 - \eta_i) t_i \tag{9-17}$$

式中,T 为工作循环周期时间(s);t_i 为第 i 个工作阶段所持续的时间(s);P_i 为第 i 个工作阶段泵的输入功率(kW);η_i 为第 i 个工作阶段液压系统的总效率。

2. 系统散热量的计算

液压系统中产生的热量由各个散热面散发至空气中,其中绝大部分热量是由油箱散发的。油箱在单位时间内的散热量 H_0 可按下式计算:

$$H_0 = hA\Delta t \tag{9-18}$$

式中,A 为油箱的散热面积(m²);Δt 为系统温升(℃)($\Delta t = t_1 - t_2$,t_1 为系统达到热平衡时的温度,t_2 为环境温度。一般机械允许油液温升为 $25 \sim 30$℃,数控机床油液温升应小于25℃,工程机械允许油液温升为 $35 \sim 40$℃);h 为散热系数(kW/(m²·℃))。当周围通风情况较差时,$h =$

$(8 \sim 10) \times 10^{-3}\,\mathrm{kW/(m^2 \cdot ℃)}$；通风情况良好时，$h = 15 \times 10^{-3}\,\mathrm{kW/(m^2 \cdot ℃)}$；用风扇冷却时，$h = 23 \times 10^{-3}\,\mathrm{kW/(m^2 \cdot ℃)}$；用循环水冷却时，$h = (110 \sim 170) \times 10^{-3}\,\mathrm{kW/(m^2 \cdot ℃)}$。

3. 系统温升计算

液压系统达到热平衡时，$H = H_0$，即

$$\Delta t = \frac{H}{hA} \tag{9-19}$$

当油箱的三个边长之比在 $1:1:1$ 到 $1:2:3$ 之间，且油位高度为油箱有效高度的 0.8 倍时，其散热面积 A 可近似计算为

$$A = 0.065\sqrt[3]{V^2} \tag{9-20}$$

式中，V 为油箱有效容积(L)。

当由式(9-19)计算出的温升超出允许温升时，必须采取进一步的散热措施。

五、绘制工作图和编制技术文件

所设计的液压系统经计算符合要求后，即可绘制工作图，并编制技术文件。

工作图包含液压系统原理图(其上还应有液压元件明细表、压力控制阀的调节值、各执行元件的工作循环图和电磁铁、压力继电器等元件的动作状态表)、液压传动装置装配图(应有相关明细表并标注安装尺寸)、管路装配图(表示出各油管的布局及长度与直径、各管接头的型号与规格、装配技术要求和相关明细表)。

技术文件一般包括液压系统的设计计算说明书、液压系统的使用与维修技术说明书、零部件目录表、标准件、通用件及外构件目录表等。

第二节　液压系统的设计计算举例

图9-4所示为某液压上料机结构示意图，图中1为工件，2为工作台。

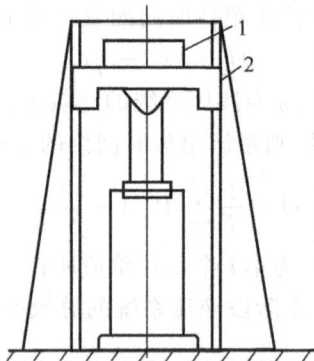

图9-4　某液压上料机结构示意图

已知：工件重力为5 000 N；工作台重量为1 000 N；工作台由液压缸驱动，其动作循环为：快速上升→慢速上升→停留→快速下降。快速上升行程为350 mm；快速上升速度大于或等于45 mm/s；慢速上升行程为100 mm；慢速上升最低速度为8 mm/s；快速下降行程为450 mm；快速下降速度大于或等于55 mm/s；工作台采用V型导轨，导轨面的夹角为90°，垂

直作用于导轨的载荷为 120 N；工作台启动加速、减速和制动时间为 0.5 s；液压缸的机械效率（考虑密封阻力后）为 0.91。

　　设计该液压上料机的液压传动系统。

　　下面就参照本章第一节所讲的设计步骤进行设计，其中设计要求及动作循环已经在已知条件中给出了，直接从工况分析入手。

一、工况分析

　　1. 负载分析与计算

　　（1）工作负载。

$$F_L = F_G = (5\ 000 + 1\ 000)\ \text{N} = 6\ 000\ \text{N}$$

　　（2）摩擦负载。

$$F_f = \frac{fF_N}{\sin \dfrac{\alpha}{2}}$$

其中，$F_N = 120$ N；$\alpha = 90°$。若取静摩擦系数为 0.2，动摩擦系数为 0.1，则静摩擦负载

$$F_{fs} = (0.2 \times 120 / \sin 45°) = 33.94\ \text{N}$$

动摩擦负载

$$F_{fd} = (0.1 \times 120 / \sin 45°) = 16.97\ \text{N}$$

　　（3）惯性负载。

加速时

$$F_{a1} = \frac{G}{g} \frac{\Delta v}{\Delta t} = \frac{6\ 000}{9.81} \times \frac{0.045}{0.5} = 55.05\ \text{N}$$

减速时

$$F_{a2} = \frac{G}{g} \frac{\Delta v}{\Delta t} = \frac{6\ 000}{9.81} \times \frac{0.045 - 0.008}{0.5} = 45.26\ \text{N}$$

制动时

$$F_{a3} = \frac{G}{g} \frac{\Delta v}{\Delta t} = \frac{6\ 000}{9.81} \times \frac{0.008}{0.5} = 9.79\ \text{N}$$

反向加速时

$$F_{a4} = \frac{G}{g} \frac{\Delta v}{\Delta t} = \frac{6\ 000}{9.81} \times \frac{0.055}{0.5} = 67.28\ \text{N}$$

反向制动时

$$F_{a5} = F_{a4} = 67.28\ \text{N}$$

　　由于液压缸垂直安装，应设置平衡回路，所以，向下运动时的负载不需要考虑工作台重力和工件重力。考虑机械效率后，液压缸各阶段的负载如表 9-2 所示。

表 9-2　液压缸各阶段的负载

工　况	计算公式	总负载 F/N	液压缸推力 F/N
启动	$F = F_{fs} + F_L$	6 033.94	6 630.70
加速	$F = F_{fd} + F_L + F_{a1}$	6 072.02	6 672.55
快上	$F = F_L + F_{fd}$	6 016.97	6 612.05
减速	$F = F_L + F_{fd} - F_{a2}$	5 971.71	6 562.32
慢上	$F = F_L + F_{fd}$	6 016.97	6 612.05

续表

工　　况	计算公式	总负载 F/N	液压缸推力 F/N
制动	$F = F_L + F_{fd} - F_{a3}$	6 007.18	6 601.30
反向加速	$F = F_{fd} + F_{a4}$	84.25	92.58
快下	$F = F_{fd}$	16.97	18.65
制动	$F = F_{fd} - F_{a5}$	－50.31	－55.29

2. 绘制负载图和速度图

根据速度要求、已计算出的负载和行程要求,可绘制出速度、负载-位移曲线,如图 9-5 所示。

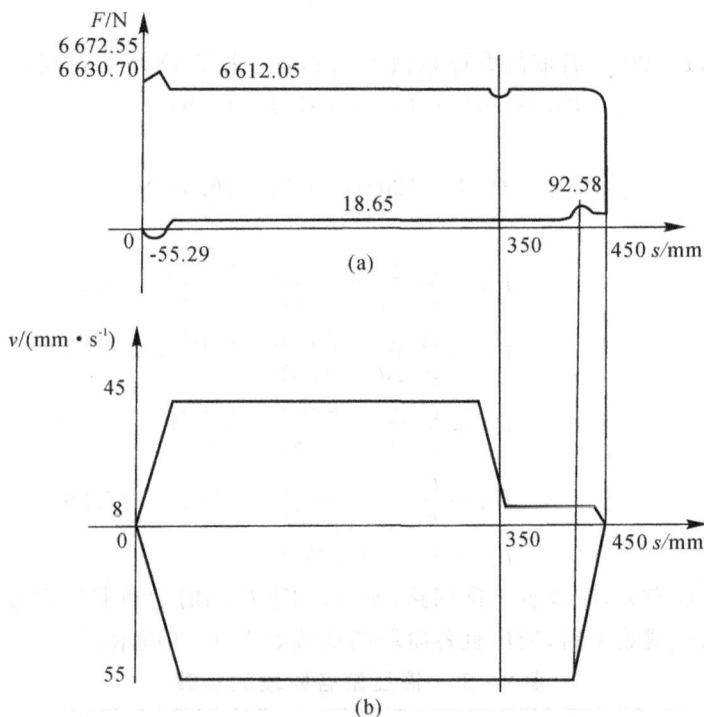

图 9-5　液压缸的速度-位移、负载-位移曲线

3. 确定液压缸的主要参数

(1)确定液压缸的工作压力。参照表 9-1,可初定其工作压力为 2.0 MPa(由于其负载不大,可按机床类取压力下限)。

(2)计算液压缸主要参数。按缸最大推力计算液压缸工作面积 A 和缸径 D。

$$A = \frac{F}{p} = \frac{6\ 672.55}{20 \times 10^5} = 33.66 \times 10^{-4}\ \text{m}^2$$

$$D = \sqrt{\frac{4A}{\pi}} = \sqrt{\frac{4 \times 33.36 \times 10^{-4}}{3.141\ 59}} = 6.52 \times 10^{-2}\ \text{m}$$

按标准取 $D = 63$ mm。

活塞杆的直径可根据油缸快上、快下的速度比确定，即

$$\frac{D^2}{D^2 - d^2} = \frac{55}{45}$$

$$d = 26.86 \text{ mm}$$

按标准取 $d = 25$ mm。

缸无杆腔有效工作面积为

$$A_1 = \frac{1}{4}\pi D^2 = \frac{1}{4} \times 3.141\,59 \times 6.3^2 = 31.17 \text{ cm}^2$$

缸有杆腔有效工作面积为

$$A_2 = \frac{1}{4}\pi(D^2 - d^2) = \frac{1}{4} \times 3.141\,59 \times (6.3^2 - 2.5^2) = 26.26 \text{ cm}^2$$

（3）计算液压缸的最大流量。

$q_{快上} = A_1 v_{快上} = 31.17 \times 10^{-4} \times 45 \times 10^{-3} = 140.27 \times 10^{-6} \text{ m}^3/\text{s} = 8.42 \text{ L/min}$

$q_{慢上} = A_1 v_{慢上} = 31.17 \times 10^{-4} \times 8 \times 10^{-3} = 24.94 \times 10^{-6} \text{ m}^3/\text{s} = 1.50 \text{ L/min}$

$q_{快下} = A_2 v_{快下} = 26.26 \times 10^{-4} \times 55 \times 10^{-3} = 144.43 \times 10^{-6} \text{ m}^3/\text{s} = 8.67 \text{ L/min}$

（4）绘制工况图。根据实际选定的液压缸尺寸，可计算出其动作循环中各个阶段的压力、流量和功率（见表 9-3），同时也可绘制出液压缸的工况图，如图 9-6 所示。

表 9-3　液压缸各阶段的压力、流量和功率

工　况	压力 p/MPa	流量 q/(L·min^{-1})	功率 P/W
快上	1.93	8.42	270.84
慢上	1.93	1.50	48.25
快下	0.006 5	8.67	0.94

二、拟定液压系统原理图

由表 9-3 可知，该系统液压缸在快上和快下时所需的流量比慢上时所需流量大得多，从提高系统效率的角度考虑，可采用变量泵或双联定量叶片泵供油，本设计采用双联定量叶片泵供油；由动作循环要求可知，液压缸慢速上升的速度要求可调，考虑到系统功率小，所以采用调速阀回油路节流调速；由于快上与慢上之间的速度换接位置要求不高，考虑到安装的方便性，本系统采用二位二通电磁换向阀和行程开关来实现速度的换接；由于液压缸是垂直安装的，为了防止在上端停留时重物下落，保持其位置，本系统在液压缸的回油路上采用了液控单向阀的锁紧回路；为了防止工作台快速下降时速度失控，本系统在液压缸回油路上采用了串联单向顺序阀的平衡回路；由于系统流量较小、压力较低，所以本系统采用了三位四通 Y 型中位机能的电磁换向阀来实现液压缸的换向（Y 型中位机能便于锁紧）。

图 9-7 所示为拟定的采用 GE 系列液压阀的液压系统原理图，图 9-8 所示为采用叠加阀的该液压系统原理图。

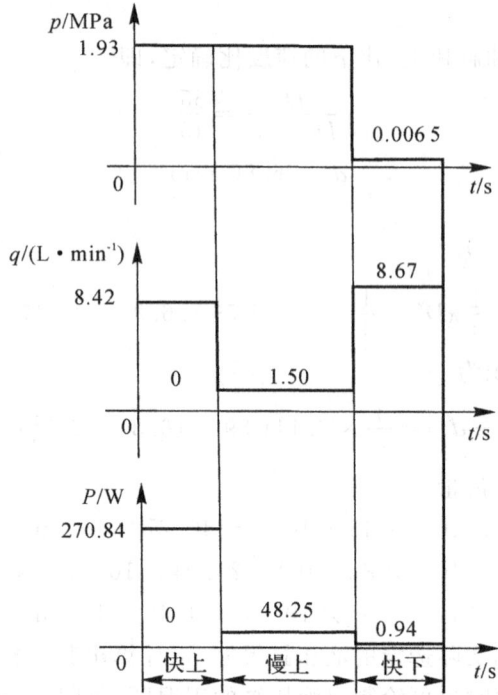

图 9 - 6　液压缸的工况图

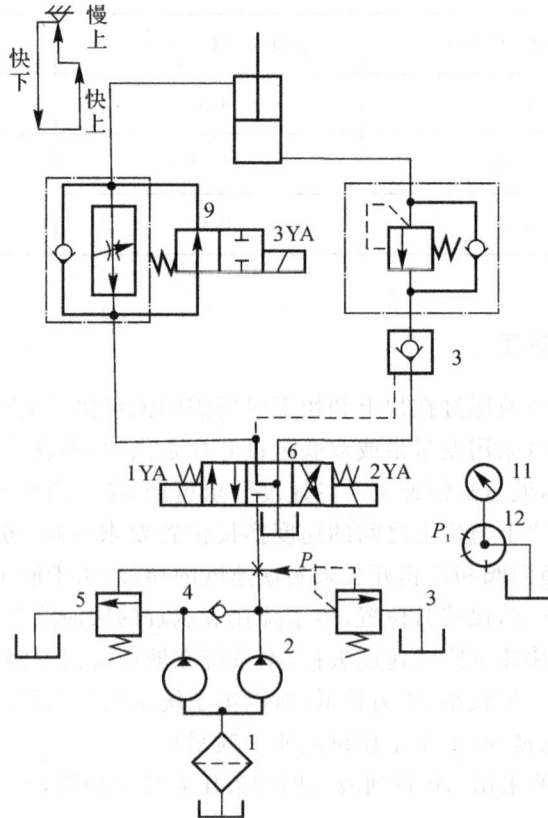

图 9 - 7　液压系统原理图

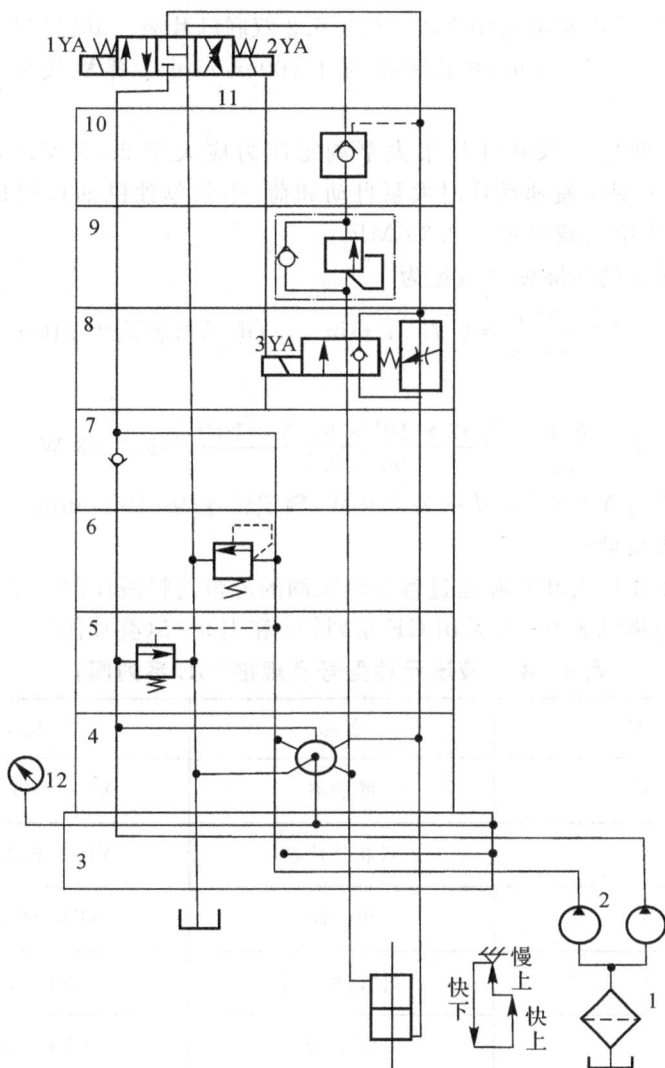

图 9-8　采用叠加阀的液压系统原理图

三、液压元件的计算与选择

1. 确定液压泵及电动机的型号

（1）确定液压泵型号。由于本系统较为简单，管路较少，所以取压力损失

$$\sum \Delta p = 0.4 \text{ MPa}$$

由表 9-3 可知，液压缸在整个动作循环中的最大工作压力为 1.93 MPa，所以液压泵的最高工作压力为

$$p_p = p + \sum \Delta p = 1.93 + 0.4 = 2.33 \text{ MPa}$$

由表 9-3 可知，液压缸的最大、最小工作流量分别为 8.67 L/min 和 1.50 L/min。由原理图可知，快速动作时两个泵同时供油，慢速动作时由小泵单独供油，考虑到系统的容积效率和

溢流阀调压的稳定性,液压泵可选用 YB$_1$—6.3/6.3 双联叶片泵。其额定压力为 6.3 MPa;大小泵额定流量均为 6.3 L/min(额定转速为 1 000 r/min),容积效率 $\eta_{PV}=0.85$,总效率 $\eta_p=0.75$。

(2) 确定电动机型号。双联叶片泵大泵调定压力应大于 2.33 MPa,小泵调定压力应大于或等于 3.0 MPa(保证慢速动作时大泵自动卸荷,小泵单独供油),但最大功率出现在快速动作时,且工作压力由负载确定为 2.33 MPa。

快速动作时液压泵的实际输出流量为

$$q_p = 2 \times 6.3 \times 0.85 \times \frac{910}{1\,000} = 9.75 \text{ L/min} \quad \text{(电动机转速为 910 r/min)}$$

电动机功率

$$P = \frac{p_p q_p}{\eta_p} = \frac{2.33 \times 10^6 \times 9.75 \times 10^{-3}}{60 \times 0.75} = 504.83 \text{ W}$$

电动机型号可选为 Y90S—6,功率为 750 W,额定转速为 910 r/min。

2.选择液压阀及辅助元件

可根据系统的工作压力和实际通过各个液压阀的流量选择液压阀。本系统所选择的所有液压元件的型号及规格见表 9-4(采用 GE 系列阀)和表 9-5(叠加阀)。

表 9-4　液压元件型号及规格(GE 系列阀)

序号	名称	型号及规格
1	滤油器	XLX—06—80
2	双联叶片泵	YB$_1$—6.3/6.3
3	单向阀	AF3—Ea10B
4	外控顺序阀	AF3—10B
5	溢流阀	YF3—10B
6	三位四通电磁换向阀	34EF3Y—E10B
7	单向顺序阀	AXF3—10B
8	液控单向阀	YAF3—Ea10B
9	二位二通电磁换向阀	22EF3—E10B
10	单向调速阀	AQF3—E10B
11	压力表	Y—100T
12	压力表开关	KF3—E3B
13	电动机	Y90S—6

表 9 - 5   液压元件型号及规格(叠加阀)

序号	名称	型号及规格
1	滤油器	XLX - 06 - 80
2	双联叶片泵	YB$_1$ - 6.3/6.3
3	底板块	EDKA - 10
4	压力表开关	4K - F10D - 1
5	外控顺序阀	XY - F10D - P/O(P$_1$) - 1
6	溢流阀	Y$_1$ - F10D - P$_1$/O - 1
7	单向阀	A - F10D - P/PP$_1$
8	电动单向调速阀	QAE - F6/10D - AU
9	单向顺序阀	XA - Fa10D - B
10	液控单向阀	AY - F10D - B(A)
11	三位四通电磁换向阀	34EY - H10BT
12	压力表	Y100T
13	电动机	Y90S - 6

一般油管内径可参照所接元件接口尺寸确定,也可按管路中允许液流流速计算,本设计主进、回油管均采用内径为 8 mm,外径为 10 mm 的冷拔无缝钢管。

油箱容积可根据液压泵流量计算,本设计取油箱容积为 70 L。

本系统选用 N32 液压油,其 20℃ 时的运动黏度 $\nu = 1.0 \times 10^{-4}$ m^2/s,密度 $\rho = 890$ kg/m^3。

四、液压系统的性能计算

(一) 压力损失计算

不管是沿程压力损失还是局部压力损失,其大小均与液流流速的平方成正比,而快上的速度较高,所以只计算快上时的压力损失(快下时的速度虽然略大于快上速度,但由于其压力较低,考虑到后面还要计算系统调定压力,所以选择计算快上时的压力损失)。

1. 沿程压力损失计算

(1) 进油管中的沿程压力损失计算。

进油管中液流流速:

$$v = q_p/A = 9.75 \times 10^{-3} \Big/ \left(\frac{\pi}{4} \times 8^2 \times 10^{-6} \times 60 \right) = 3.23 \text{ m/s}$$

雷诺数:

$$Re = vd/\nu = 3.23 \times 8 \times 10^{-3}/(1.0 \times 10^{-4}) = 258.4 < 2\,320$$

流动状态:层流。

沿程阻力系数:

$$\lambda = 75/Re = 75/258.4 = 0.29$$

进油管中的沿程压力损失:若取进、回油管的长度均为 2 m,则

$$\Delta p_{\lambda 1} = \lambda \frac{l}{d} \frac{\rho v^2}{2} = 0.29 \times \frac{2}{8 \times 10^{-3}} \times \frac{890 \times 3.23^2}{2} = 0.337 \text{ MPa}$$

(2)回油管中的沿程压力损失计算。

回油路中的流量:

$$q_2 = \frac{q_1 A_2}{A_1} = \frac{9.75 \times 26.26}{31.17} = 8.21 \text{ L/min}$$

回油管中液流流速:

$$v_2 = q_2/A = 8.21 \times 10^{-3} \Big/ \left(\frac{\pi}{4} \times 8^2 \times 10^{-6} \times 60\right) = 2.72 \text{ m/s}$$

雷诺数:

$$Re = v_2 d/\nu = 2.72 \times 8 \times 10^{-3}/(1.0 \times 10^{-4}) = 217.6 < 2\,320$$

流动状态:层流。

沿程阻力系数:

$$\lambda = 75/Re = 75/217.6 = 0.345$$

油管中的沿程压力损失:

$$\Delta p_{\lambda 2} = 0.345 \times \frac{2}{8 \times 10^{-3}} \frac{900 \times 2.72^2}{2} = 0.287 \text{ MPa}$$

2.局部压力损失计算

局部压力损失包括液流流经管接头、弯管及液压阀所产生的压力损失。本系统中所选液压阀的额定流量分别为 63 L/min(GE 系列阀)和 40 L/min(叠加阀),远大于实际通过的流量,故液压阀上产生的局部压力损失可忽略。液流流经管接头、弯管所产生的局部压力损失与管道的布局有关,一般可取为沿程压力损失的 10%,即进油管路上的局部压力损失为 0.033 7 MPa,回油管路上的局部压力损失为 0.028 7 MPa。

3.总压力损失计算

$$\sum \Delta p = \Delta p_1 + \frac{A_2}{A_1} \Delta p_2 = (0.337 + 0.033\,7) + \frac{26.26}{31.17} \times (0.287 + 0.028\,7) = 0.637 \text{ MPa}$$

(二)压力阀的调定值

为了保证快速上升时双泵同时供油,外控顺序阀的调定压力应略大于快上时的负载压力和总压力损失之和,即 $1.93 + 0.637 = 2.567$ MPa。

为了保证慢上时大泵卸荷,只有小泵供油,溢流阀的调定压力应大于外控顺序阀调定压力 $0.3 \sim 0.5$ MPa,因此取溢流阀的调定压力为 3.0 MPa。

单向顺序阀(做背压阀用)的调定压力以平衡工作台自重为原则,即

$$p_背 \geqslant \frac{1\,000}{31.17 \times 10^{-4}} = 0.32 \text{ MPa}$$

取 $p_背 = 0.4$ MPa。

（三）系统温升计算

通过计算可知,本系统慢上时的功率损失最大(等于电机输入功率减去有用功率),此时只有小泵工作,其输出流量为 $6.3 \times 0.91 \times 0.85 = 4.873$ L/min,其压力由溢流阀调定,为 3 MPa;进入油缸的有效工作流量为 1.5 L/min,有效工作压力为 1.93 MPa。所以,损失功率(即系统发热量)为

$$H = \frac{3.0 \times 10^6 \times 4.873 \times 10^{-3}}{60 \times 0.75} - \frac{1.93 \times 10^6 \times 1.50 \times 10^{-3}}{60} = 276.75 \text{ W}$$

油箱散热面积

$$A = 0.065 \sqrt[3]{V^2} = 0.065 \sqrt[3]{70^2} = 1.104 \text{ m}^2$$

取散热系数 $h = 15 \times 10^{-3}$ kW/(m² · ℃),则油液的温升为

$$\Delta t = \frac{H}{hA} = \frac{0.276\ 75}{15 \times 10^{-3} \times 1.104} = 16.71℃$$

若室温为 20℃,系统允许最高工作温度为 65℃,则平衡温度为 36.71℃ < 65℃,符合要求。

思考与习题

9-1 某单面卧式钻孔组合机床工作台由液压缸驱动,其动作循环为:工作台快进 → 工进 → 快退 → 原位停止。机床共有 16 个主轴,同时完成 14 个 ϕ13.9 mm 孔、2 个 ϕ8.5 mm 孔的钻孔加工。工件材料为铸铁,硬度 HB = 240;运动部件重量 $G = 9\ 800$ N;快进、快退速度均为 0.1 m/s;工作台采用平导轨,静摩擦系数均为 0.2,动摩擦系数为 0.1;往复运动的加速、减速时间均为 0.2 s;快进行程为 100 mm,工进行程为 50 mm。试设计该液压传动系统。

9-2 设计一台小型液压压力机液压系统。已知液压缸工作循环为:快速下行 → 慢速加压 → 保压 → 快速返回 → 停止;快速往返速度为 3 m/min;慢速加压速度为 40 ~ 250 mm/min;压制力为 200 000 N;运动部件总重力为 20 000 N。

第十章　气压传动基础

第一节　气压传动的工作原理及系统组成

气压传动系统是一种能量转换系统,是以空气压缩机为动力源,将原动机输出的机械能转变为空气的压力能,以压缩空气为工作介质,利用管路、各种控制阀及辅助元件将压力能传送到执行元件,再转换成机械能,从而完成直线运动或回转运动,并对外做功。

典型的气压传动系统一般由气压发生装置、执行元件、控制元件和辅助元件四部分组成,如图 10-1 所示。

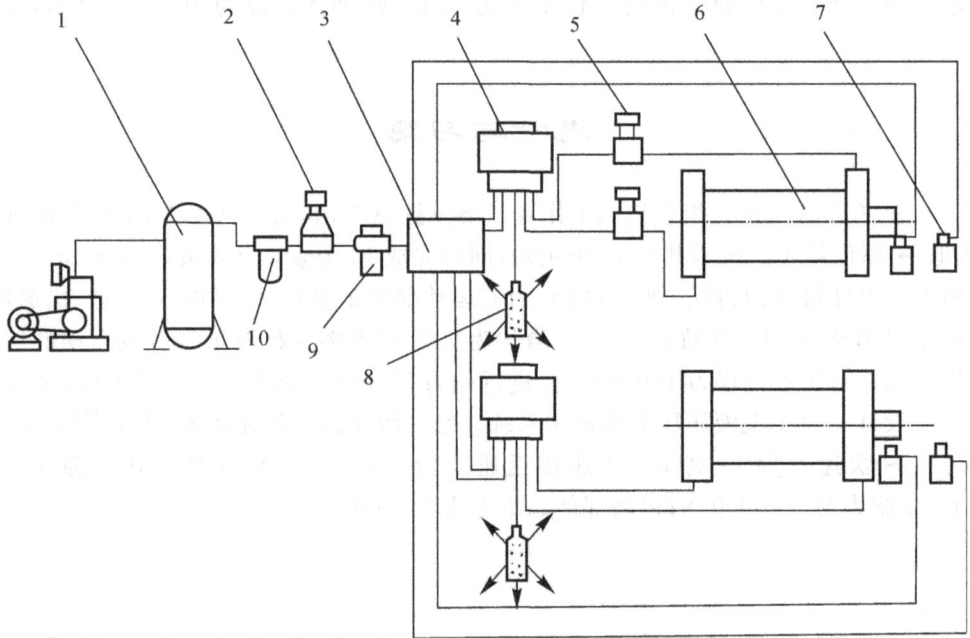

图 10-1　气压传动系统的组成示意

1—储气罐；　2—压力控制阀；　3—逻辑元件；　4—方向控制阀；　5—流量控制阀；
6—气缸；　7—行程开关；　8—消声器；　9—油雾器；　10—减压阀空气滤油器

一、气压发生装置

气压发生装置简称气源装置,是获得压缩空气的能源装置。其主体部分是空气压缩机,另外还有气源净化设备。空气压缩机将原动机供给的机械能转化为空气的压力能;而气源净化设备用以降低压缩空气的温度,除去压缩空气中的水分、油分以及污染杂质等。使用气动设备较多的厂矿常将气源装置集中在压气站(俗称空压站)内,由压气站再统一向各用气点(分厂、车间和用气设备等）分配供应压缩空气。

二、执行元件

执行元件是以压缩空气为工作介质，并将压缩空气的压力能转变为机械能的能量转换装置。例如，气缸输出直线往复运动，摆动气缸和气马达分别输出回转摆动运动和旋转运动；对于以真空压力为动力源的系统，采用真空吸盘以完成各种吸吊作业。

三、控制元件

控制元件用来调节和控制压缩空气的压力、流量和流动方向，使执行机构按预定的运动规律工作。控制元件种类繁多，除了基本的压力、流量、方向三大类阀件外，还包括各类逻辑元件、射流元件、行程阀、转换器和传感器等，以实现各种逻辑功能。

四、辅助元件

辅助元件是使压缩空气净化、润滑、消声以及元件间连接所需要的一些装置，如油雾器、分水滤气器、消声器、转换器、传感器、放大器以及各种管路附件等。

第二节　　空气的物理性质

一、空气的组成

自然界的空气是由若干种气体混合组成的，其主要成分是氮（N_2）与氧气（O_2），其他气体占的比重很小。此外，空气中常含有一定量的水蒸气。含有水蒸气的空气称为湿空气，大气中的空气基本上都是湿空气。不含有水蒸气的空气为干空气。

在基准状态（即指温度 $t=0℃$，压力 $p=1.013×10^5 Pa$）下，干空气的组成成分如表 10-1 所示。

表 10-1　干空气的组成

成分	氮气 N_2	氧气 O_2	氩 Ar	二氧化碳 CO_2	其他气体
体积分数（%）	0.780 3	0.209 3	0.009 32	0.000 3	0.000 78
质量分数（%）	0.755 0	0.231 0	0.012 8	0.000 45	0.000 75

混合气体的压力称为全压，它是各组成气体压力的总和。各组成气体压力称为分压，它表示这种气体在与混合气体同样温度下，单独占据混合气体的总容积时所具有的压力。

二、空气的密度

空气具有一定的质量，质量常用密度表示。密度是单位体积内空气的质量，用 ρ 表示，即

$$\rho = \frac{m}{V}$$

（10-1）

对于干空气,密度又可写成

$$\rho = \rho_0 \frac{273}{273 + t} \times \frac{p}{0.1013} \qquad (10-2)$$

式中,m,V 分别为气体的质量和体积;ρ_0 为基准状态下干空气的密度,$\rho_0 = 1.293 \text{ kg/m}^3$;$p$ 为绝对压力(MPa);$273 + t$ 为热力学温度(K)。

习惯上还会用到重度(非法定计量单位),重度用 γ 表示,重度与密度的关系为

$$\gamma = \rho g \qquad (10-3)$$

式中,g 为重力加速度,$g = 9.81 \text{ m/s}^2$。

三、空气的黏性

气体在流动过程中,空气质点之间相对运动产生阻力的性质叫做气体的黏性。黏性的大小用动力黏度和运动黏度来描述。

空气的黏度主要受温度变化的影响,而压力变化对其影响很小,可忽略不计。表 10-2 列出了空气在 $p = 1.013 \times 10^5 \text{ Pa}$ 时动力黏度和运动黏度随温度变化的数值。

表 10-2　$p = 1.013 \times 10^5 \text{ Pa}$ 时空气的黏度

温度 t/℃	动力黏度 μ/(Pa · s)	运动黏度 ν/(m² · s⁻¹)
0	1.710×10^{-5}	1.322×10^{-5}
10	1.760×10^{-5}	1.410×10^{-5}
20	1.809×10^{-5}	1.501×10^{-5}
30	1.852×10^{-5}	1.594×10^{-5}
40	1.904×10^{-5}	1.689×10^{-5}
50	1.951×10^{-5}	1.786×10^{-5}
60	1.998×10^{-5}	1.885×10^{-5}
70	2.044×10^{-5}	1.986×10^{-5}
80	2.089×10^{-5}	2.089×10^{-5}
90	2.133×10^{-5}	2.194×10^{-5}
100	2.176×10^{-5}	2.300×10^{-5}

四、空气的压缩性与膨胀性

气体与固体和液体比较,最大特点是分子间的距离相当长,分子运动起来很自由。在空气中,分子间的距离是分子直径的 9 倍左右,即分子直径 $d = 3.72 \times 10^{-10} \text{ m}$,而分子间距离 $e = 3.35 \times 10^{-9} \text{ m}$。运动着的分子由其运动起点至碰到其他分子的移动距离叫该分子的自由通路,其长度对每个分子是不同的。但对于任意气体来讲,在压力和温度决定以后,其分子自由通路的平均值就决定了。通常将该值称做平均自由通路。空气在基准状态下,其长度是

6.4×10^{-8} m,约等于空气分子直径的 170 倍。因为气体分子间的距离大,分子间的内聚力小,体积也就容易变化。

体积随着压力和温度的变化而发生变化的性质,分别表征为压缩性和膨胀性。空气的压缩性和膨胀性都远大于液体和固体的压缩性和膨胀性。

气体体积随压力和温度的变化规律服从气体状态方程。

五、湿空气

空气中含有水分的多少对系统的稳定性有直接影响,因此不仅各种元件对空气介质的含水量有明确规定,而且常采取一些措施防止水分被带入。

含有水蒸气的空气称为湿空气,所含水分的程度用湿度和含湿量来表示,湿度的表示方法有绝对湿度和相对湿度之分。

1.绝对湿度

每立方米的湿空气中所含水蒸气的质量称为湿空气的绝对湿度,常用 x 表示(单位为 kg/m^3),即

$$x = \frac{m_s}{V} \tag{10-4}$$

或

$$x = \rho_s = \frac{p_s}{R_s T} \tag{10-5}$$

式中,m_s 为水蒸气的质量(kg);V 为湿空气的体积(m^3);ρ_s 为水蒸气的密度(kg/m^3);p_s 为水蒸气的分压力(Pa);R_s 为水蒸气的气体常数,$R_s = 462.05$ N·m/(kg·K);T 为绝对温度(K)。

2.饱和绝对湿度

若湿空气中水蒸气的分压力达到该湿度下蒸气的饱和压力,则此时的绝对湿度为饱和绝对湿度,用 x_b(单位为 kg/m^3)表示,即

$$x_b = \frac{P_b}{R_s T} \tag{10-6}$$

式中,p_b 为饱和空气中水蒸气的分压力(Pa)。

3.相对湿度

在某一确定温度和压力下,其绝对湿度与饱和绝对湿度之比称为该温度下的相对湿度,用 φ 表示,即

$$\varphi = \frac{x}{x_b} \times 100\% = \frac{p_s}{p_b} \times 100\% \tag{10-7}$$

当空气为绝对干燥时,$p_s = 0$,则 $\varphi = 0$;

当空气达到饱和时,$p_s = p_b$,则 $\varphi = 100\%$。

一般湿空气的 φ 值在 $0 \sim 100\%$ 之间变化。通常情况下,空气的相对湿度在 $60\% \sim 70\%$ 范围内人体感觉舒适。气动技术规定各种阀允许使用的空气介质相对湿度不得大于 95%。

4.密度

湿空气的密度 ρ' 用下式计算:

$$\rho' = \rho_0 \frac{273}{273+t} \times \frac{p - 0.378\varphi p_b}{0.1013} \tag{10-8}$$

式中，p 为湿空气的全压力（MPa）；p_b 为某温度 t 时饱和空气中水蒸气的分压力（MPa）（见表 10-3）；φ 为空气的相对湿度（%）。

表 10-3　绝对压力为 0.1013 MPa 时饱和空气中水蒸气的分压力、含湿量与温度的关系

温度 $t/℃$	饱和水蒸气分压力 $p_b/(10^5 \text{ MPa})$	容积含湿量 $d_b'/(\text{g} \cdot \text{m}^{-3})$	温度 $t/℃$	饱和水蒸气分压力 $p_b/(10^5 \text{ MPa})$	容积含湿量 $d_b'/(\text{g} \cdot \text{m}^{-3})$
100	1.013	597.0	30	0.042	30.4
80	0.473	292.9	25	0.032	23.0
70	0.312	197.9	20	0.023	17.3
60	0.199	130.1	15	0.017	12.8
50	0.123	83.2	10	0.012	9.4
40	0.074	51.2	0	0.006	4.8
35	0.056	39.6	−10	0.002 6	2.2

5. 含湿量

每千克质量的干空气中所混合的水蒸气的质量称为质量含湿量，用 d（单位为 g/kg）表示，即

$$d = \frac{m_s}{m_g}$$

或

$$d = 622 \times \frac{p_s}{p_g} = 622 \times \frac{\varphi p_b}{p - \varphi p_b} \tag{10-9}$$

式中，m_s 为水蒸气的质量（g）；m_g 为干空气的质量（kg）；p_g 为干空气的分压力（Pa）；p 为湿空气的全压力（Pa），$p = p_s + p_g$。

含湿量也常用与单位体积干空气混合的水蒸气的质量来表示，称之为容积含湿量，用 d'（单位为 g/m³）表示，即

$$d' = \rho d \tag{10-10}$$

式中，ρ 为干空气的密度（kg/m³）。

由表 10-3 中可以看出，当气温下降时空气的含湿量是降低的，所以从减少空气中所含水分的角度来看，降低进入气动设备的空气温度是有利的。

例 10-1　已知湿空气的压力为 1×10^5 Pa，温度为 20℃，相对湿度是 75%，问湿空气的绝对湿度及含湿量各为多少？

解　根据表 10-3，可查得 20℃ 时湿空气的饱和容积含湿量 $d'_b = 17.3$ g/m³，饱和水蒸气的分压力 $p_b = 0.023 \times 10^5$ Pa。由式（10-7）有

$$\varphi = \frac{x}{x_b} \times 100\% = \frac{p_s}{p_b} \times 100\%$$

可求得绝对湿度

$$x = \varphi x_b \approx \varphi d_b = 75\% \times 17.3 = 12.975 \text{ g/m}^3$$

再由式(10-9)，求得含湿量

$$d = 622 \times \frac{\varphi p_b}{p - \varphi p_b} = 622 \times \frac{0.75 \times 0.023}{1 - 0.75 \times 0.023} = 10.9 \text{ g/kg}$$

六、压缩空气的析水量

在一定的温度下，湿空气中所能含有的水蒸气的量存在一个极限值，这就是饱和绝对湿度或饱和含湿量。这个极限值随温度的上升而上升。在一般情况下，湿空气的含湿量是小于饱和含湿量的，湿空气不处于饱和状态。一旦含湿量超过饱和值，水分就再也不能以蒸气状态存在于空气中，而要变成水滴凝析出来。这种情况往往发生在湿空气冷却的时候。

使湿空气中的水蒸气因冷却而开始凝析成水的温度，称为该湿空气的露点。

湿空气被压缩后，原来在较大体积内含有的水蒸气都要挤到较小的体积里来，这样单位体积里所含的水蒸气量增大。由于压力的上升必定伴随着温度的上升，因此总地来说，气体的相对湿度变化不太大。但是压缩空气一旦被冷却下来，其相对湿度将大大增加，到温度降到露点以后，水蒸气就要凝析出来。

压缩空气冷却后的析水量 $W(\text{g/min})$ 可按下式近似计算：

$$W = q_1 \left[\varphi d'_{b1} - \frac{(p_1 - \varphi p_{b1}) T_2}{(p_2 - p_{b2}) T_1} d'_{b2} \right] \tag{10-11}$$

式中，q_1 为空气压缩机从外界吸入的湿空气的体积流量(m^3/min)；φ 为空气压缩前的相对湿度(%)；T_1，T_2 为空气压缩前后的温度(K)；d'_{b1}，d'_{b2} 分别为 T_1，T_2 时饱和容积含湿量(kg/m^3)；p_{b1}，p_{b2} 分别为 T_1，T_2 时饱和空气中水蒸气的分压力(绝对)(MPa)；p_1，p_2 分别为空气压缩前后的压力(绝对)(MPa)。

第三节　　气体状态方程

气体的三个状态参数是压力 p、温度 T 和体积 V。气体状态方程是描述气体处于某一平衡状态时，这三个参数之间的关系。

一、理想气体的状态方程

所谓理想气体是指没有黏性的气体。一定质量的理想气体在状态变化的某一稳定瞬时，有如下气体状态方程：

$$pv = RT$$

或

$$pV = mRT \tag{10-12}$$

式中，p 为气体的绝对压力(Pa)；v 为气体的比容(m^3/kg)；V 为气体的体积(m^3)；T 为气体的热力学温度(K)；R 为气体常数($\text{N} \cdot \text{m}/(\text{kg} \cdot \text{K})$)，干空气的 $R = 287.1 \text{ N} \cdot \text{m}/(\text{kg} \cdot \text{K})$，水蒸气的 $R = 462.05 \text{ N} \cdot \text{m}/(\text{kg} \cdot \text{K})$。

理想气体状态方程表明了一定质量的气体在状态变化的某一稳定瞬时,压力和体积的乘积与其绝对温度之比保持不变的规律。

实际气体是有黏性的,严格地说,并不遵守理想气体法则,但在压力不超过 20 MPa、绝对温度不低于 253 K 时,用理想状态方程计算的结果与实际值只有 4% 的误差。在气压传动中,气体的工作压力一般在 2.0 MPa 以下,因此,将实际气体看成理想气体,由此引起的误差是相当小的。p,V,T 的变化决定了气体的不同状态,在能量传递过程中气体的状态是要发生变化的。在气体状态发生变化的过程中,若加上限制条件,理想气体状态方程将会出现等容、等压、等温和绝热变化过程;而不附加条件限制的状态变化过程,称为多变过程。

二、理想气体的状态变化过程

1. 等容过程(查理定律)

一定质量的气体,在体积不变的条件下,所进行的状态变化过程,称为等容过程。等容过程的状态方程为

$$\frac{p_1}{T_1} = \frac{p_2}{T_2} = 常数 \tag{10-13}$$

式(10-13)表明:当气体体积不变时,压力的变化与温度的变化成正比;压力上升,气体的温度随之上升;压力下降,气体的温度随之下降。

2. 等压过程(盖-吕萨克定律)

一定质量的气体,在压力不变的条件下,所进行的状态变化过程,称为等压过程。等压过程的状态方程为

$$\frac{V_1}{T_1} = \frac{V_2}{T_2} = 常数 \tag{10-14}$$

式(10-14)表明:当气体压力不变时,温度上升,气体的体积增大(气体膨胀);温度下降,气体的体积缩小(气体被压缩)。

3. 等温过程(波意耳定律)

一定质量的气体,在温度保持不变的条件下,所进行的状态变化过程,称为等温过程。气体状态变化很慢时,可视为等温过程,如气动系统中的气缸运动、管道送气过程等。等温过程的状态方程为

$$p_1 V_1 = p_2 V_2 = 常数 \tag{10-15}$$

式(10-15)表明:在气体温度不变的条件下,气体压力上升时,气体体积被压缩;气体压力下降时,气体体积膨胀。

4. 绝热过程

一定质量的气体,在其状态变化过程中,和外界没有热量交换的过程称为绝热过程。当气体状态变化很快时,如气动系统的快速充、排气过程,可视为绝热过程,其状态方程式为

$$p_1 V_1^k = p_2 V_2^k = 常数 \tag{10-16}$$

由式(10-13)和式(10-16)可得

$$\frac{p_2}{p_1} = \left(\frac{T_2}{T_1}\right)^{\frac{k}{k-1}} \tag{10-17}$$

式中,k 为绝热指数。对于干空气,$k=1.4$;对于饱和蒸气,$k=1.3$。

178

式(10-16)和式(10-17)表明:在绝热过程中,气体状态变化与外界无热量交换,系统靠消耗本身的内能对外做功。在气压传动中,快速动作可被认为绝热变化过程。例如,压缩机的活塞在气缸中的运动是极快的,以致缸中气体的热量来不及与外界进行热交换,这个过程就被认为是绝热过程。应该指出,在绝热过程中,气体温度的变化是很大的,例如空气压缩机压缩空气时,温度可高达250℃,而快速排气时,温度可降至 -100℃。

5. 多变过程

在实际问题中,气体的变化过程往往不能简单地归属为上述几个过程中的任一个,不加任何条件限制的过程称为多变过程,可用下式表示,即

$$p_1 V_1^n = p_2 V_2^n = 常数 \qquad (10-18)$$

式中,n 为多变指数,在一定的多变变化过程中,多变指数 n 保持不变;对于不同的多变过程,n 有不同的值。由此可见,前述四种典型的状态变化过程为多变过程的特例。

当 $n=0$ 时,$pV^0 = p = 常数$,为等压变化过程;

当 $n=1$ 时,$pV = 常数$,为等温变化过程;

当 $n=\pm\infty$ 时,$p^{1/n}V = p^0 V = V = 常数$,为等容变化过程;

当 $n=k$ 时,$pV^k = 常数$,为绝热变化过程,$k=1.4$。

例 10-2 由空气压缩机往储气罐内充入压缩空气,使罐内压力由0.1 MPa(绝对)升到0.25 MPa(绝对),气罐温度从室温20℃ 升到 t。充气结束后,气罐温度又逐渐降至室温,此时罐内压力为 p,求 p 和 t 各为多少。(提示:气源温度也为20℃。)

解 此过程是一个复杂的充气过程,可看成是简单的绝热充气过程。已知

$$p_1 = 0.1\ MPa, \quad p_2 = 0.25\ MPa, \quad T_1 = 20 + 273 = 293\ K$$

由式(10-17)得

$$T_2 = T_1 \cdot \left(\frac{p_1}{p_2}\right)^{\frac{k-1}{k}} = \left[293 \times \left(\frac{0.25}{0.1}\right)^{\frac{1.4-1}{1.4}}\right] = 380.7\ K$$

所以有

$$t = T - 273 = 380.7 - 273 = 107.7℃$$

充气结束后为等容过程,根据式(10-13)得

$$p_1 = \frac{T_1}{T_2} p_2 = \frac{293}{380.7} \times 0.25 = 0.192\ MPa$$

思考与习题

10-1 气压传动系统由哪几部分组成?说明其工作原理及结构特点。

10-2 何谓多变过程?其方程的含义是什么?

10-3 在常温 $t=20℃$ 时,将空气从0.1 MPa(绝对压力)压缩到0.7 MPa(绝对压力),求温升 Δt 为多少。

10-4 空气压缩机向容积为50 L的气罐充气,直至 $p_1 = 0.8$ MPa时停止,此时气罐内的温度 $t_1 = 40℃$。又经过若干小时,气罐内温度降至室温 $t = 10℃$。问:

(1) 此时气罐内的压力是多少?

(2) 此时罐内压缩了多少室温为10℃ 的自由空气(设大气压力近似为0.1 MPa)?

第十一章　气源装置及气动辅助元件

气源装置是气压传动系统的动力部分,它给系统提供足够清洁、干燥且具有一定压力和流量的压缩空气;气动辅助元件是元件连接和提高系统可靠性、使用寿命以及改善工作环境必不可少的组成部分。

第一节　气源装置

一、气源装置的组成

气源装置为气动系统提供满足一定质量要求的压缩空气,气压传动系统所使用的压缩空气必须经过干燥和净化处理后才能使用。因为压缩空气温度高达170℃,且含有汽化的润滑油、水蒸气和灰尘等污染物,这些污染物将对气动系统造成以下不利影响。

(1)在压缩空气中的油蒸气可能聚集在储气罐、管道、气动元件的容腔里形成易燃物,有爆炸危险。另外,润滑油被汽化后形成一种有机酸,使气动元件、管道内表面腐蚀、生锈,影响其使用寿命。

(2)压缩空气中含有的水分,在一定压力温度条件下会饱和而析出水滴,并聚集在管道内形成水膜,增加气流阻力;如遇低温($t \leqslant 0$℃)或膨胀排气降温等,水滴会结冰而阻塞通道、节流小孔,或使管道附件等胀裂;游离的水滴形成冰粒后,冲击元件内表面而使元件遭到损坏。

(3)混在空气中的灰尘等污染物沉积在系统内,与凝聚的油分、水分混合形成胶状物质,堵塞节流孔和气流通道,使气动信号不能正常传递,气动系统不能稳定工作;同时还会使配合运动部件间产生研磨磨损,降低元件的使用寿命。

(4)压缩空气温度过高,会加速气动元件中各种密封件、膜片和软管材料等的老化,且温差过大,元件材料会发生胀裂,降低系统使用寿命。

因此,由空气压缩机排出的压缩空气必须经过降温、除油、除水、除尘和干燥,使其品质达到一定要求后,才能使用。

气源装置一般由气压发生装置和气源净化装置组成。这部分设备往往布置在压缩空气站内,作为工厂或车间统一的气源。一般规定:当排气量大于或等于 $6 \sim 12$ m³/min 时,就应独立设置压缩空气站;当排气量低于 6 m³/min 时,可将压缩机或气泵直接安装在主机旁。

对于一般的压缩空气站,除空气压缩机外,还必须设置滤油器、后冷却器、油水分离器和储气罐等净化装置。一般压缩空气站的净化流程装置如图11-1所示,空气首先经过滤油器过滤去部分灰尘、杂质后进入压缩机1,压缩机输出的空气先进入后冷却器2进行冷却,当温度下降到 $40 \sim 50$℃ 时,油气与水气凝结成油滴和水滴,然后进入油水分离器3,使大部分油、水和杂质从气体中分离出来;将得到的初步净化的压缩空气送入储气罐中(一般称为一次净化系统)。对于要求不高的气压系统,即可从储气罐4直接供气。但对仪表用气和质量要求高的工业用气,则必须进行二次和多次净化处理,即将经过一次净化处理的压缩空气再送进干燥器 5 进一步除去气体中的残留水分和油。在净化系统中,干燥器 Ⅰ 和 Ⅱ 交换使用,其中闲置的一个利用加热器 8 吹入的热空气进行再生,以备接替使用。四通阀 9 用于转换两个干燥器的工作状态,滤油器 6 的作用是进一步清除压缩空气中的颗粒和油气。经过处理的气体进入储气罐 7,可供给气动设备和仪表使用。

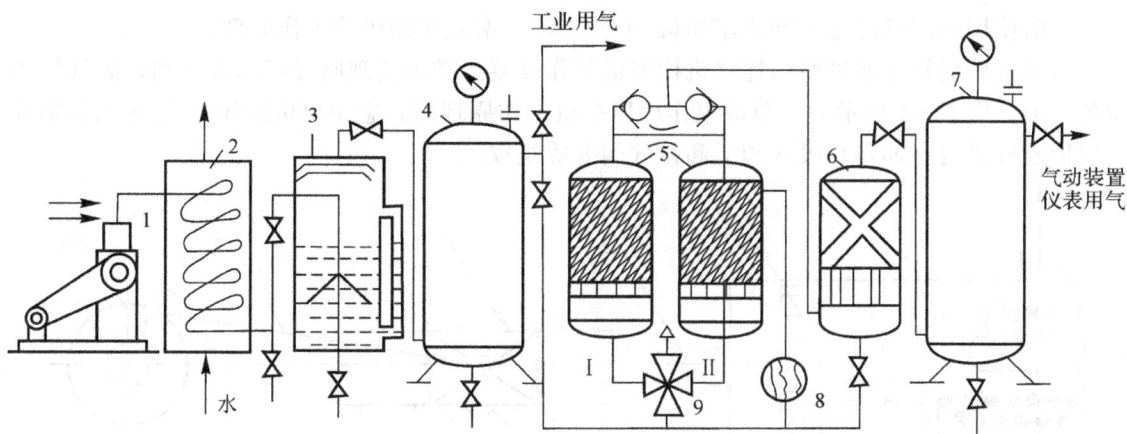

图 11-1　压缩空气站净化流程示意图

1— 压缩机；　2— 后冷却器；　3— 油水分离器；　4,7— 储气罐；

5— 干燥器；　6— 滤油器；　8— 加热器；　9— 四通阀

二、空气压缩机

空气压缩机是一种气压发生装置,它把电动机输出的机械能转换成气体的压力能输送给气动系统,是气源装置的核心。

空气压缩机的种类很多,一般有以下几种分类方法:

1. 按工作原理分类

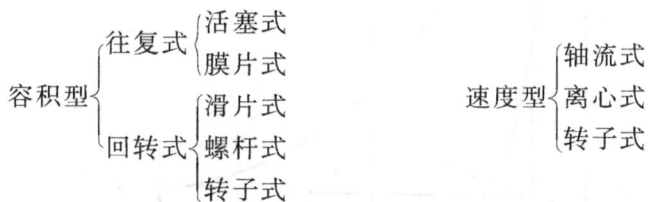

$$
容积型
\begin{cases}
往复式
\begin{cases}
活塞式 \\
膜片式
\end{cases} \\
回转式
\begin{cases}
滑片式 \\
螺杆式 \\
转子式
\end{cases}
\end{cases}
\qquad
速度型
\begin{cases}
轴流式 \\
离心式 \\
转子式
\end{cases}
$$

在容积式压缩机中,气体压力的提高是由于压缩机内部的工作容积被缩小,使单位体积内气体的分子密度增加而形成的;而在速度式压缩机中,气体压力的提高是由于气体分子在高速流动时突然受阻而停滞下来,使动能转化为压力能而达到的。

2. 按输出压力 p 分类

鼓风机：　$p \leqslant 0.2\,\text{MPa}$；

低压空压机：　$0.2\,\text{MPa} < p \leqslant 1\,\text{MPa}$；

中压空压机：　$1\,\text{MPa} < p \leqslant 10\,\text{MPa}$；

高压空压机：　$10\,\text{MPa} < p \leqslant 100\,\text{MPa}$；

超高压空压机：　$p > 100\,\text{MPa}$。

3. 按输出流量 q_z（即铭牌流量或自由流量）分类

微型空压机：$q_z \leqslant 0.017 \ \text{m}^3/\text{s}$；

小型空压机：$0.017 \ \text{m}^3/\text{s} < q_z \leqslant 0.17 \ \text{m}^3/\text{s}$；

中型空压机：$0.17 \ \text{m}^3/\text{s} < q_z \leqslant 1.7 \ \text{m}^3/\text{s}$；

大型空压机：$q_z > 1.7 \ \text{m}^3/\text{s}$。

目前使用最广泛的是活塞式压缩机，下面介绍活塞式压缩机的工作原理。

活塞式压缩机是通过曲柄连杆机构使活塞作往复运动而实现吸、压气，并达到提高气体压力的目的。图 11-2 所示为一单级单作用压缩机工作原理图。它主要由缸体 1、活塞 2、活塞杆 3、曲柄连杆机构（4,5,6）、吸气阀 7 和排气阀 8 等组成。

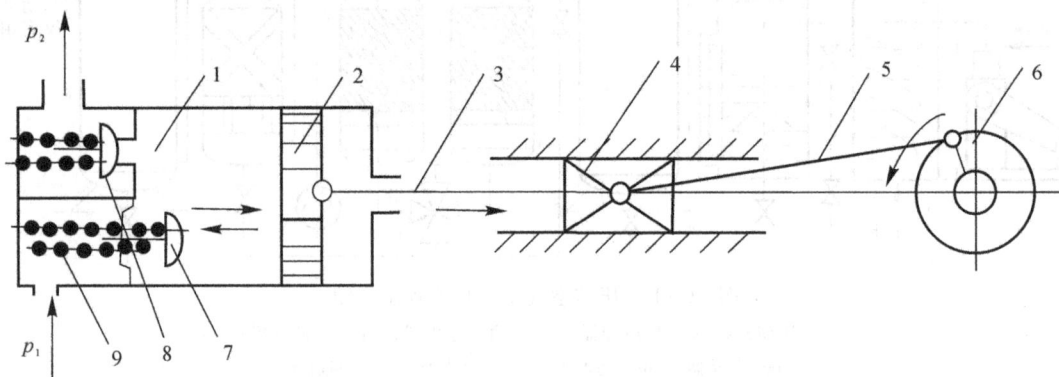

图 11-2　单级单作用活塞式压缩机工作原理图

1—气缸；　2—活塞；　3—活塞杆；　4—十字头与滑道；
5—连杆；　6—曲柄；　7—吸气阀；　8—排气阀；　9—弹簧

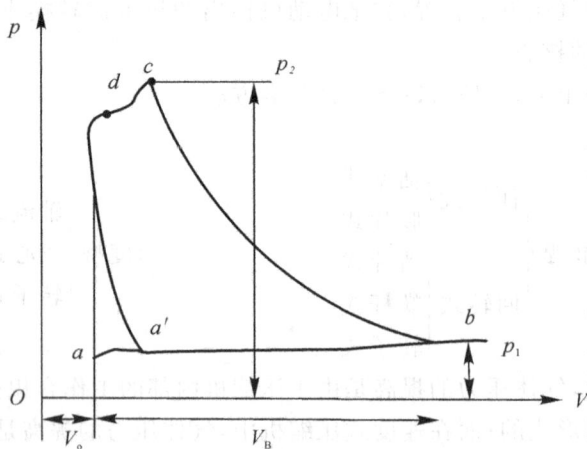

图 11-3　压缩机实际循环 $p-V$ 图

曲柄由原动机（电动机）带动旋转，从而驱动活塞在缸体内往复运动。当活塞向右运动时，气缸内容积增大而形成部分真空，外界空气在大气压力下推开吸气阀 7 而进入气缸中；当活塞反向运动时，吸气阀关闭，随着活塞的左移，缸内空气受到压缩而使压力升高，当压力增至足够高（即达到排气管路中的压力）时排气阀 8 打开，气体被排出，并经排气管输送到储气罐中。曲柄旋转一周，活塞往复行程一次，即完成一个工作循环。但压缩机的实际工作循环是由吸气、压缩、排气和膨胀四个过程所组成的,这可从如图11-3所示的压容图上看出。图中线段 ab 表示吸气过程,其高度 p_1 即为空气被吸入气缸时的起始压力;曲线 bc 表示活塞向左运动时气缸内发生的压缩过程;cd 表示气缸内压缩气体达到出口处压力 p_2,排气阀被打开时的排气过程;当活塞回到 d 时运动终止,排气过程结束,排气阀关闭。这时余隙(活塞与气缸之间余留的空隙)中还留有一些压缩空气将膨胀而达到吸气压力 p_1,曲线 da' 即表示余隙内空气的膨胀过程。所以气缸重新吸气的过程并不是从 a 点开始,而是从 a' 点开始,显然这将减少压缩机的输气量。图11-2中只表示一个缸一个活塞的空气压缩机,大多数空气压缩机是多缸和多活塞的组合。

三、气源净化装置

压缩空气的净化装置一般包括冷却器、油水分离器、储气罐、干燥器和空气滤油器。

1. 冷却器

冷却器安装在空压机输出管路上,用于降低压缩空气的温度,并使压缩空气中的大部分水汽、油汽冷凝成水滴、油滴,以便经油水分离器析出。冷却器的结构形式有蛇管式、列管式、散热片式、套管式等。冷却方式有水冷和气冷两种。

一般采用蛇管式或套管式冷却器。蛇管式冷却器的结构如图11-4所示,主要由一个蛇状空心盘管和一只盛装此盘管的圆筒组成。蛇状盘管可用铜管或钢管弯制而成,蛇管的表面积也就是该冷却器的散热面积。由空气压缩机排出的热空气由蛇管上部进入,通过管外壁与管外的冷却水进行热交换,冷却后,由蛇管下部输出。这种冷却器结构简单,使用和维修方便,因而被广泛用于流量较小的场合。

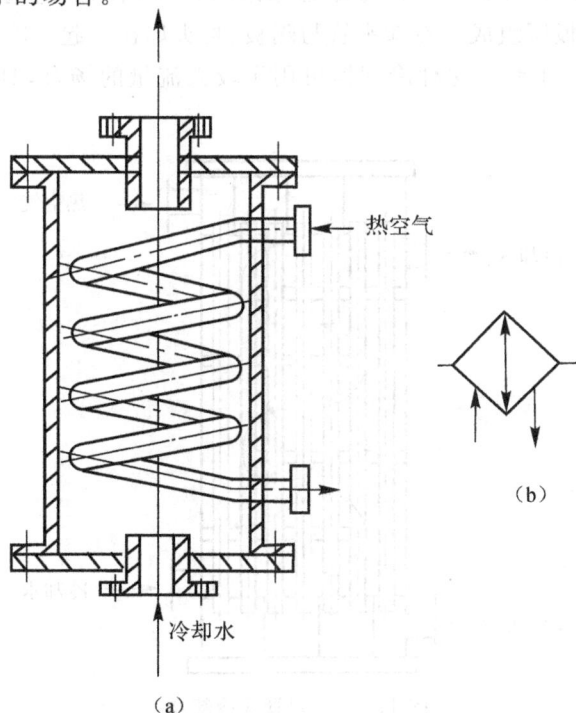

热空气

冷却水

(a)

(b)

图 11-4 蛇管式冷却器

套管式冷却器的结构如图 11-5 所示,压缩空气在外管与内管之间流动,内外管之间由支承架来支承。这种冷却器流通截面小,易达到高速流动,有利于散热冷却,管间清理比较方便,但其结构笨重,消耗金属量大。套管式冷却器主要用在流量不太大、散热面积较小的场合。

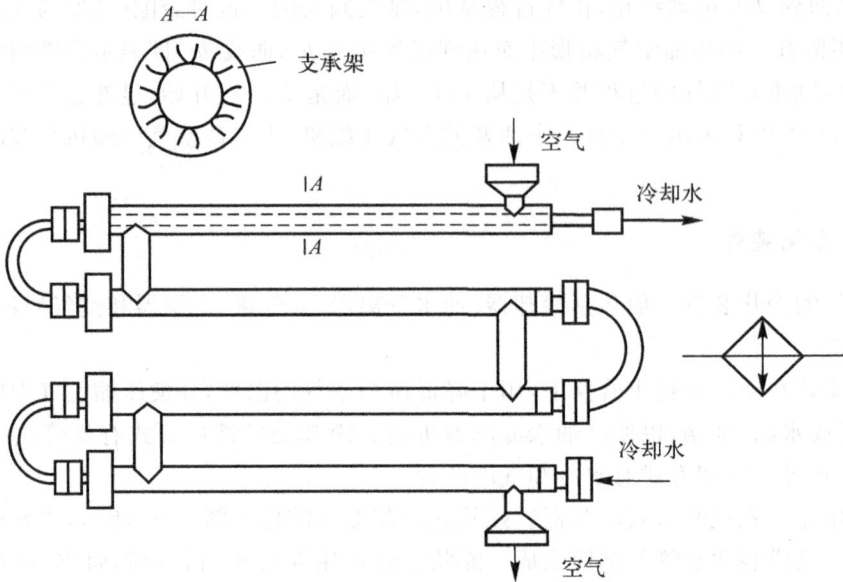

图 11-5 套管式冷却器

另外一种常用的后冷却器是列管式冷却器,如图 11-6 所示。它主要由外壳、封头、隔板、活动板、冷却水管、固定板所组成。冷却水管与隔板、封头焊在一起。冷却水在管内流动,空气在管间流动,活动板为月牙形。这种冷却器可用于较大流量的场合,具体参数可查阅有关资料,这里不再列出。

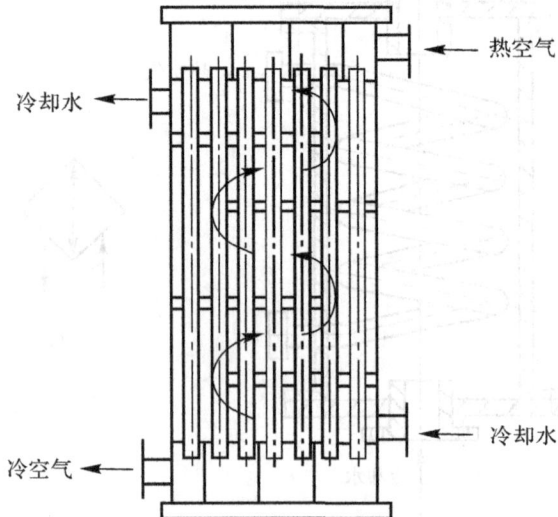

图 11-6 列管式冷却器

2. 油水分离器

油水分离器安装在冷却后的管道上,作用是分离压缩空气中所含的水分、油分等杂质,使压缩空气得到初步净化。油水分离器主要利用回转离心、撞击、水浴等方法使水滴、油滴及其他杂质颗粒从压缩空气中分离出来。油水分离器的结构形式有环形回转式、撞击折回式、离心旋转式、水浴式以及以上形式的组合使用等。

撞击折回式油水分离器的结构形式如图 11-7 所示。气流以一定的速度 v_1 经输入口进入分离器内,受挡板阻挡被撞击折向下方,然后产生环形回转并以一定速度 v_2 上升。为了达到满意的油水分离效果,气流回转后上升的速度应缓慢,一般要求低压空气时 $v_2 \leqslant 1$ m/s,中压空气时 $v_2 \leqslant 0.5$ m/s,高压空气时 $v_2 \leqslant 0.3$ m/s。因此,对一般低压气动系统,有

$$q_z = \frac{\pi}{4} d^2 v_1 = \frac{\pi}{4} D^2 v_2 \leqslant \frac{\pi}{4} D^2 \times 1$$

$$D \geqslant \sqrt{v_1} \, d$$

式中,D 为油水分离器内径(m);d 为气体输入口管道内径(m);v_1 为气体输入流速(m/s);v_2 为油水分离器中气体回转后上升的速度(m/s)。

油水分离器的高度 H 一般为其内径 D 的 $3.5 \sim 4$ 倍。

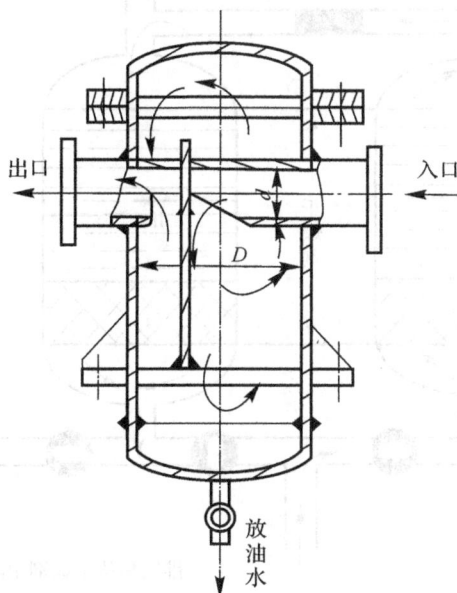

图 11-7　撞击折回并环形回转式油水分离器

3. 空气干燥器

空气干燥器是吸收和排除压缩空气中的水分和部分油分与杂质,使湿空气变成干空气的装置。由图 11-1 可知,从压缩机输出的压缩空气经过冷却器、除油器和储气罐的初步净化处理后已能满足一般气动系统的使用要求,但对一些精密机械、仪表等装置还不能满足要求。为此,需要进一步净化处理。为防止初步净化后的气体中的含湿量对精密仪器、仪表产生锈蚀,要进行干燥和再精过滤。

压缩空气的干燥方法主要有机械法、离心法、冷冻法和吸附法等。机械法和离心除水法的原理基本上与除油器的工作原理相同。目前,在工业上常用的是冷冻法和吸附法。

（1）冷冻式干燥器。它使压缩空气冷却到一定的露点温度,然后析出相应的水分,使压缩空气达到一定的干燥度。此方法适用于处理低压大流量,并对干燥度要求不高的压缩空气。压缩空气的冷却除用冷冻设备外,也可采用制冷剂直接蒸发,或用冷却液间接冷却的方法。

（2）吸附式干燥器。它主要是利用硅胶、活性氧化铝、焦炭、分子筛等物质表面能吸附水分的特性来清除水分的。由于水分和这些干燥剂之间没有化学反应,所以不需要更换干燥剂,但必须定期再生干燥。

图11-8所示为一种不加热再生式干燥器。它有两个填满干燥剂的相同容器,空气从一个容器的下部流到上部,水分被干燥剂吸收而得到干燥,一部分干燥后的空气又从另一个容器的上部流到下部,从饱和的干燥剂中把水分带走并放入大气,即实现了不需外加热源而使吸附剂再生。Ⅰ,Ⅱ两容器定期地交换工作(5～10min),使吸附剂产生吸附和再生,这样可得到连续输出的干燥压缩空气。

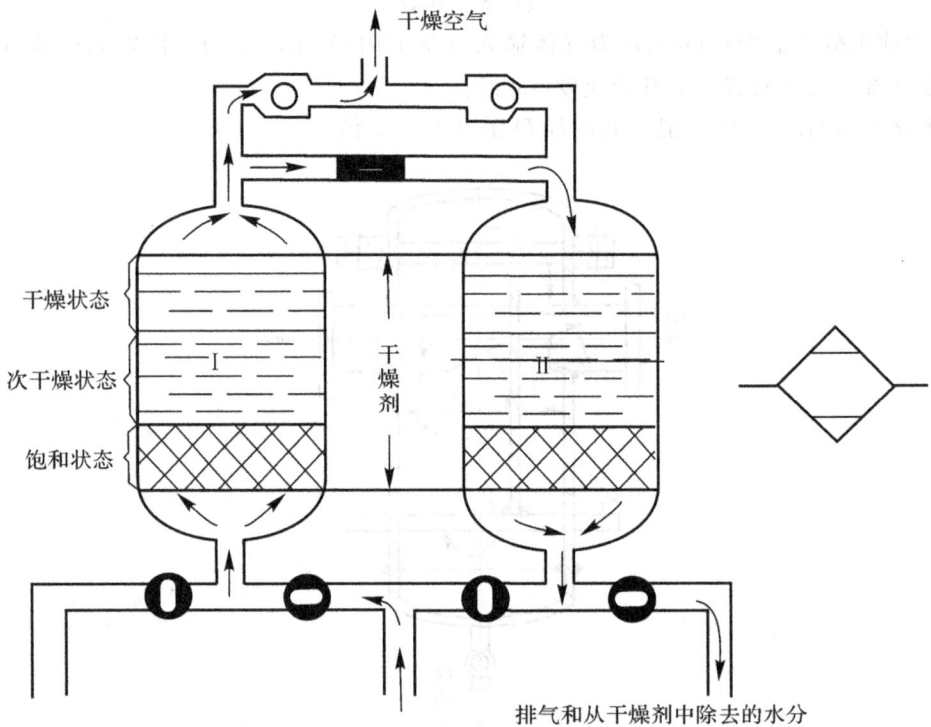

图11-8　不加热再生式干燥器

图11-9所示为吸附式干燥器中的一种。压缩空气从进气管1进入干燥器,通过上吸附剂层21、钢丝过滤网20、上栅板19和下吸附剂层16以后,其中的水分被吸收而得到干燥;然后经过钢丝过滤网15、下栅板14、毛毡13和钢丝过滤网12过滤掉灰尘和其他固态杂质后从排气管8中输出。干燥器中的吸附剂吸水达到饱和状态后失去吸附水分的能力,需用干燥的热空气或其他方法除去吸附剂中的水分,使其再生后才能使用。因此,气源装置中一般设置两套干燥器,一套工作时用,另一套再生时用(见图11-1)。硅胶一般用180～200℃的热空气再生,铝胶用200℃的热空气再生。吸附剂的再生在干燥器中直接进行:关闭进气管1和排气管8,将干燥再生热空气从管7通入,使吸附剂吸附的水分蒸发为水蒸气,从管4和6排入大气。经过

3～4 h 干燥,4～5 h 冷却,干燥器就可以再使用了。

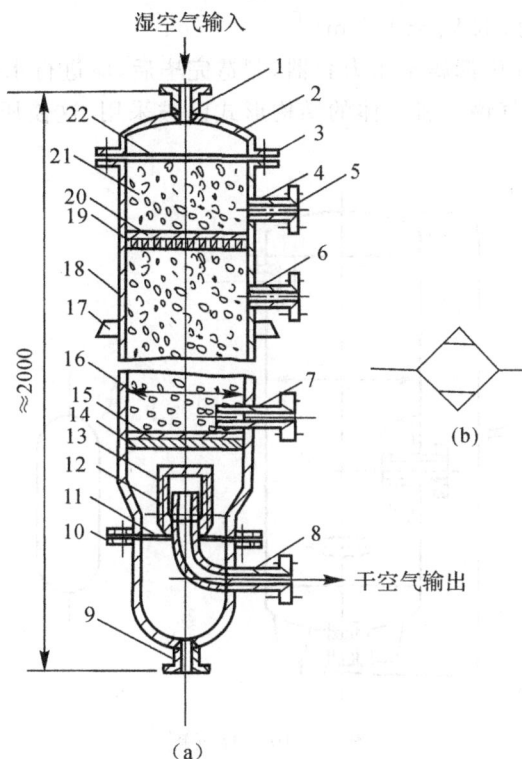

图 11-9　吸附式干燥器

1— 湿空气进气管；　2— 顶盖；　3,5,10— 法兰；　4,6— 再生空气排气管；　7— 再生空气进气管；
8— 干燥空气输出管；　9— 排水管；　11,22— 密封垫；　12,15,20— 铜丝过滤网；
13— 毛毡；　14— 下栅板；　16,21— 吸附剂层；　17— 支承板；　18— 筒体；　19— 上栅板

气源装置中冷却器、油水分离器、干燥器、滤油器及储气罐等均属压力容器,需按有关标准设计制造并作水压试验,一般试验压力 $p_s \geqslant 1.5p$(工作压力)。

4.储气罐

储气罐的作用是消除压力波动,保证输出气流的连续性；储存一定数量的压缩空气,调节用气量或以备发生故障和临时需要应急使用；进一步分离压缩空气中的水分和油分。储气罐一般采用圆筒状焊接结构,有立式和卧式两种,一般以立式居多。如图 11-10 所示,立式储气罐的高度 H 为其直径 D 的 2～3 倍,同时应使进气管在下,出气管在上,并尽可能加大两管之间的距离,以利于进一步分离空气中的油和水。同时,每个储气罐应有以下附件：

(1)安全阀。调整极限压力,通常比正常工作压力高 10%。

(2)清理、检查用的孔口。

(3)指示储气罐罐内空气压力的压力表。

(4)储气罐的底部应有排放油水的接管。

在选择储气罐的容积 V_c 时,一般都是以空气压缩机每分钟的排气量 q 为依据选择的。即：

当 $q < 6.0$ m³/min 时,取 $V_c = 1.2$ m³；

当 $q=6.0\sim30\ \mathrm{m^3/min}$ 时，取 $V_c=1.2\sim4.5\ \mathrm{m^3}$；

当 $q>30\ \mathrm{m^3/min}$ 时，取 $V_c=4.5\ \mathrm{m^3}$。

冷却器、除油器和储气罐都属于压力容器，制造完毕后，应进行水压试验。目前，在气压传动中，冷却器、除油器和储气罐三者一体的结构形式已被采用，这使压缩空气站的辅助设备大为简化。

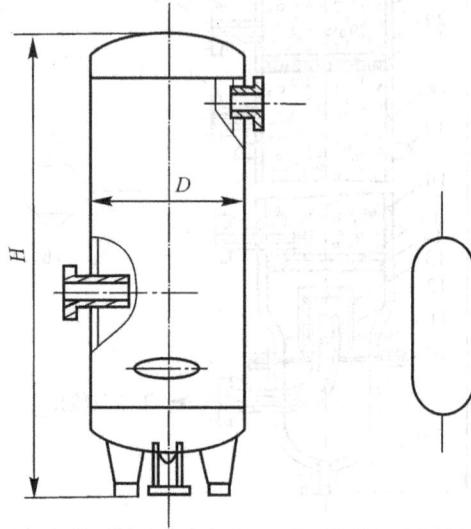

图 11-10　储气罐

5.滤油器

滤油器用以除去压缩空气中的油污、水分和灰尘等杂质，不能除去气态油和气态水，不同的使用场合对气源过滤的要求不同。

滤油器分一次滤油器、二次滤油器和高效滤油器。一次滤油器一般由壳体和滤芯组成。滤芯所采用的材料一般为纸质、毛毡、陶瓷、硅胶、焦炭等，其滤灰效率为 $50\%\sim70\%$，常置于空压站内干燥器之后。二次滤油器又称为分水滤气器，其滤灰效率为 $70\%\sim90\%$，在气动系统中应用最为广泛。高效滤油器是采用滤芯孔径很小的精密分水滤气器，常用于气动传感器和检测装置等。高效过滤器装在二次滤油器之后作为第三级过滤，其滤灰效率达到 99%。

图 11-11 所示为普通分水滤气器的结构图。其工作原理是：压缩空气从输入口进入后，被引入旋风叶子 1。旋风叶子上有许多成一定角度的缺口，迫使空气沿切线方向产生强烈旋转，这样夹杂在空气中的较大水滴、油滴和灰尘等在离心力的作用下，与存水杯 3 的内壁碰撞，并从空气中分离出来沉到杯底，而微粒灰尘和雾状水汽则由滤芯 2 滤除，洁净的气体从输出口输出。为防止气体旋转将存水杯中积存的污水卷起，在滤芯下部设有挡水板 4。此外，存水杯中的污水应通过手动排水阀 5 及时排放。存水杯由透明材料制成，便于观察其工作情况、污水高度和滤芯 2 的污染程度。在某些人工排水不方便的场合，可采用自动排水式空气滤油器。

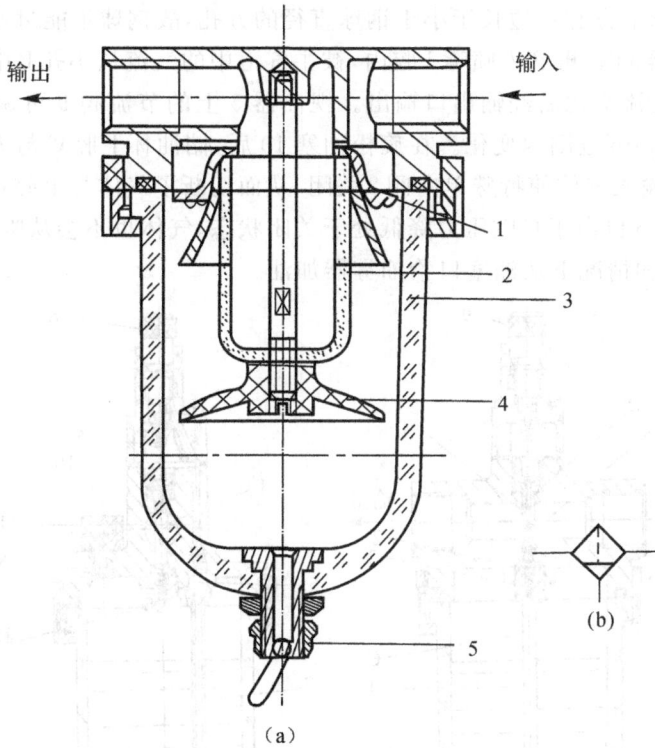

输出

输入

1
2
3
4
5

（b）

（a）

图 11-11　空气滤油器

1—旋风叶子；　2—滤芯；　3—存水杯；　4—挡水板；　5—排水阀

第二节　　气动辅助元件

在气压传动系统中，除了前面介绍的冷却、储存、过滤等气源处理元件之外，其他的气动辅助元件如油雾器、消声器、转换器等元件也是气动系统中不可缺少的组成部分。

一、油雾器

气动系统中使用的油雾器是一种特殊的注油装置。它以压缩空气为动力，将润滑油喷射成雾状并混合于压缩空气中，随气流进入到需要润滑的部件，在那里气流撞壁，使润滑油附着在部件上以达到润滑的目的。用这种方法注油，具有润滑均匀、稳定、耗油量少等特点。目前，气动控制阀、气缸和气马达主要是靠这种带有油雾的压缩空气来实现润滑的，其优点是方便、干净，润滑质量高。

油雾器分一次油雾器和二次油雾器两种。一次油雾器是润滑油在油雾器中只经过一次雾化，油雾粒径为 20～35 μm，适于一般气动元件的润滑。二次油雾器是润滑油在油雾器中进行了两次雾化，油雾粒径更均匀、更小，可达 5 μm。油雾在传输中不易附壁，可输送更远的距离，适用于气马达和气动轴承等对润滑要求特别高的场合。

图 11-12 所示为普通一次油雾器的结构图。在压缩空气从输入口进入后，绝大部分从主气道流出，一小部分通过小孔 A 进入阀座 8 腔中，此时特殊单向阀在压缩空气和弹簧作用下处在中间位置，如图 11-13 所示，所以气体又进入储油杯 4 上腔 C，使油液受压后经吸油管 7 将单

向阀 6 顶起。因钢球上方有一边长于小于钢球直径的方孔,故钢球不能封死管道,从而使油源源不断地进入视油器 5 内,再滴入喷嘴 1 腔内,被主气道中的气流从小孔 B 中引射出来,进入气流中的油滴被高速气流雾化后经输出口输出。视油器 5 上的节流阀 9 可调节滴油量,使滴油量可在 0 ～ 200 滴 /min 范围内变化。在旋松油塞 10 后,储油杯上腔 C 与大气相通,此时特殊单向阀 2 背压降低,输入气体使特殊单向阀 2 关闭,从而切断了气体与上腔 C 的通道,气体不能进入上腔 C。单向阀 6 也由于 C 腔压力降低处于关闭状态,气体也不会从吸油管进入 C 腔。因此,可以在不停气源的情况下从油塞口给油雾器加油。

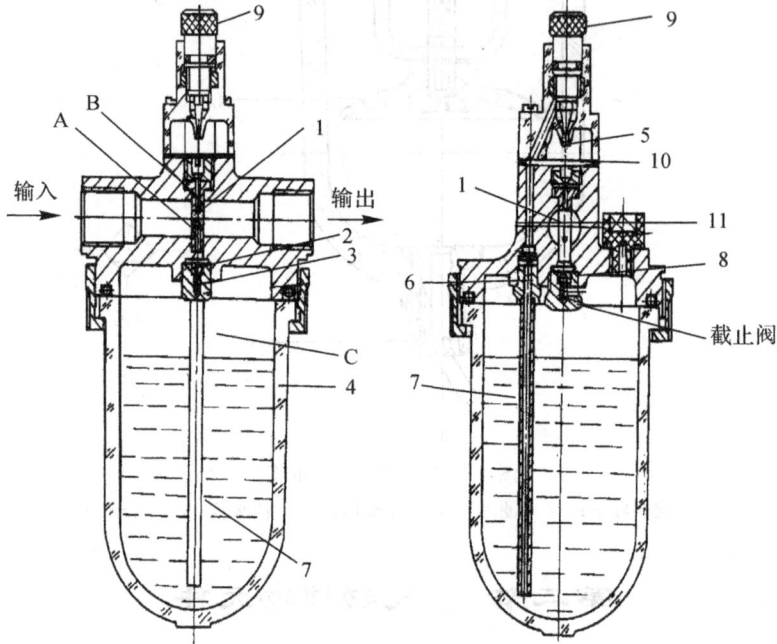

图 11-12   油雾器结构

1—喷嘴; 2—特殊单向阀; 3—弹簧; 4—储油杯; 5—视油器;
6—单向阀; 7—吸油管; 8—阀座; 9—节流阀; 10—油塞

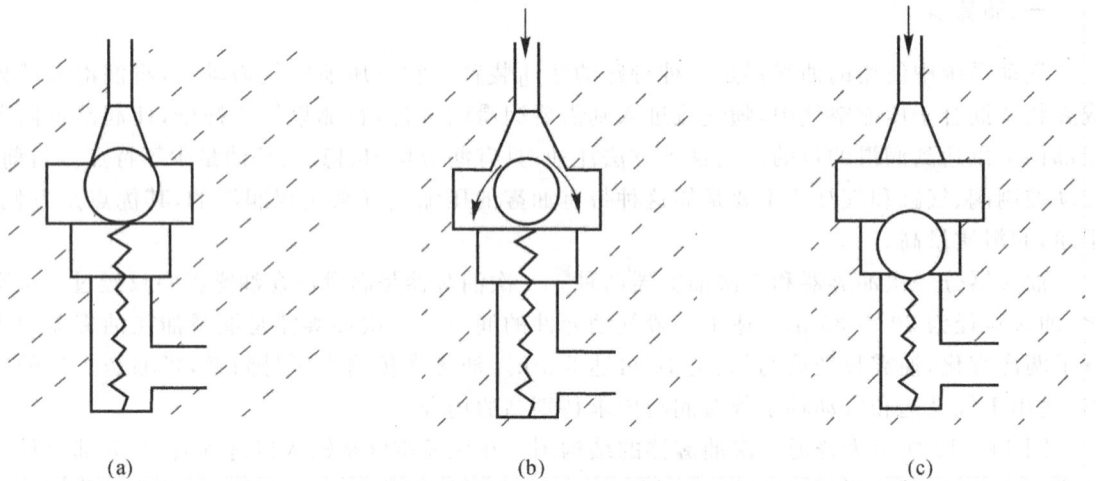

(a)   (b)   (c)

图 11-13   特殊单向阀的工作情况

(a)不工作时;   (b)工作进气时;   (c)加油时

1. 油雾器的主要性能指标

(1) 流量特性。流量特性指油雾器中通过其额定流量时,输入压力与输出压力之差,一般不超过 0.15 MPa。

(2) 起雾空气流量。当油位处于最高位置,节流阀 9 全开(见图 11 - 12),气流压力为 0.5 MPa 时,起雾时的最小空气流量规定为额定空气流量的 40%。

(3) 油雾粒径。在规定的试验压力 0.5 MPa 下,输油量为 30 滴 /min,其粒径不大于 50 μm。

(4) 加油后恢复滴油时间。加油完毕后,油雾器不能马上滴油,要经过一定的时间。在额定工作状态下,这一时间一般为 20 ~ 30 s。

2. 油雾器的应用

油雾器在安装使用中常与空气滤油器和减压阀一起构成气动三联件,尽量靠近换向阀垂直安装,进出气口不要装反。油雾器供油量一般以 10 m³ 自由空气用 1 mL 油为标准,使用中可根据实际情况调整。

二、消声器

消声器的作用是排除压缩气体高速通过气动元件排到大气时产生的刺耳噪声污染。气压传动装置的噪声一般都比较大,尤其当压缩气体直接从气缸或阀中排向大气时,较高的压差使气体体积急剧膨胀,产生涡流,引起气体的振动,发出强烈的噪声,一般可达 80 ~ 100 dB,对人体有害。为消除这种噪声,应安装消声器。消声器是指能阻止声音传播而允许气流通过的一种气动元件。

(一) 消声器的分类

气动装置中的消声器主要有阻性消声器、抗性消声器及阻抗复合消声器三大类。

1. 阻性消声器

阻性消声器主要利用吸声材料(玻璃纤维、毛毡、泡沫塑料、烧结金属、烧结陶瓷以及烧结塑料等)来降低噪声。在气体流动的管道内固定吸声材料,或按一定方式在管道中排列,这就构成了阻性消声器。当气流流入时,一部分声音能被吸声材料吸收,从而起到消声作用。这种消声器能在较宽的中高频范围内消声,特别对刺耳的高频声波消声效果更为显著。图 11 - 14 所示为其结构示意图。

2. 抗性消声器

抗性消声器又称声学滤波器,是根据声学滤波原理制造的。它具有良好的低频消声性能,但消声频带窄,对高频消声效果差。抗性消声器最简单的结构是一段管件,如将一段粗而长的塑料管接在元件的排气口,气流在管道里膨胀、扩散、反射、相互干涉而消声。

3. 阻抗复合消声器

阻抗复合消声器是综合上述两种消声器的特点而构成的,这种消声器既有阻性吸声材料,又有抗性消声器的干涉等作用,能在很宽的频率范围内起消声作用。

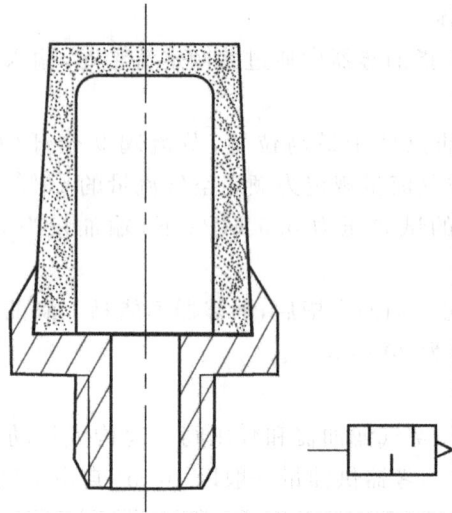

图 11-14　阻性消声器

(二) 消声器的应用

1. 压缩机吸入端消声器

对于小型压缩机,可以装入能换气的防声箱内,有明显的降低噪声作用。一般防声箱用薄钢板制成,内壁涂敷阻尼层,再贴上纤维、地毯之类的吸声材料。现在的螺杆式压缩机、滑片式压缩机外形都制成箱型,不但外观设计美观,而且也有消声作用。

2. 压缩机输出端消声器

压缩机输出的压缩空气未经处理前有大量的水分、油雾、灰尘等,若直接将消声器安装在压缩机的输出口,对消声器的工作是不利的。消声器安装位置应在气缸之前,即按照压缩机、冷却器、冷凝水分离器、消声器、气缸的次序安装。对气缸的噪声采用隔音材料遮蔽起来的办法也是经济的。

3. 阀用消声器

气动系统中,压缩空气经换向阀向气缸等执行元件供气;动作完成后,又经换向阀向大气排气。由于阀内的气路复杂而又十分狭窄,压缩空气以近声速的流速从排气口排除,空气急剧膨胀和压力变化产生高频噪声,声音十分刺耳。排气噪声与压力、流量和有效面积等因素有关,阀的排气压力为 0.5 MPa 时可达 100 dB 以上。执行元件速度越高、流量越大、噪声也越大。此时就需要用消声器来降低排气噪声。

阀用消声器一般采用螺纹连接方式,直接安装在阀的排气口上。对于采用集装式连接的控制阀,消声器安装在底板的排气口上。在自动线中也有用集中排气消声的方法,如图 11-15 所示,把每个气动装置的控制阀排气口用排气管集中引入用做消声的长圆筒中排放。长圆筒用钢管制成,内部填装玻璃纤维吸声材料。这种集中排气消声的效果很好,能保持周围环境的宁静。

图 11-16 所示为阀用消声器的结构和排气方式。通常在罩壳中设置了消声元件,并在罩壳上开有许多小孔或沟槽。罩壳材料一般为塑料、铝及黄铜等。消声元件的材料通常为纤维、多孔塑料、金属烧结物或金属网状物等。图 11-16(a) 为侧面排气,图 11-16(b) 为端面排气,

图 11－16(c) 为全面排气。

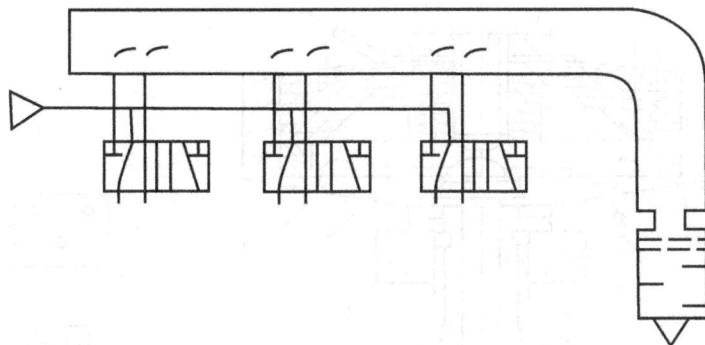

图 11－15　总排气管消声法

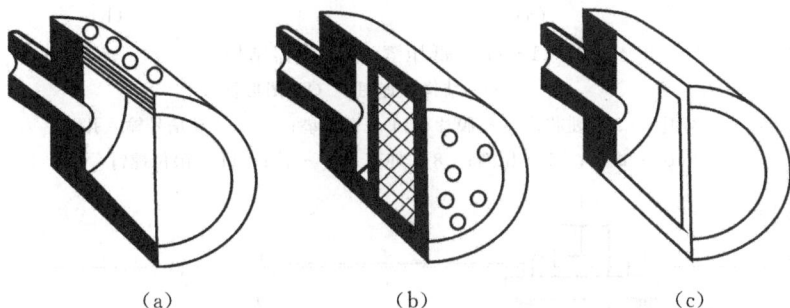

　　（a）　　　　　　　　　　（b）　　　　　　　　　　（c）

图 11－16　消声器的结构和排气方式

三、转换器

　　在气动装置中,控制部分的介质都是气体,但信号传感部分和执行部分可能采用液体和电信号,这样各部分之间就需要能量转换装置 —— 转换器。常用的转换器有气-电转换器、电-气转换器和气-液转换器等。

　　1. 气-电转换器

　　图 11－17 所示为低压气-电转换器结构,其输入气压小于 0.1 MPa。它是把气信号转换成电信号的元件。硬芯与焊片是两个常断电触点。当有一定压力的气动信号由信号输入口进入时,膜片向上弯曲,带动硬芯上移与限位螺钉接触,即与焊片导通,发出电信号。在气信号消失后,膜片带动硬芯复位,触点断开,电信号消失。调节螺钉可以调节导通气压力的大小。这种气-电转换器一般用来提供信号给指示灯,指示气信号的有无。也可以将输出的电信号经过功率放大后带动电力执行机构。

　　图 11－18(a) 所示为一种高压气-电转换器,其输入信号压力大于 1 MPa。膜片 1 受压后,推动顶杆 2 克服弹簧的弹簧力向上移动,带动爪枢 3,两个微动开关 4 发出电信号。旋转螺帽 5,可调节控制压力范围,这种气-电转换器的调压范围有 0.025 ～ 0.5 MPa,0.065 ～ 1.2 MPa 和 0.6 ～ 3 MPa。这种依靠弹簧调节控制压力范围的气-电转换器也被称为压力继电器。当气罐内压力升到一定压力时,压力继电器控制电机停止工作;当气罐内压力降到一定压力时,压力继电器又控制电机启动。其图形符号如图 11－18(b) 所示。

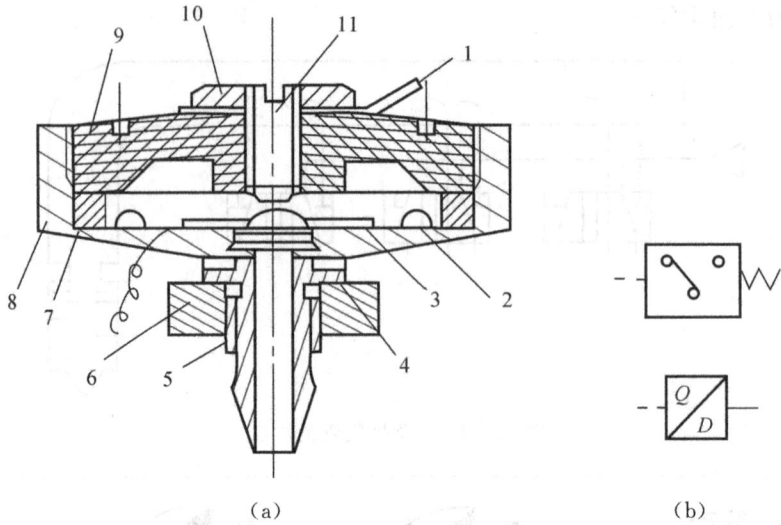

(a)   (b)

图 11 - 17   低压气-电转换器结构

(a) 结构原理图； (b) 图形符号

1—焊片； 2—硬芯； 3—膜片； 4—密封垫； 5—气动信号输入孔；

6,10—螺母； 7—压圈； 8—外壳； 9—盖； 11—限位螺钉

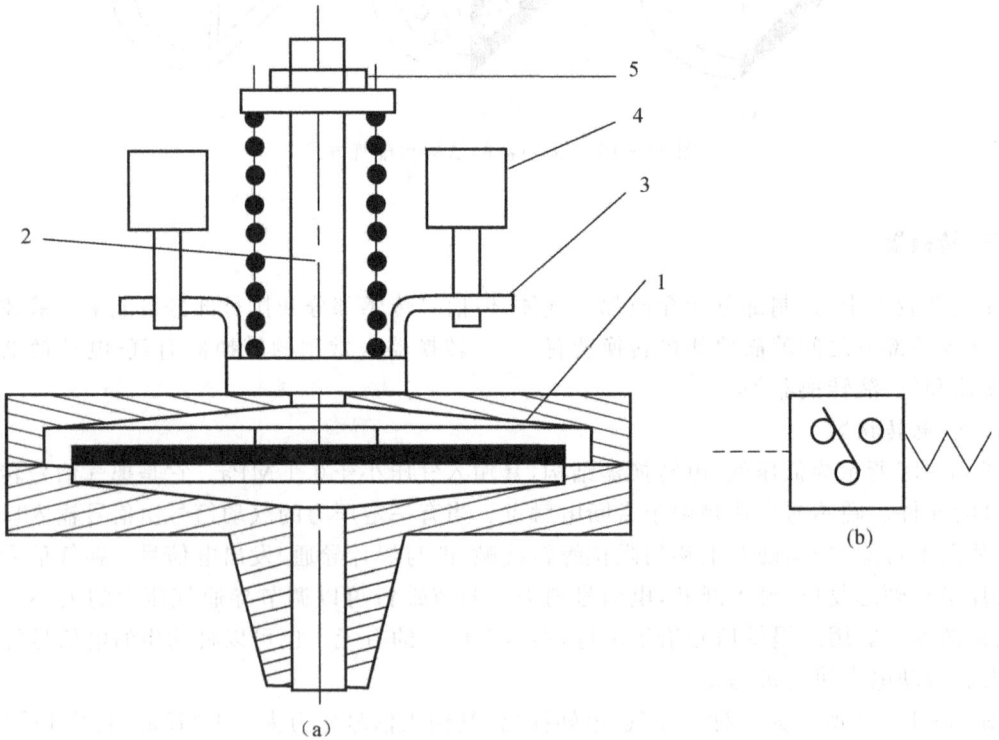

(a)

图 11 - 18   气-电转换器

2. 电-气转换器

图 11 - 19 所示是低压电-气转换器原理。其作用与气-电转换器相反，是将电信号转换为气信号的元件，其作用如同小型电磁阀。当无电信号时，在弹簧 1 的作用下橡胶挡板 4 上抬，

喷嘴打开,气源输入气体经喷嘴排空,输出口无输出。当线圈 2 通有电信号时,产生磁场吸下衔铁 3,橡胶挡板 4 挡住喷嘴,输出口有气信号输出。图 11-20 所示为一种低压电-气转换器结构。

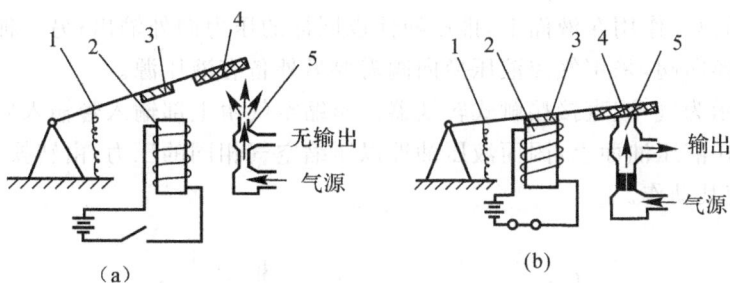

图 11-19　低压电-气转换器原理
(a) 断电状态；　(b) 通电状态
1—弹簧；　2—线圈；　3—衔铁；　4—橡胶挡板；　5—喷嘴；

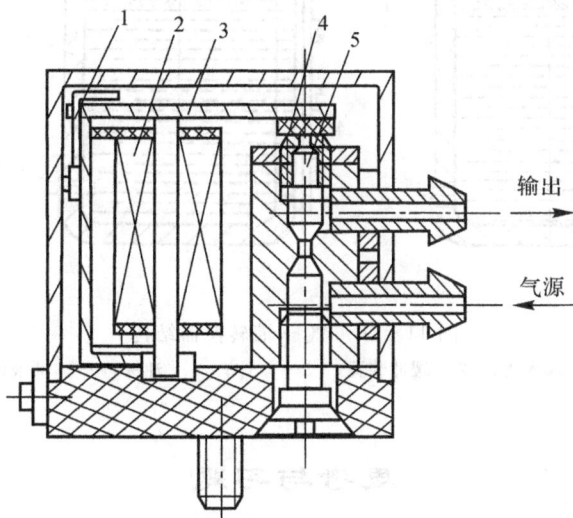

图 11-20　电-气转换器
1—弹性支承；　2—线圈；　3—衔铁；　4—挡板；　5—喷嘴

系统的工作原理:当线圈 2 不通电时,由于弹性支承 1 的作用,衔铁 3 带动挡板 4 离开喷嘴 5。这样,从气源来的气体绝大部分从喷嘴排向大气,输出端无输出;当线圈通电时,将衔铁吸下,橡皮挡板封住喷嘴,气源的有压气体便从输出端输出。电磁铁的直流电压为 6～12 V,电流为 0.1～0.14 A;气源电压为 1～10 kPa。

3.气-液转换器

气-液转换器是把气压直接转换成液压的压力装置。作为推动执行元件的有压力流体,使用气压力比液压力简便,但空气有压缩性,不能得到匀速运动和低速(50 mm/s 以下)平稳运动,中停时的精度不高。液体可压缩性小,但液压系统配管较困难,成本也高。使用气-液转换器,用气压力驱动气液联用缸动作,就避免了空气可压缩性的缺陷:启动时和负载变动时,也能得到平稳的运动速度;低速动作时,也没有爬行问题。因此,它最适合于精密稳速输送、中停、急速进给和旋转执行元件的慢速驱动等。

气动系统中常常用到气-液阻尼缸或使用液压缸作执行元件,以求获得平稳的速度。气-液转换器一般有两种类型:一种是直接作用式,即在一筒式容器内,压缩空气直接作用在液面上,或通过活塞隔膜等作用在液面上,推压液体以同样的压力向外输出;另一种是换向阀式,它是一个气控液压换向阀,采用气控液压换向阀需要另外备有液压源。

图11-21所示为气-液直接接触式转换器。压缩空气由上部输入管输入后,经过缓冲装置使压缩空气作用在液压油面上,因而液压油即以压缩空气相同的压力,由转换器下部的排油孔输出到液压缸,使其动作。

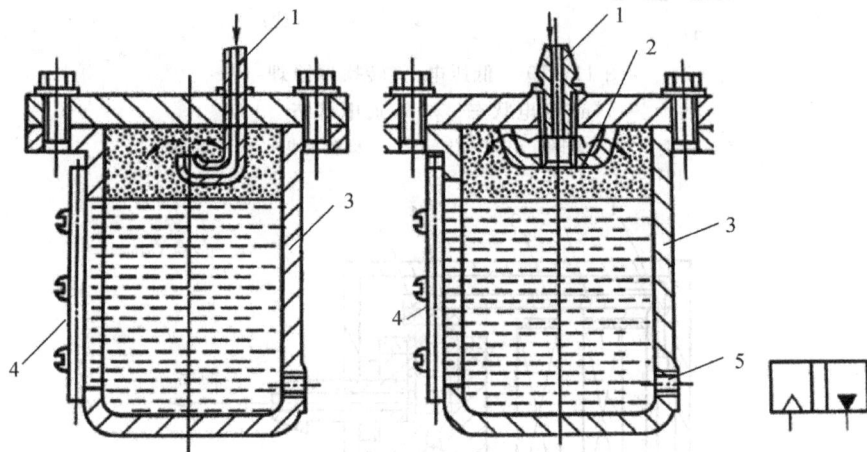

图 11-21 气 — 液转换器结构

1— 空气输入管; 2— 缓冲装置; 3— 本体; 4— 油标; 5— 油液输出口

思考与习题

11-1 简述气源装置的组成及各组成元件的作用。

11-2 简述活塞式空气压缩机的工作原理。

11-3 为何在空气压缩机出口处要安装冷却器?经过多次过滤的压缩空气为何还需要使用干燥器?

11-4 说明储气罐的作用,一般如何确定其尺寸?

11-5 气-电转换器和电-气转换器各起什么作用?

第十二章　气动执行元件

气动执行元件将压缩空气的压力能转换为机械能,驱动机构作直线往复运动、摆动或旋转运动。气动执行元件分为气缸和气马达两大类。其中,气缸又分直线往复运动的气缸和摆动气缸,用于实现直线往复运动和摆动;气马达用于实现连续回转运动。

第一节　气　　缸

一、气缸的分类

气缸是气动系统中使用最多的一种执行元件,根据使用条件不同,其结构、形状也有多种形式。一般按气缸的结构特征、功能、驱动方式或安装方法等进行分类。

气缸按结构形式分为两大类:活塞式和膜片式。其中活塞式又分为单活塞式和双活塞式,单活塞式又分为有活塞杆和无活塞杆两种。

气缸按功能可分为以下几种:

(1)普通气缸。普通气缸包括单作用式气缸和双作用式气缸,常用于无特殊要求的场合。

(2)缓冲气缸。缓冲气缸的一端或两端带有缓冲装置,以防止和减缓活塞运动到端点时对气缸缸盖的撞击。

(3)气液阻尼缸。气缸与液压缸串联,可控制气缸活塞的运动速度,并使其速度相对稳定。

(4)摆动气缸。摆动气缸用于要求气缸叶片轴在一定角度内绕轴线回转的场合,如夹具转位、阀门启闭等。

(5)冲击气缸。冲击气缸是一种以活塞杆高速运动形成冲击力的高能缸,可用于冲压、切断等。

(6)步进气缸。步进气缸是一种根据不同的控制信号,使活塞杆伸出不同位置的气缸。

二、常用气缸的结构特点及工作原理

(一)普通气缸

在各类气缸中使用最多的是活塞式单活塞杆型气缸,称为普通气缸。普通气缸又可分为单向作用气缸和双向作用气缸两种。

1.双向作用气缸

图 12-1(a)所示是单活塞杆双向作用气缸(又称普通气缸)的结构简图。它由缸筒、前后缸盖、活塞、活塞杆、紧固件和密封件等零件组成。

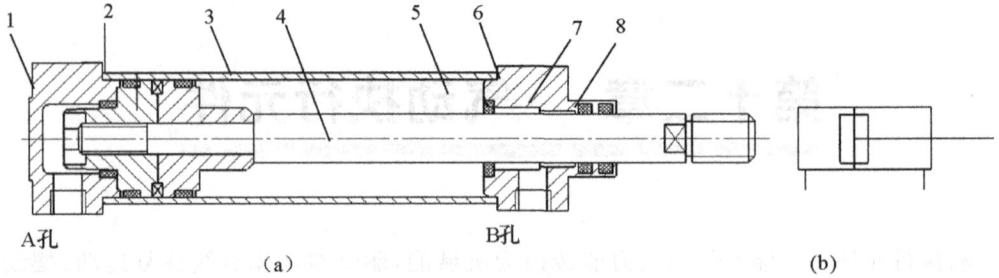

A孔 　　　　　　　　　　　　　　　　　B孔

(a)　　　　　　　　　　　　　　　　　(b)

图 12-1　双向作用气缸

1—后缸盖；　2—活塞；　3—缸筒；　4—活塞杆；　5—缓冲密封圈；　6—前缸盖；　7—导向套；　8—防尘圈

当 A 孔进气、B 孔排气时，压缩空气作用在活塞左侧面积上的作用力大于作用在活塞右侧面积上的作用力和摩擦力等反向作用力，压缩空气推动活塞向右移动，使活塞杆伸出。反之，当 B 孔进气、A 孔排气时，压缩空气推动活塞向左移动，使活塞和活塞杆缩回到初始位置。

由于该气缸缸盖上设有缓冲装置，所以它又被称为缓冲气缸。图 12-1(b) 为这种气缸的图形符号。

2. 单向作用气缸

图 12-2 所示为一种单向作用气缸的结构简图。压缩空气只从气缸一侧进入气缸，推动活塞输出驱动力，另一侧靠弹簧力推动活塞返回。部分气缸靠活塞和运动部件的自重或外力返回。

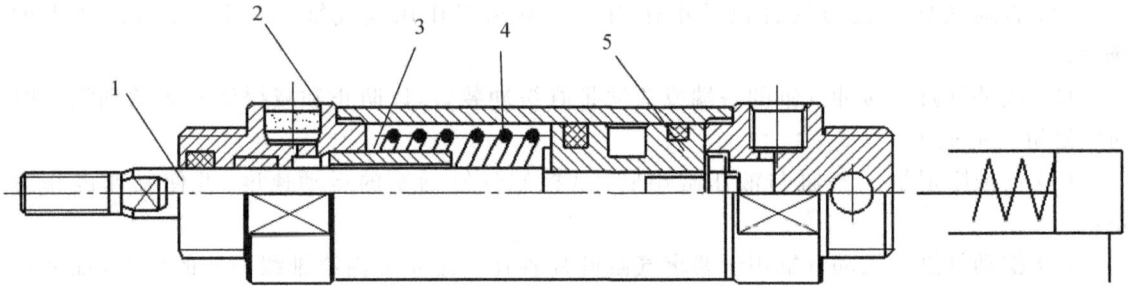

图 12-2　单向作用气缸

1—活塞杆；　2—过滤片；　3—止动套；　4—弹簧；　5—活塞

这种气缸的特点：

(1) 结构简单。由于只需向一端供气，耗气量小。

(2) 复位弹簧的反作用力随压缩行程的增大而增大，因此，活塞的输出力随活塞运动的行程增加而减小。

(3) 缸体内安装弹簧，增加了缸筒长度，缩短了活塞的有效行程。这种气缸一般多用于行程短，对输出力和运动速度要求不高的场合。

(二) 特殊气缸

1. 气液阻尼缸

气液阻尼缸是气缸和液压缸的组合缸，用气缸产生驱动力，用液压缸的阻尼调节作用获得平稳的运动。

当用于机床和切削加工时,实现进给驱动的气缸,不仅要有足够的驱动力来推动刀具进行切削加工,还要求进给速度均匀、可调,在负载变化时能保持其平稳性,以保证加工的精度。由于空气的可压缩性,普通气缸在负载变化较大时容易产生"爬行"或"自走"现象。用气液阻尼缸可克服这些缺点,满足驱动刀具进行切削加工的要求。

(1)结构和工作原理。气液阻尼缸按其结构不同,可分为串联式和并联式两种。

图12-3所示为串联式气液阻尼缸。它由一根活塞杆将气缸2的活塞和液压缸3的活塞串联在一起,两缸之间用隔板7隔开,以防止空气与液压油互窜。工作时由气缸驱动,由液压缸起阻尼作用。节流机构(由节流阀4和单向阀5组成)可调节油缸的排油量,从而调节活塞运动的速度。油杯6起储油或补油的作用。由于液压油可以看做不可压缩流体,排油量稳定,只要缸径足够大,就能保证活塞运动速度的均匀性。

气液阻尼缸的工作原理:当气缸活塞向左运动时,推动液压缸左腔排油,单向阀油路不通,只能经节流阀回油到液压缸右腔。由于排油量较小,活塞运动速度缓慢、匀速,实现了慢速进给的要求。其速度大小,可调节节流阀的流通面积来控制。反之,当活塞向右运动时,液压缸右腔排油,经单向阀流到左腔。由于单向阀流通面积大,回油快,使活塞快速退回。这种缸有慢进快退的调速特性,常用于空行程较快而工作行程较慢的场合。

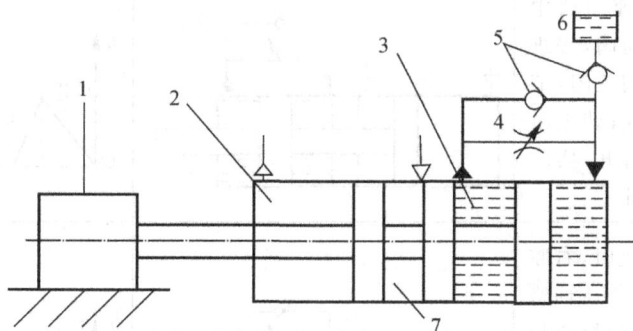

图12-3 串联式气液阻尼缸

1—负载;2—气缸;3—液压缸;4—节流阀;5—单向阀;6—油杯;7—隔板

图12-4所示为并联式气液阻尼缸。其特点是液压缸与气缸并联,用一块刚性连接板相连,液压缸活塞杆可在连接板内浮动一段行程。

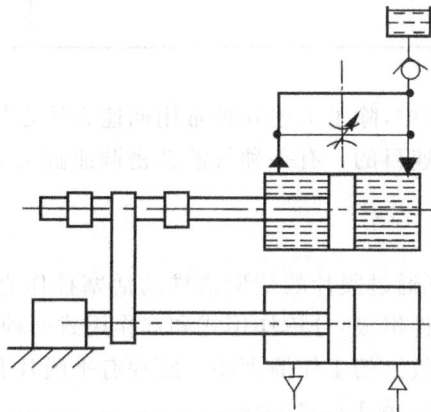

图12-4 并联式气液阻尼缸

　　并联式气液阻尼缸的优点是缸体长度短,占机床空间位置小,结构紧凑,空气与液压油不互窜。其缺点是液压缸活塞杆与气缸活塞杆安装在不同轴线上,运动时易产生附加力矩,增加导轨磨损,产生爬行现象。

　　(2)调速类型。气液阻尼缸按调速特性不同,可分为以下几种。

　　1)双向节流型,即慢进慢退型,采用节流阀调速。

　　2)单向节流型,即慢进快退型,采用单向阀和节流阀并联的方式。

　　3)快速趋进型,采用快速趋进式线路控制。

　　2 各类调速类型的作用原理、结构、特性曲线及应用见表12-1。

表 12-1　气液阻尼缸的调速类型及特性

调速类型	作用原理	结构示意图	特性曲线	应用
双向节流型	在阻尼缸的油路上以节流阀使活塞慢速往复运动			适用于空行程和工作行程都较短的场合
单向节流型	在调速回路中并联单向阀,慢进时单向阀关闭,节流阀调速;快退时单向阀打开,实现快速退回			适用于加工时空行程短而工作行程较长的场合
快速趋进型	向右进时,右腔油先从 b→a 回路流入左腔,快速趋进;活塞至 b 点后,油经节流阀,实现慢进;退回时,单向阀打开,实现快退			快速趋进节省了空行程时间,提高了劳动生产率

　　在气液阻尼缸的实际回路中,除了上述几种常用调速方法之外,也可采用行程阀和单向节流阀等,以达到实际所需的调速目的。有一种气液精密调速缸可组成六种调速类型,调速范围为 0.08～120 mm/s。

　　2. 膜片气缸

　　膜片气缸是利用压缩空气通过膜片的变形来推动活塞杆作直线运动的气缸。它由缸体、膜片、膜盘和活塞杆等主要零件组成,分单作用式和双作用式两种。

　　图12-5是单作用式膜片气缸的工作原理图。膜片有平膜片和盘形膜片两种,一般由夹织物橡胶制成,厚度为 5～6 mm 或 1～2 mm。

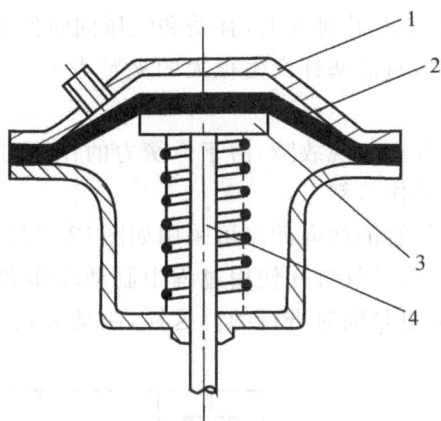

图 12-5　膜片气缸

1— 缸体；2— 膜片；3— 膜盘；4— 活塞杆

　　膜片气缸的优点是结构简单、紧凑，体积小，质量轻，密封性好，不易漏气，加工简单，成本低，无磨损件，维护修理方便等。其缺点是行程短，一般不超过 50 mm。平膜片的行程更短，约为其直径的 1/10，适用于行程短的场合。

　　在化工、冶炼等行业中常用膜片气缸控制管道阀门的开启和关闭，如热压机蒸汽进气主管道的开启和关闭。在机械加工和轻工气动设备中，常用它来推动无自锁机构的夹具，也可用来保持固有的拉力或推力。

　　3. 制动气缸

　　带有制动装置的气缸称为制动气缸，也称锁紧气缸。制动装置一般安装在普通气缸的前端，其结构有卡套锥面式、弹簧式和偏心式等多种形式。

　　图 12-6 所示为卡套锥面式制动气缸结构示意图，它是由气缸和制动装置两部分组合而成的特殊气缸。气缸部分与普通气缸结构相同，可以是无缓冲气缸。制动装置由缸体、制动活塞、制动闸瓦和弹簧等构成。

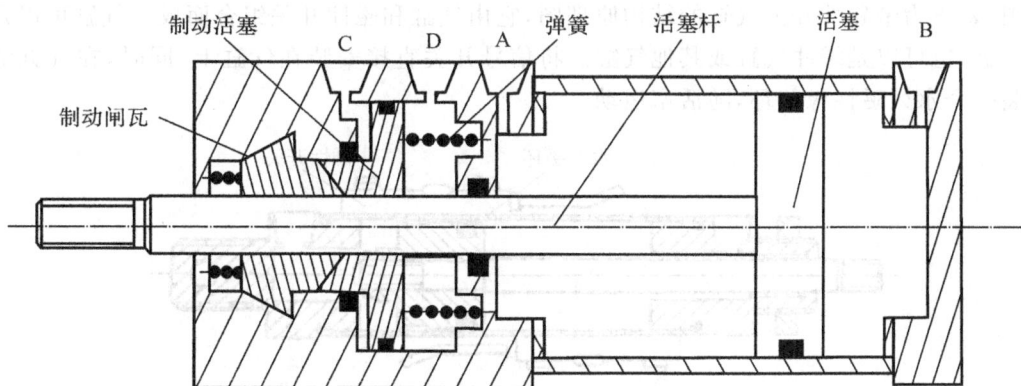

图 12-6　制动气缸

　　制动气缸在工作过程中，其制动装置有两个工作状态，即松开状态和制动夹紧状态。

　　(1) 松开状态。当 C 孔进气、D 孔排气时，制动活塞右移，则制动机构处于松开状态，气缸活塞和活塞杆即可正常自由运动。

（2）夹紧状态。当D孔进气、C孔排气时，弹簧和气压同时使制动活塞复位，并压紧制动闸瓦。此时制动闸瓦抱紧活塞杆，对活塞杆产生很大的夹紧力——制动力，使活塞杆迅速停止下来，以达到正确定位的目的。

在工作过程中，即使动力气源出现故障，由于弹簧力的作用，仍能锁定活塞杆而不使其移动。这种制动气缸夹紧力大，动作可靠。

为使制动气缸工作可靠，气缸的换向回路可采用如图12-7所示的平衡换向回路。回路中的减压阀用于调整气缸平衡。制动气缸在使用过程中制动动作和气缸的平衡是同时进行的，而制动的解除与气缸的再启动也是同时进行的。这样，制动夹紧力只要消除运动部件的惯性就可以了。

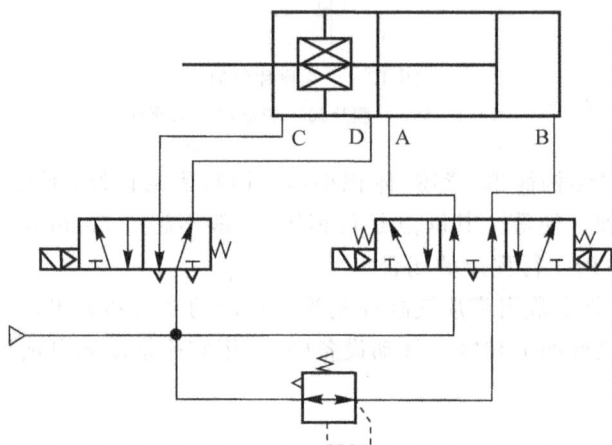

图12-7　制动气缸的平衡换向回路

在气动系统中，采用三位阀能控制气缸活塞在中间任意位置停止。但在外界负载较大且有波动，或气缸垂直安装使用，以及对其定位精度与重复精度要求高时，可选用制动气缸。

4.磁性开关气缸

图12-8为带磁性开关气缸的结构原理图，它由气缸和磁性开关组合而成。气缸可以是无缓冲气缸，也可以是缓冲气缸或其他气缸。将信号开关直接安装在气缸上，同时，在气缸活塞上安装一个永久磁性橡胶环，随活塞运动。

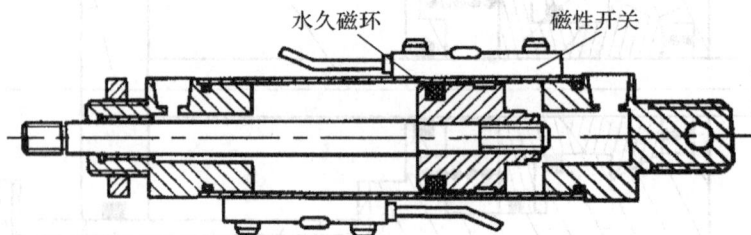

图12-8　磁性开关气缸

磁性开关气缸又名舌簧开关或磁性发信器。开关内部装有舌簧片式的开关、保护电路和动作指示灯等，均用树脂封在一个盒子内，其电路原理如图12-9所示。当装有永久磁铁的活塞运动到舌簧开关附近时，两个簧片被吸引使开关接通。当永久磁铁随活塞离开时，磁力减弱,两簧片弹开,使开关断开。

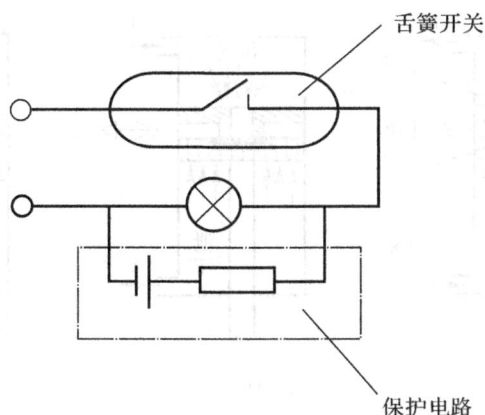

图 12-9　磁性开关电路原理图

　　磁性开关可安装在气缸拉杆(紧固件)上,且可左右移动至气缸任何一个行程位置上。若装在行程末端,即可在行程末端发信;若装在行程中间,即可在行程中途发信,比较灵活。因此,带磁性开关气缸结构紧凑,安装和使用方便,是一种有发展前途的气缸。

　　这种气缸的缺点是缸筒不能用廉价的普通钢材、铸铁等导磁性强的材料,而要用导磁性弱、隔磁性强的材料,例如黄铜、硬铝、不锈钢等。

　　注意事项:磁性开关的电压和电流不能超过其允许范围。磁性开关一般不能与电源直接接通,必须同负载(如继电器等)串联使用。磁性开关附近不能有其他强磁场,以防干扰。磁性开关装在中间位置时,气缸最大速度应在 0.3 m/s 以内,以使继电器等负载的灵敏度最大。

　　5.冲击气缸

　　冲击气缸是把压缩空气的压力能转换为活塞组件的动能,利用此动能去做功的执行元件,可以完成冲孔、下料、打印、铆接、拆件、压配、弯曲成形、破碎、高速切割、锻压、打钉、去毛刺等多种作业。

　　冲击气缸有普通型和快排型两种。它们的工作原理基本相同,差别只是快排型冲击气缸在普通缸的基础上增加了快速排气结构,以获得更大的能量。

　　图 12-10 为普通型冲击气缸的结构原理图,它由缸筒 8、中盖 5、活塞 7 和活塞杆 9 等主要零件组成。中盖与缸筒固定,它和活塞把气缸分割成三部分,即蓄能腔 3、活塞腔 2 和活塞杆腔 1。中盖的中心开有喷嘴口 4。

　　冲击气缸的整个工作过程可简单地分为三个阶段。图 12-10(a) 为复位段,活塞杆腔 1 进气时,蓄能腔 3 排气,活塞 7 上移,直至活塞上的密封垫封住中盖上的喷嘴口 4。活塞腔 2 经泄气口 6 与大气相通。最后活塞杆腔压力升至气源压力,蓄能腔压力减至大气压力。图 12-10(b) 为储能段,压缩空气进入蓄能腔,其压力只能通过喷嘴口的小面积作用在活塞上,不能克服活塞杆腔的排气压力所产生的向上推力及活塞与缸体间的摩擦力,喷嘴仍处于关闭状态,蓄能腔的压力降逐渐升高。图 12-10(c) 为冲击段,当蓄能腔的压力与活塞杆腔压力的比值大于活塞杆腔作用面积与喷嘴面积之比时,活塞下移,使喷嘴口开启,聚集在蓄能腔中的压缩空气通过喷嘴口突然作用于活塞的全面积上。此时,活塞一侧的压力可达活塞杆一侧压力的几倍乃至几十倍,使活塞上作用着很大的向下推力。活塞在此推力作用下迅速加速,在很短的时间内以极高的速度向下冲击,从而获得很大的动能。

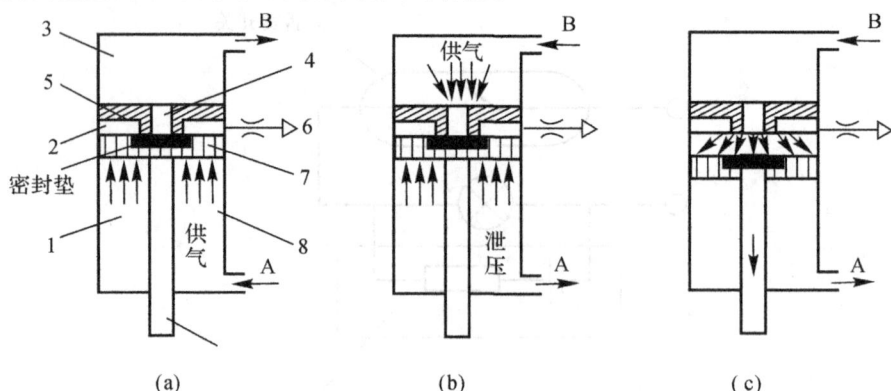

图 12-10　冲击气缸工作三阶段

1— 活塞杆腔；　2— 活塞腔；　3— 蓄能腔；　4— 喷嘴口；

5— 中盖；　6— 泄气口；　7— 活塞；　8— 缸筒；　9— 活塞杆

冲击气缸的用途广泛,可用于锻造、冲压、铆接、下料、压配、破碎等多种作业。

6. 摆动气缸

摆动气缸是一种在一定角度范围内作往复摆动的气体执行元件。它将压缩空气的压力能转换成机械能,输出转矩,使机构实现往复摆动。

图 12-11 所示为叶片式摆动气缸的结构原理图。它由叶片轴转子(即输出轴)、定子、缸体和前后端盖等部分组成。定子和缸体固定在一起,叶片和转子连在一起。

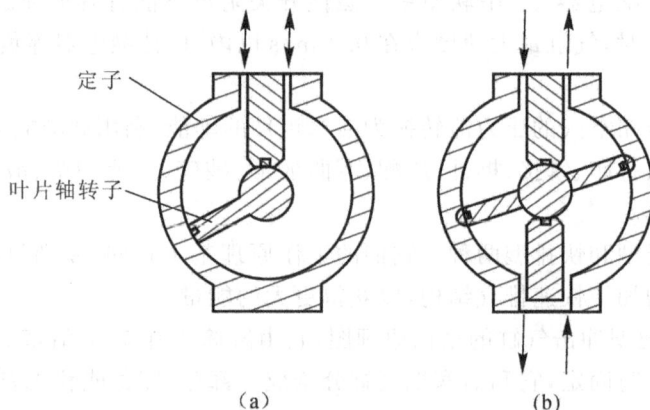

图 12-11　叶片式摆动气缸

叶片式摆动气缸可分为单叶片式和双叶片式两种。

图 12-11(a) 所示为单叶片式摆动气缸。在定子上有两条气路,当左路进气、右路排气时,压缩空气推动叶片带动转子逆时针转动;反之,作顺时针转动。单叶片输出转角较大,摆角范围小于 360°。

图 12-11(b) 所示为双叶片式摆动气缸。其输出转角较小,摆角范围小于 180°。

叶片式摆动气缸多用于安装位置受到限制或转动角度小于 360°的回转工作部件,例如夹具的回转、阀门的开启、车床转塔刀架的转位、自动线上物料的转位等场合。

气缸的使用注意事项:

（1）使用气缸,应该符合气缸的正常工作条件,以取得较好的使用效果。这些条件有工作压力范围、耐压性、环境温度范围、使用速度范围、润滑条件等。由于气缸的品种繁多,各种型号的气缸性能和使用条件各不一样,而且各个生产厂家规定的条件也各不相同,因此,要根据各生产厂的产品样本来选择和使用气缸。

（2）活塞杆只能承受轴向负载,不允许承受偏负载或径向负载。安装时要保证负载方向与气缸轴线一致。

（3）要避免气缸在行程终端发生大的碰撞,以防损坏机构或影响精度。除缓冲气缸外,一般可采用附加缓冲装置。

（4）除无给润滑油气缸外,都应对气缸进行给油润滑。一般在气源入口处安装油雾器;湿度大的地区还应装除水装置,在油雾器前安装分水滤气器。在环境温度很低的冰冻地区,对介质(空气)的除湿要求更高。

三、气缸的工作特性

气缸的工作特性是指气缸的输出力、气缸内压力的变化以及气缸的运动速度等静态和动态特性。

1. 气缸的输出力

单作用式气缸(见图 12-12(a))的输出推力为

$$F = A_1 p_1 - (f + ma + L_0 K_s) \qquad (12-1)$$

式中, A_1 为活塞的工作面积; p_1 为作用于活塞上的压力; f 为摩擦阻力(包括活塞与气缸以及活塞杆和气缸密封圈等); m 为运动构件质量; a 为运动构件加速度; L_0 为活塞位移 L 和弹簧预压缩量的总和; K_s 为弹簧刚度。

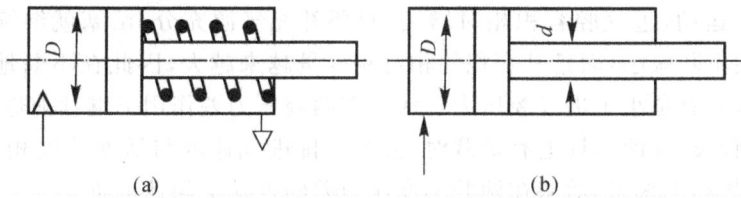

(a) 　　　　　　　　　　　　(b)

图 12-12　气缸工作原理简图

双作用式气缸(见图 12-12(b))输出的推力为

$$F = p_1 A_1 - p_2 A_2 - (f + ma) \qquad (12-2)$$

式中, p_1 , p_2 为输入侧和排气侧的气压; A_1 , A_2 为输入侧和排气侧的面积;其余符号意义同上。

一般在计算过程中,用下式求双作用缸活塞上输出的推力:

$$F = (p_1 A_1 - p_2 A_2) \eta \qquad (12-3)$$

式中, η 为气缸的效率,一般取 $\eta = 0.8 \sim 0.9$ 。

2. 气缸的压力特性

气缸的压力特性是指气缸内压力变化的情形。

气缸通常被活塞分为进气腔和排气腔,当向进气腔输入压缩空气时,排气腔处于排气状态。当两腔的压力差所形成的力刚好克服各种阻力负载时,活塞就开始运动。当无负载时,这个开始运动所需要的压力仅需 0.02 ~ 0.05 MPa。在气缸运动过程中,进气腔压力逐步升高至气源压力,排气腔压力则逐渐降低。进、排气腔中的气体压力是随时间变化的,其变化曲线通常称为气缸的压力特性曲线,如图 12-13 所示。

由于气缸的压力特性曲线变化过程比较复杂,现只能作定性说明。在换向阀切换以前,进气腔中的气体压力为大气压。在方向阀切换后,进气腔与气源接通,因进气腔容积小,气体将很快充满并升至气源压力。排气腔则不同,启动前其腔中压力为气源压力,因为排气腔的容积大,腔中气体压力的下降速度要比进气腔中压力上升的速度缓慢得多。在两腔的压力差超过启动压差后,就开始启动。也就是说,从方向阀换向到气缸启动,是需要一定时间的。

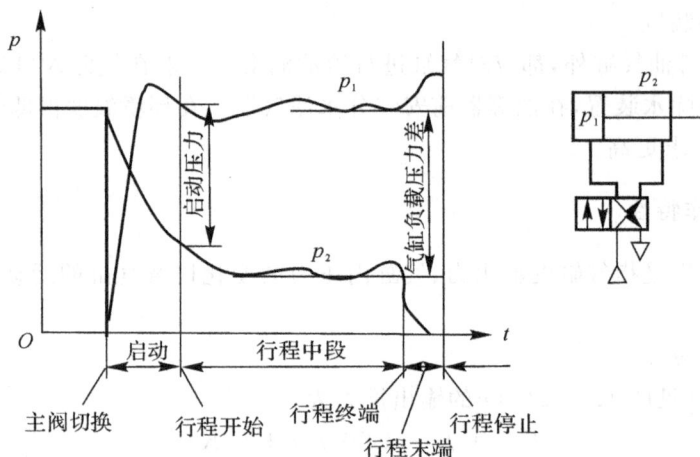

图 12-13 气缸的压力特性曲线

启动以后,活塞所受的摩擦阻力从静摩擦力转变为动摩擦力而变小,使活塞加速运动。一方面,由于活塞的运动,进气腔容积相对增大,只要补充气源充分,活塞就继续运动。另一方面,排气腔容积在不断减小,而且其容积的相对减少量越来越大,因此在不断地排气过程中腔中压力继续下降,并总是小于进气腔压力。活塞在两腔压力差作用下继续前进。

当气缸行程较长,且活塞杆上有负载时,会产生排进气速度与活塞速度相平衡的情况,这时压力特性曲线将趋于水平,活塞在两腔不变压力差的推动下匀速前进。

当气缸行到末端时,排气腔压力急剧下降,直至大气压;进气腔压力再次急剧上升,直至气源压力。这种较大的压力差,很容易形成气缸的冲击,因而在气缸的设计中要考虑设置缓冲装置。

3. 气缸的速度

由于活塞两侧压力 p_1, p_2 的变化比较复杂,因而推动活塞的力的变化也比较复杂,再加上气体的可压缩性,要使气缸保持准确的运动速度是比较困难的。通常,气缸的平均运动速度可按进气量的大小求出,即

$$v = \frac{q}{A} \tag{12-4}$$

式中,q 为压缩空气的体积流量;A 为活塞的有效面积。

气缸在一般工作条件下,其平均速度约为 0.5 m/s。

4. 气缸的耗气量

气缸的耗气量与气缸的活塞直径 D、活塞杆直径 d、活塞的行程 L 以及单位时间往复次数

N 有关。以图 12-12(b)所示的单输出杆双作用式气缸为例,活塞杆伸出和退回行程的耗气量分别为

$$V_1 = \frac{\pi}{4}D^2 L \tag{12-5}$$

$$V_2 = \frac{\pi(D^2 - d^2)}{4}L \tag{12-6}$$

所以,活塞往复一次所耗压缩空气量为

$$V = V_1 + V_2 = \frac{\pi}{4}L(2D^2 - d^2) \tag{12-7}$$

若活塞每分钟往返 N 次,则每分钟活塞运动的耗气量为

$$V' = VN \tag{12-8}$$

由式(12-8)计算的是理论耗气量,实际耗气量要比此值大,这是由于泄漏等因素造成的。因此,实际耗气量应为

$$V_s = (1.2 \sim 1.5)V' \tag{12-9}$$

式(12-8)和式(12-9)计算的是压缩空气的消耗量,这是选择气源的供气量的重要依据。未经压缩的自由空气的消耗量要比该值大些。当实际消耗的压缩空气量为 V_s 时,其自由空气的消耗量 V_{sz} 为

$$V_{sz} = V_s \frac{p + 0.101\ 3}{0.101\ 3} \tag{12-10}$$

式中,p 为气体的工作压力(MPa)。

四、气缸的设计计算

气动系统中应用最广的是普通双作用单活塞杆式气缸。其设计计算方法与液压缸基本相同,一般是在已知气缸负载大小和气缸行程的条件下进行设计计算的。计算过程简述如下:

1. 气缸直径 D

气缸的直径也就是气缸的内径,可根据外负载 F 的大小来确定。当气源供气压力为 p 时,气缸的内径为

$$D \geqslant \sqrt{\frac{4F}{\pi p}} \tag{12-11}$$

所求得的 D 值,一般要提高 20% 再圆整到系列标准值。气缸的内径系列见表 12-2。

表 12-2　标准气缸的缸径和活塞杆直径系列

气缸内径 D/mm	32	40	50	63	80	(90)	100	(110)	125	(140)
活塞杆直径 d/mm	12	14	16	18	20	22	25	28	32	36
气缸内径 D/mm	160	(180)	200	(220)	250	320	400	500	630	
活塞杆直径 d/mm	40	45	50	56	63	70	80	90	100	

2.活塞杆直径 d

一般取 $d/D=0.2\sim0.3$，必要时也可取 $d/D=0.16\sim0.4$。当活塞杆受压，且其行程 $L\geqslant10d$ 时，还需校核其稳定性，算出 d 后按表 12-2 标准系列圆整。

3.活塞行程 L

活塞的行程 L 一般根据实际需要来确定，通常 L 值取 $(0.5\sim5)D$。

4.气缸进、排气口直径 d_0

气缸进、排气口直径 d_0 的大小直接决定了气缸进气速度，亦即决定了活塞的运行速度，设计中应予以充分的重视。直径 d_0 的确定可根据空气流经排气口的速度 $[v]$ 来计算，一般取 $[v]=10\sim25$ m/s，因而

$$d_0=\sqrt{\frac{4q}{\pi[v]}} \tag{12-12}$$

式中，q 为工作压力下输入气缸的空气流量。

一般情况下，进、排气口直径 d_0 的大小可根据气缸内径 D 的大小来选取，如表 12-3 所示。

表 12-3 气缸进、排气口直径

气缸内径 D/mm	进、排气口直径 d_0/mm
40	8
50,63	10
80,100,125	15
140,160,180	20

5.气缸筒壁厚 δ 的计算

一般气缸筒壁厚 δ 与缸径 D 之比小于 $1/10(\delta/D\leqslant1/10)$，可按薄壁圆筒公式计算：

$$\delta=\frac{Dp_s}{2[\sigma]}\quad(\text{m}) \tag{12-13}$$

$$[\sigma]=\sigma_b/n\quad(\text{Pa}) \tag{12-14}$$

式中，D 为缸筒内径（m）；p_s 为试验压力（Pa），取 p_s 为工作压力 p 的 1.5 倍；$[\sigma]$ 为缸筒材料的许用应力（Pa）；σ_b 为缸筒材料的抗拉强度（Pa）；n 为安全系数，一般取 $n=6\sim8$。

表 12-4 列出几种常用材料的缸筒壁厚的参考值。

表 12-4 缸筒壁厚　　　　　　　　单位：mm

材料	缸筒内径							
	50	80	100	125	160	200	230	320
	壁厚							
铸铁 HT100	7	8	10	10	12	14	16	16
钢 A3 及 45 号、20 号无缝钢管	4	5	6	6	7	7	9	10
铝合金 ZL	8～12		12～14			14～17		

6.缓冲计算

为防止气缸在行程末端时,活塞以很大的速度(一般为 1 m/s 左右)撞击端盖,引起气缸振动和损坏,常采用带有缓冲装置的缓冲气缸。

缓冲气缸的缓冲装置结构如图 12-14 所示,通常由缓冲柱塞 1、柱塞孔 2、节流阀 3 和单向阀 4 构成。当活塞运动到缓冲柱塞刚进入缓冲柱塞孔时,主排气道即被堵死,活塞进入到缓冲行程,这时活塞至端盖的距离称为缓冲长度 x。在缓冲行程中,环形空间空气被活塞绝热压缩,使压力升高形成气垫,以吸收活塞运动部件的能量,使活塞等运动部件达到减速的目的,即把运动部件的动能变成气体的压力能。为此,缓冲装置的设计就是要保证运动部件的动能被缓冲腔内的压缩空气所吸收,所以缓冲柱塞要有足够的行程长度 x 和直径 d。

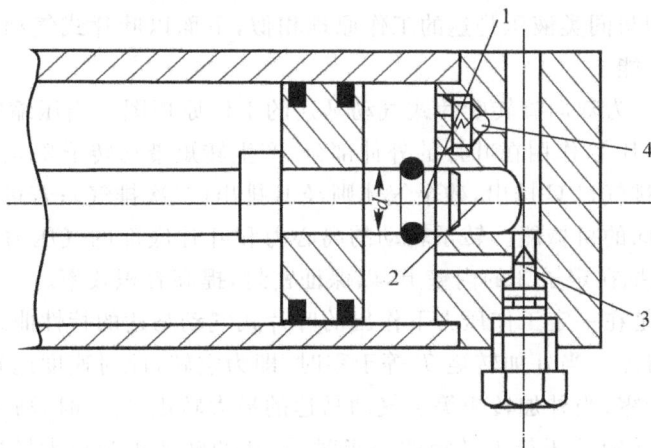

图 12-14 缓冲气缸的缓冲装置
1—柱塞; 2—柱塞孔; 3—节流阀; 4—单向阀

活塞以及运动部件的动能为

$$E_1 = \frac{1}{2}mv^2 \tag{12-15}$$

式中,m 为运动部件的总质量;v 为活塞运动速度。

压缩缓冲腔内空气所需要的压缩功 E 与缓冲腔的容积 V、压力的变化等因素有关,而缓冲容积为

$$V = \frac{\pi}{4}(D^2 - d^2)x \tag{12-16}$$

由于活塞运动速度很快,因而将体积 V 内的空气从压力 p_1 绝热压缩至 p_2,所需要的能量为

$$E = \frac{k}{k-1}Vp_1\left[\left(\frac{p_2}{p_1}\right)^{\frac{k-1}{k}} - 1\right] = \frac{k}{k-1}\frac{\pi}{4}(D^2 - d^2)xp_1\left[\left(\frac{p_2}{p_1}\right)^{\frac{k-1}{k}} - 1\right] \tag{12-17}$$

显然,只要 $E > E_1$,就可以吸收运动部件的动能,起到缓冲作用。所以缓冲腔的缓冲条件为

$$\frac{k}{k-1}\frac{\pi}{4}(D^2 - d^2)xp_1\left[\left(\frac{p_2}{p_1}\right)^{\frac{k-1}{k}} - 1\right] > \frac{1}{2}mv^2 \tag{12-18}$$

式中,p_1 为压缩过程开始时排气腔中的绝对压力;p_2 为压缩终了时缓冲腔中的绝对压力;D 为气缸直径;k 为等熵指数,$k=1.4$。

为使缓冲时活塞冲击不致过分强烈,一般限定 $p_2 \leqslant 5p_1$,则式(12-18)可以简化为

$$3.19p_1(D^2 - d^2)x \geqslant mv^2 \qquad\qquad (12-19)$$

式(12-19)即为常用的确定缓冲柱塞直径 d 和长度 x 的计算公式。

利用图12-14所示的缸内设置缓冲腔实现缓冲的方法是一种较常用的方法,除此以外,还有缸内行程终端打孔和在缸外设置缓冲回路等方法。

第二节　气　动　马　达

气动马达是将压缩空气的压力能转换成旋转的机械能的装置。按结构不同,气动马达可分为叶片式、活塞式、齿轮式等。在气压传动中,使用最广泛的是叶片式和活塞式气动马达。气动马达的工作原理与同类液压马达的工作原理相似,下面以叶片式气动马达为例简单介绍其工作原理及主要性能。

如图12-15所示为双向旋转叶片式气动马达的工作原理图。当压缩空气从进气口 A 进入气室后立即喷向叶片1,作用在叶片的外伸部分,产生转矩带动转子2作逆时针转动,输出旋转的机械能,废气从排气口 C 排出,残余气体则经 B 排出(二次排气);若进、排气口互换,则转子反转,输出相反方向的机械能。转子转动的离心力和叶片底部的气压力、弹簧力(图中未画出)使得叶片紧密地抵在定子3的内壁上,以保证密封,提高容积效率。

图12-16所示是在一定工作压力下作出的叶片式气动马达的特性曲线。由图可知,气动马达具有软特性的特点。当外加转矩 T 等于零时,即为空转,此时速度达到最大值 n_{max},气动马达输出的功率等于零;当外加转矩等于气动马达的最大转矩 T_{max} 时,马达停止转动,此时功率也等于零;当外加转矩等于最大转矩的一半时,马达的转速也为最大转速的1/2,此时马达的输出功率 P 最大,以 P_{max} 表示。

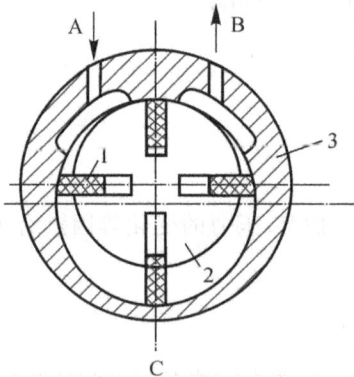

图12-15　双向旋转叶片式气动马达

1— 叶片；　2— 转子；　3— 定子

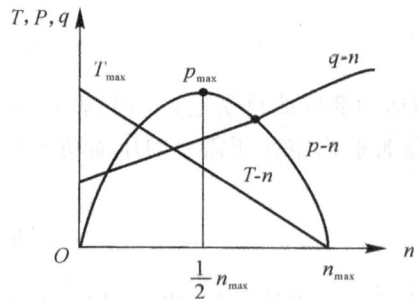

图12-16　气动马达特性曲线

叶片式气动马达主要用于风动工具、高速旋转机械及矿山机械等。

由于气动马达具有一些比较突出的特点,在某些工业场合,它比电动马达和液压马达更适用。这些特点是:

(1)具有防爆性能。由于气动马达的工作介质空气本身的特性和结构设计上的考虑,能够在工作中不产生火花,因此适合于有爆炸、高温、多尘的场合,并能用于空气极潮湿的环境,而无漏电的危险。

（2）马达本身的软特性使之能长期满载工作,温升较小,且有过载保护的性能。

（3）有较高的启动转矩,能带载启动。

（4）换向容易,操作简单,可以实现无级调速。

（5）与电动机相比,单位功率尺寸小,质量轻,适用于安装在位置狭小的场合及手工工具上。

气动马达虽然具有上述优点,但是也具有输出功率小、耗气量大、效率低、噪声大和易产生振动等缺点。

思考与习题

12-1 简述气缸的工作原理及分类。

12-2 说明磁性开关气缸的工作原理及优缺点。

12-3 简述普通冲击气缸的工作原理及可以完成的加工类型。

12-4 单杆双作用气缸内径 $D = 125$ mm,活塞杆直径 $d = 36$ mm,工作压力 $p = 0.5$ MPa,气缸负载效率 $\eta = 0.5$,求气缸的拉力和推力各为多少。

12-5 单作用气缸内径 $D = 63$ mm,复位弹簧最大反力 $F = 150$ N,工作压力 $p = 0.5$ MPa,负载效率 $\eta = 0.4$,求气缸的推力为多少。

12-6 试说明双向旋转叶片式气动马达的工作原理。

第十三章 气动控制元件

在气压传动系统中,气动控制元件是用来控制和调节压缩空气的压力、流量、流动方向和发送信号的重要元件。利用它们可以组成各种气动控制回路,以保证系统按设计要求正常工作。控制元件按功能和用途,可分为方向控制阀、流量控制阀和压力控制阀三大类。除此之外,还有通过改变气流方向和通断实现各种逻辑功能的气动逻辑元件。

第一节 方向控制阀

一、分类

气动方向控制阀与液压方向控制阀相似,是用来控制压缩空气的流动方向和气流通断的,其分类方法也与液压换向阀大致相同。按阀芯结构不同,可分为滑阀式(又称为柱塞式)、截止式(又称提动式)、平面式(又称滑块式)、旋塞式和膜片式,其中以截止式和滑阀式应用较多;按其控制方式不同,可以分为电磁换向阀、气动换向阀、机动换向阀和手动换向阀,其中后三类换向阀的工作原理和结构与液压换向阀中相应的阀类基本相同;按其作用特点,可以分为单向型和换向型控制阀;按通口数和阀芯工作位置,可分为二位二通、二位三通、三位四通、三位五通等。

二、单向型方向控制阀

只允许气流沿一个方向流动的控制阀叫单向型控制阀。它主要包括单向阀、梭阀、双压阀和快速排气阀等。

1. 单向阀

单向阀是指气流只能向一个方向流动,而不能反方向流动的阀。它的结构如图 13－1(a)所示,图形符号如图 13－1(b)所示,其工作原理与液压单向阀基本相同。

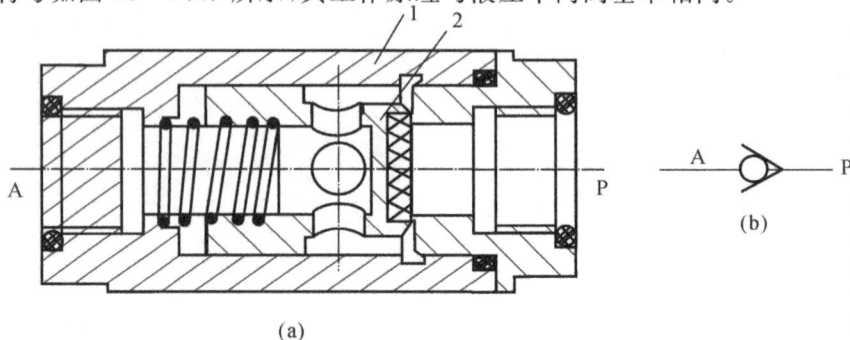

(a)

(b)

图 13－1 单向阀

1— 阀体; 2— 阀芯

正向流动时,P腔气压推动活塞的力大于作用在活塞上的弹簧力和活塞与阀体之间的摩擦阻力,则活塞被推开,P,A接通。为了使活塞保持开启状态,P腔与A腔应保持一定的压差,以克服弹簧力。反向流动时,受气压力和弹簧力的作用,活塞关闭,A,P不通。弹簧的作用是增加阀的密封性,防止低压泄漏,另外,在气流反向流动时帮助阀迅速关闭。

单向阀特性包括最低开启压力、压降和流量特性等。因单向阀是在压缩空气作用下开启的,故在阀开启时,必须满足最低开启压力,否则不能开启。即使阀处在全开状态也会产生降压,因此在精密的压力调节系统中使用单向阀时,需预先了解阀的开启压力和压降值。一般最低开启压力为$(0.1 \sim 0.4) \times 10^5 Pa$,压降为$(0.06 \sim 0.1) \times 10^5 Pa$。

在气动系统中,为防止储气罐中的压缩空气倒流回空气压缩机,在空压机和储气罐之间应装有单向阀。单向阀还可与其他的阀组合成单向节流阀、单向顺序阀等。

2.或门型梭阀

图13-2所示为或门型梭阀的结构简图。这种阀相当于由两个单向阀串联而成。无论是P_1口还是P_2口输入,A口总是有输出的,其作用相当于实现逻辑或门的逻辑功能。

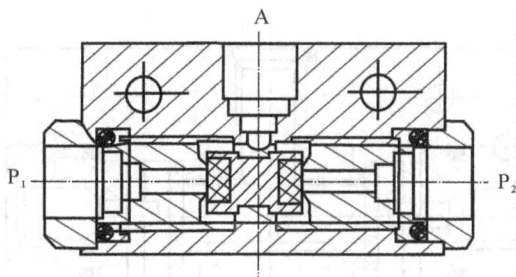

图13-2　或门型梭阀结构

其工作原理如图13-3所示。当输入口P_1进气时,将阀芯推向右端,通路P_2被关闭,于是气流从P_1进入通路A,如图13-3(a)所示;当P_2有输入时,则气流从P_2进入A,如图13-3(b)所示;若P_1,P_2同时进气,则哪端压力高,A就与哪端相通,另一端就自动关闭。图13-3(c)为其图形符号。

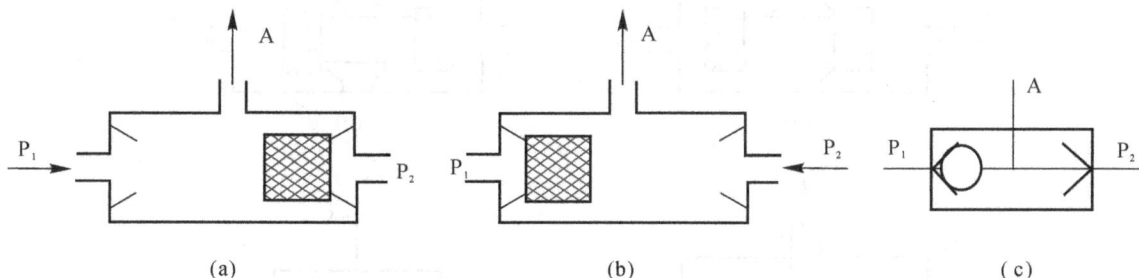

图13-3　或门型梭阀工作原理

或门型梭阀常用于选择信号,如图13-4所示手动和自动控制并联的回路。电磁阀通电,梭阀阀芯推向一端,A有输出,气控阀被切换,活塞杆伸出;电磁阀断电,则活塞杆收回。电磁阀断电后,按下手动阀按钮,梭阀阀芯推向一端,A有输出,活塞杆伸出;放开按钮,则活塞杆收回。即手动或电控均能使活塞杆伸出。

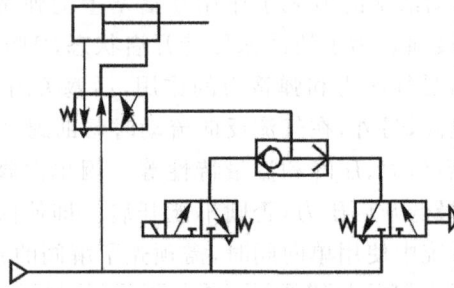

图 13 - 4   或门型梭阀应用于手动－自动换向回路

3. 与门型梭阀（双压阀）

与门型梭阀（即双压阀）有两个输入口，一个输出口。当输入口 P_1，P_2 同时都有输入时，A 才会有输出，因此，具有逻辑"与"的功能。

图 13 - 5 所示为与门型梭阀的结构。

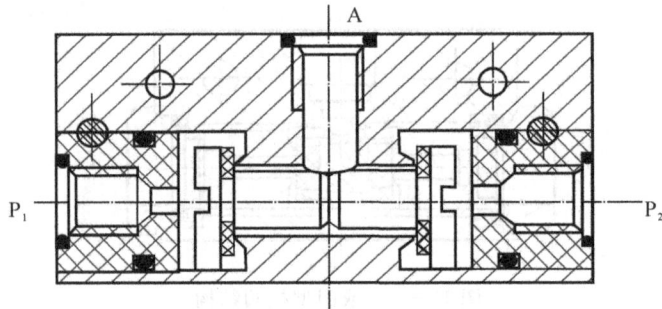

图 13 - 5   与门型梭阀结构

图 13 - 6 所示为与门型梭阀的工作原理。

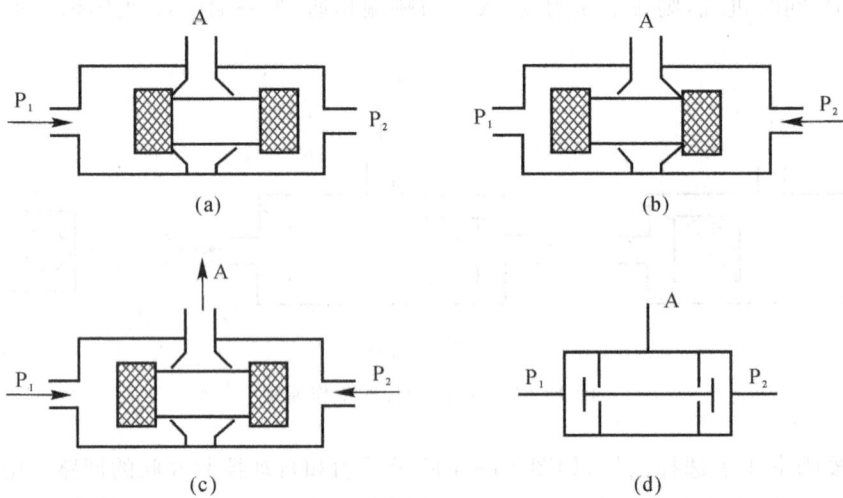

(a)

(b)

(c)

(d)

图 13 - 6   与门型梭阀工作原理

当 P_1 输入时，A 无输出，如图 13-6(a) 所示；当 P_2 输入时，A 无输出，如图 13-6(b)；当两输入口 P_1 和 P_2 同时有输入时，A 有输出，如图 13-6(c) 所示。

与门型梭阀的图形符号如图 13-6(d) 所示。

与门型梭阀的应用较广，如用于钻床控制回路中，如图 13-7 所示。只有工件定位信号压下行程阀 1 和工件夹紧信号压下行程阀 2 之后，与门型梭阀 3 才会有输出，使气控阀换向，钻孔缸进给。定位信号和夹紧信号仅有一个时，钻孔缸不会进给。

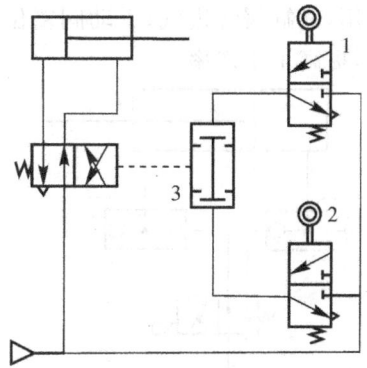

图 13-7　与门型梭阀的应用回路

4. 快速排气阀

快速排气阀是用于给气动元件或装置快速排气的阀，简称快排阀。

通常气缸排气时，气体从气缸经过管路，由换向阀的排气口排出。当气缸到换向阀的距离较长，而换向阀的排气口又小时，排气时间就较长，气缸运动速度较慢；若采用快速排气阀，则气缸内的气体就能直接由快排阀排向大气，加快气缸的运动速度。

图 13-8 所示是快速排气阀的结构原理图，其中图 13-8(a) 为结构示意图。当 P 进气时，膜片被压下封住排气孔 O，气流经膜片四周小孔从 A 腔输出，如图 13-8(b) 所示；当 P 腔排空时，A 腔压力将膜片顶起，隔断 P、A 通路，A 腔气体经排气孔口 O 迅速排向大气，如图 13-8(c) 所示。快速排气阀的图形符号如图 13-8(d) 所示。

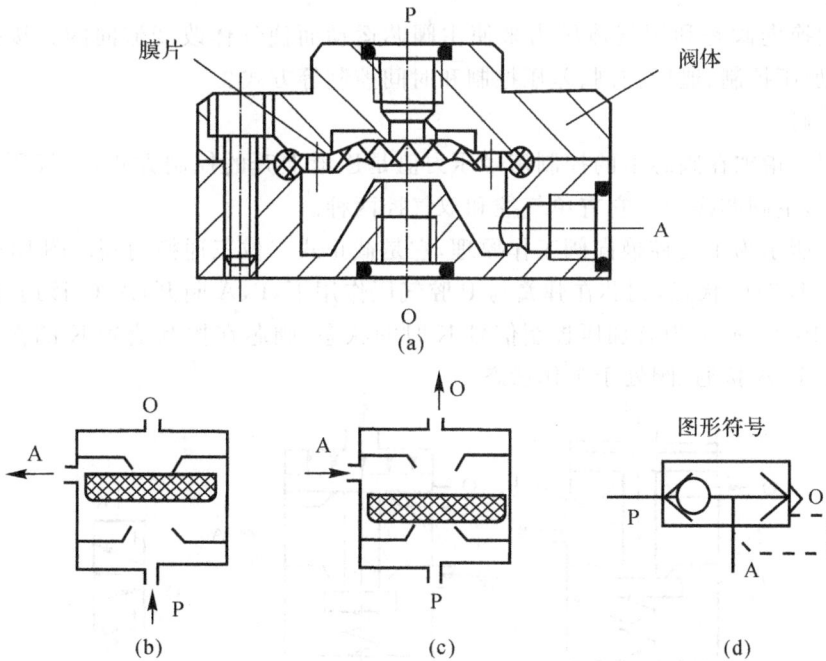

图 13-8　快速排气阀

图 13-9 所示是快速排气阀的应用。图 13-9(a) 是快速排气阀使气缸往复运动加速的回路，把快排阀装在换向阀和气缸之间，使气缸排气时不用通过换向阀而直接排空，可大大提高气缸运动速度。图 13-9(b) 是快排阀用于气阀的速度控制回路，按下手动阀，由于节流阀的

作用,气缸缓慢进气;手动阀复位,气缸中的气体通过快排阀迅速排空,因而缩短了气缸回程时间,提高了生产率。

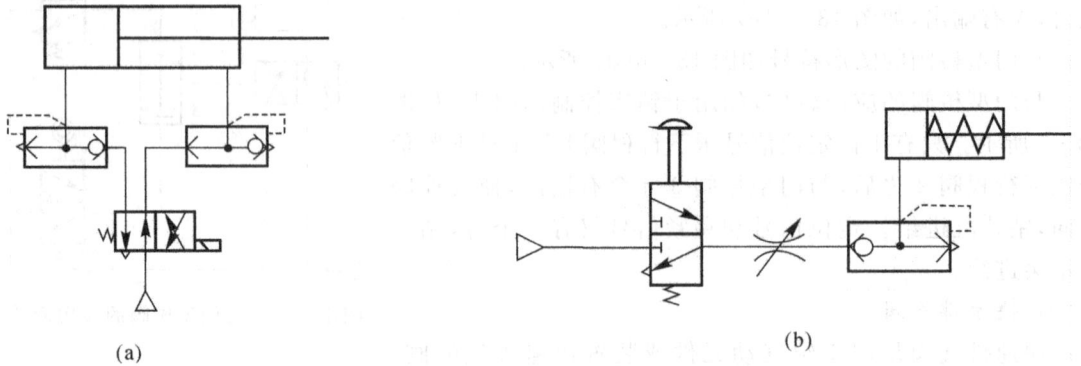

图 13-9　快速排气阀的应用

三、换向型控制阀

换向型控制阀(简称换向阀)通过改变气流通道而使气体流动方向发生变化,从而改变气动执行元件的运动方向。按控制方式,它可分为气压控制换向阀、电磁控制换向阀、人力控制换向阀、机械控制换向阀和时间控制换向阀等。

(一)气压控制换向阀

气压控制换向阀是利用气体压力来使主阀芯运动而使气体改变流向的。按控制方式不同,它可分为加压控制、泄压控制、差压控制和时间控制等方式。

1.加压控制

加压控制是指加在阀芯上的控制信号压力值是逐渐上升的控制方式,当气压增加到阀芯的动作压力时,主阀芯换向。它有单气控和双气控两种。

图13-10所示为单气控换向阀工作原理,它是截止式二位三通换向阀。图13-10(a)所示为无控制信号 K 时的状态,阀芯在弹簧与 P 腔气压作用下,P,A 断开,A,O 接通,阀处于排气状态;图13-10(b)所示为有加压控制信号 K 时的状态,阀芯在控制信号 K 的作用下向下运动,A,O 断开,P,A 接通,阀处于工作状态。

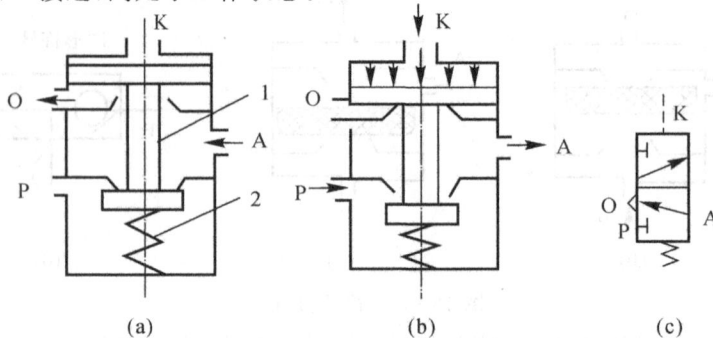

图 13-10　单气控换向阀
(a)无控制信号状态;　(b)有控制信号状态;　(c)图形符号
1—阀芯;　2—弹簧

图 13-11 所示为双气控换向阀工作原理,它是滑阀式二位五通换向阀。图 13-11(a) 所示为控制信号 K_1 存在,信号 K_2 不存在时的状态,阀芯停在右端,P,B 接通,A,O_1 接通;图 13-11(b) 所示为信号 K_2 存在,信号 K_1 不存在时的状态,阀芯停在左端,P,A 接通,B,O_2 接通。

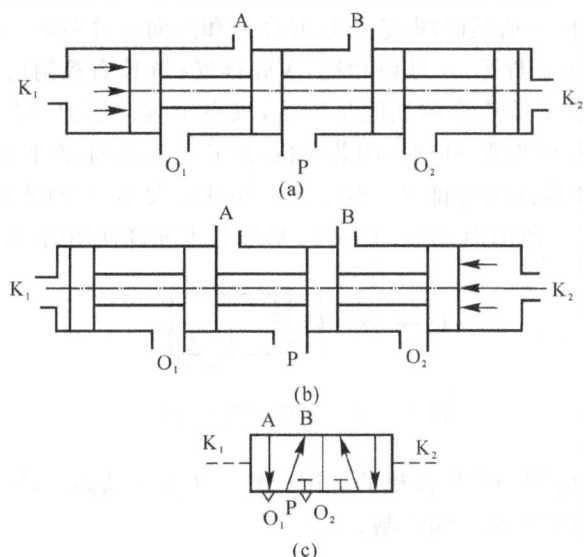

图 13-11 双气控换向阀

2. 泄压控制

泄压控制是指加在阀芯上的控制信号的压力值渐降的控制方式,当压力降至某一值时阀便被切换。泄压控制阀的切换性能不如加压控制阀好。

3. 差压控制

差压控制是利用阀芯两端受气压作用的有效面积不等,在气压作用力的差值作用下,使阀芯动作而换向的控制方式。

图 13-12 所示为二位五通差压控制换向阀。当 K 无控制信号时,P 与 A 相通,B 与 O_2 相通;当 K 有控制信号时,P 与 B 相通,A 与 O_1 相通。差压控制的阀芯靠气压复位,不需要复位弹簧。

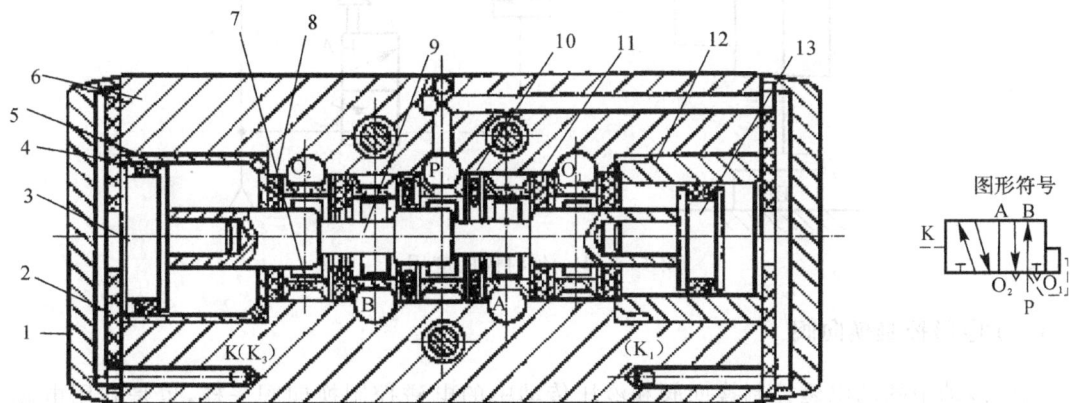

图 13-12 差压控制换向阀

1—端盖; 2—缓冲垫片; 3,13—控制活塞; 4,10,11—密封垫;

5,12—衬套; 6—阀体; 7—隔套; 8—挡片; 9—阀芯

4. 延时控制

延时控制的工作原理是利用气流经过小孔或缝隙被节流后,再向气室内充气,经过一定的时间,当气室内压力升至一定值时,再推动阀芯动作而换向,从而达到信号延迟的目的。

图 13-13 所示为二位三通延时阀,它由延时部分和换向部分两部分组成。其工作原理是:当 K 无控制信号时,P 与 A 断开,A 与 O 相通,A 腔排气;当 K 有控制信号时,控制气流先经可调节流阀,再到气室。由于节流后的气流量较小,气室中气体压力增长缓慢。经过一定时间后,当气室中气体压力上升到某一值时,阀芯换位,使 P 与 A 相通,A 腔有输出。当气控信号消除后,气室中的气体经单向阀迅速排空。调节节流阀开口大小,可调节延时时间的长短。这种阀的延时时间在 0 ～ 20 s 范围内,常用于易燃、易爆等不允许使用时间继电器的场合。

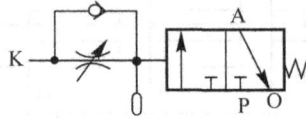

图 13-13　延时控制换向阀

图 13-14 所示为延时阀用于压注机的应用回路。按下手动阀 A,气缸下压工件,工件受压的时间长短由 B,C,D 组成的延时阀控制。

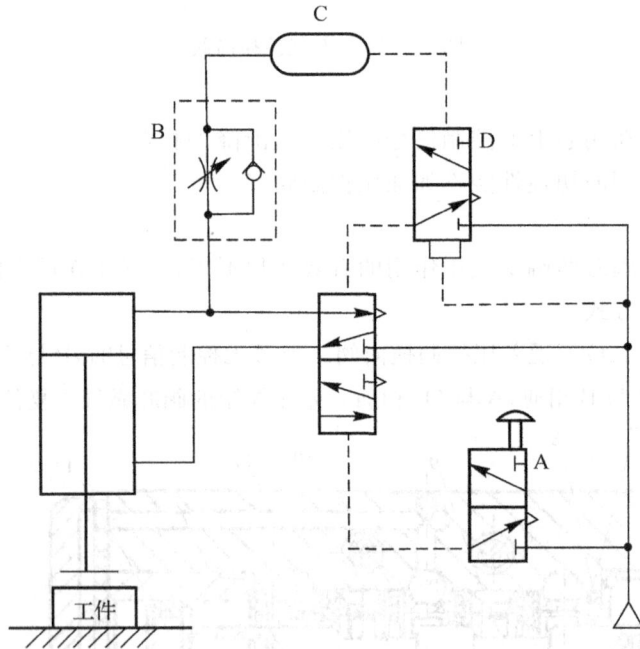

图 13-14　延时阀的应用

(二) 电磁控制换向阀

气压传动中的的电磁控制换向阀和液压传动中的电磁控制换向阀一样,也是利用电磁力的作用来实现阀的切换以控制气流的流动方向。按控制方式不同,它分为电磁铁直接控制(直动)式和先导式电磁阀两种。

1.直动式电磁换向阀

由电磁铁的衔铁直接推动阀芯换向的气动换向阀称为直动式电磁换向阀。直动式电磁换向阀有单电控和双电控两种。

图13-15所示为单电控直动式电磁换向阀的动作原理图,它是二位三通电磁阀。图13-15(a)为电磁铁断电时的状态,阀芯靠弹簧力复位,使P,A断开,A,O接通,阀处于排气状态。图13-15(b)为电磁铁通电时的状态,电磁铁推动阀芯向下移动,使P,A接通,阀处于进气状态。图13-15(c)为该阀的图形符号。

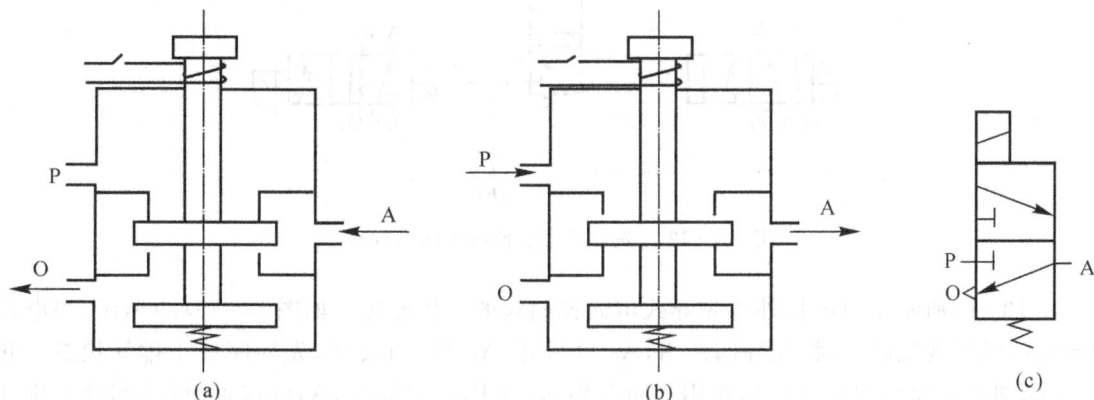

图13-15　单电控直动式电磁换向阀
(a)断电时状态;　(b)通电时状态;　(c)图形符号

图13-16所示为双电控直动式电磁换向阀的动作原理图,它是二位五通电磁换向阀。如图13-16(a)所示,电磁铁1通电,电磁铁2断电时,阀芯3被推到右位,A口有输出,B口排气;若电磁铁1断电,则阀芯位置不变,即具有记忆能力。如图13-16(b)所示,电磁铁2通电,电磁铁1断电时,阀芯被推到左位,B口有输出,A口排气;若电磁铁2断电,则空气通路不变。图13-16(c)为该阀的图形符号。这种阀的两个电磁铁只能交替得电工作,不能同时得电,否则会产生误动作。

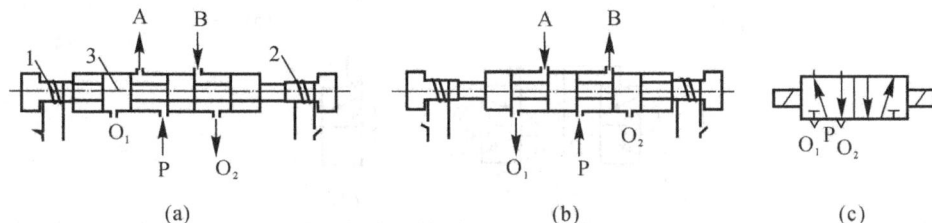

图13-16 双电控直动式电磁换向阀
1,2— 电磁铁;　3— 阀芯

2.先导式电磁换向阀

先导式电磁换向阀由电磁先导阀和主阀两部分组成,电磁先导阀输出先导压力,此先导压力再推动主阀阀芯使阀换向。当阀的通径较大时,若采用直动式,则所需电磁铁要大,体积和电耗都大,为克服这些弱点,宜采用先导式电磁换向阀。

先导式电磁换向阀按控制方式,可分为单电控和双电控方式。按先导压力来源,有内部先导式和外部先导式,它们的图形符号如图13-17所示。

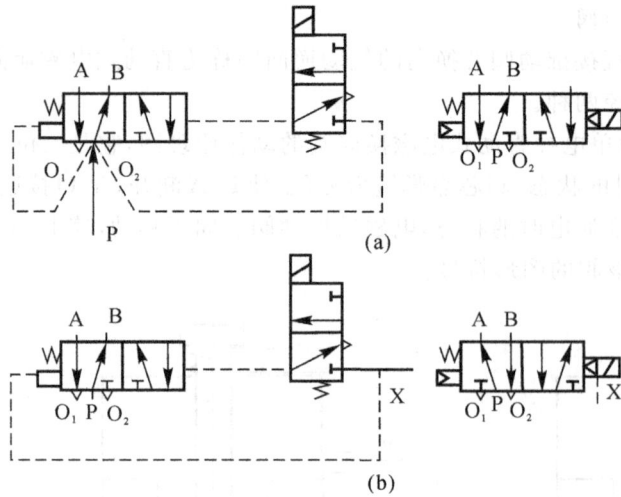

图 13-17　先导式电磁换向阀图形符号

图 13-18 所示是单电控外部先导式电磁换向阀的工作原理。如图 13-18(a) 所示，当电磁先导阀的激磁线圈断电时，先导阀的 X，A_1 口断开，A_1，O_1 口接通，先导阀处于排气状态。此时，主阀阀芯在弹簧和 P 口气压作用下向右移动，将 P，A 口断开，A，O 接通，即主阀处于排气状态。如图 13-18(b) 所示，当电磁先导阀通电时，X，A_1 接通，电磁先导阀处于进气状态，即主阀控制腔 A_1 进气。由于 A_1 腔内气体作用于阀芯上的力大于 P 口气体作用在阀芯上的力与弹簧力之和，因此，将活塞推向左边，使 P，A 接通，即主阀处于进气状态。图 13-18(c)，(d) 所示的是其详细图形符号和简化图形符号。

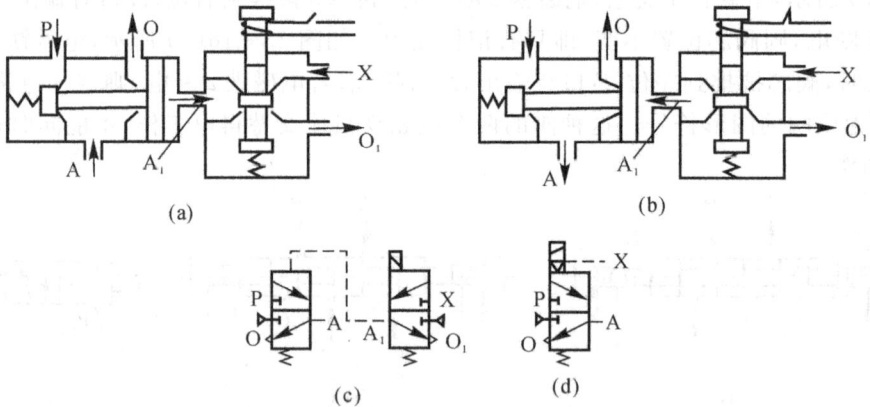

图 13-18　单电控外部先导式电磁换向阀

图 13-19 所示是双电控内部先导式电磁换向阀的动作原理图。如图 13-19(a) 所示，当电磁先导阀 1 通电而电磁先导阀 2 断电时，主阀 3 的 K_1 腔进气、K_2 腔排气，使主阀阀芯移到右边。此时，P，A 接通，A 口有输出；B，O_2 接通，B 口排气。如图 13-19(b) 所示，当电磁先导阀 2 通电而先导阀 1 断电时，主阀 K_2 腔进气，K_1 腔排气，主阀阀芯移到左边。此时，P，B 接通，B 口有输出；A，O_1 接通，A 口排气。双电控换向阀具有记忆性，即通电时换向，断电时并不返回，可用单脉冲信号控制。为保证主阀正常工作，两个电磁先导阀不能同时通电，电路中要考虑互锁保护。

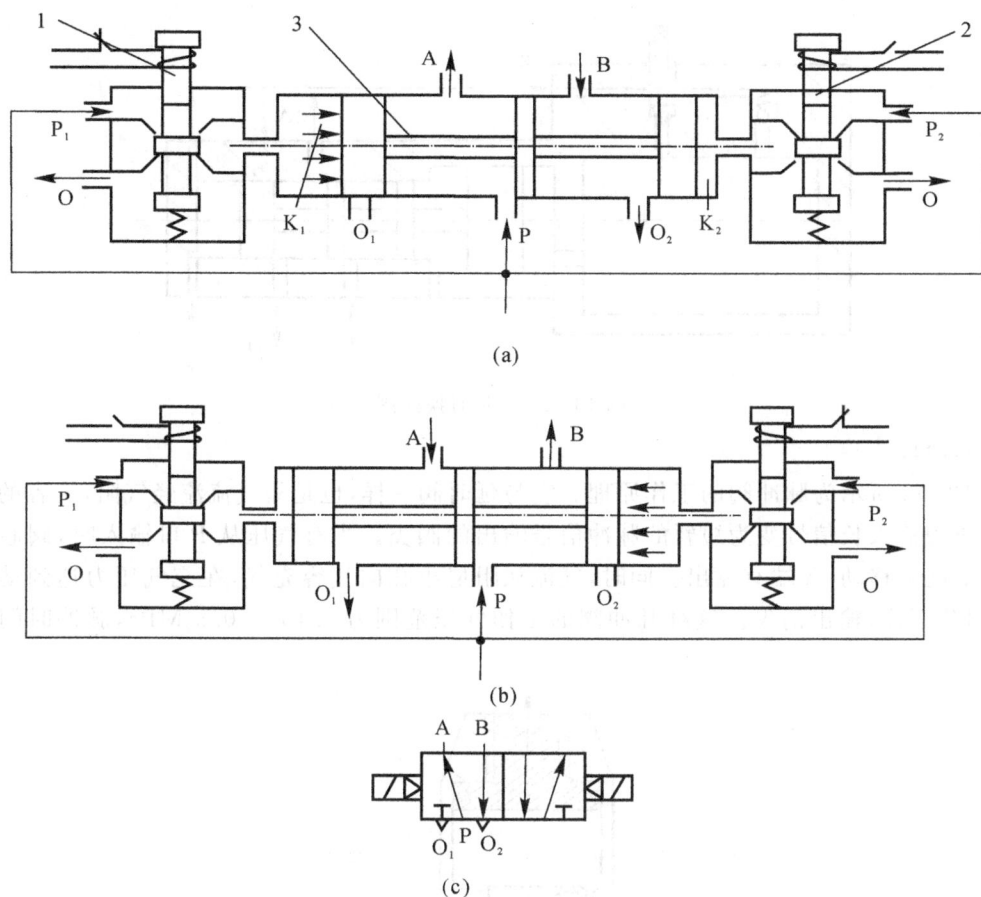

图 13 - 19　双电控内部先导式电磁换向阀
(a) 先导阀 1 通电、2 断电时状态；　(b) 先导阀 2 通电、1 断电时状态；　(c) 图形符号

直动式电磁换向阀与先导式电磁换向阀相比较,前者是依靠电磁铁直接推动阀芯,实现阀通路的切换,其通径一般较小或采用间隙密封的结构形式。通径小的直动式电磁换向阀也常称做微型电磁阀,常用于小流量控制或作为先导式电磁阀的先导阀。而先导式电磁换向阀是由电磁阀输出的气压推动主阀阀芯,实现主阀通路的切换。通径大的电磁气阀都采用先导式结构。

(三) 时间控制换向阀

时间控制换向阀是使气流通过气阻(如小孔、间隙等)节流后到气容(储气空间)中,经一定时间,气容内建立起一定压力后,再使阀芯换向的阀。在不允许使用时间继电器(电控)的场合(如易燃、易爆、粉尘大等),用气动时间控制就显示出其优越性。

1.延时阀

图 13 - 20 所示为二位三通延时换向阀,它是由延时部分和换向部分组成的。当无气控信号时,P 与 A 断开,A 腔排气;当有气控信号时,气体从 K 腔输入经可调节流阀节流后到气容 a 内,使气容不断充气,直到气容内的气压上升到某一数值时,使阀芯 2 由左向右移动,使 P 与 A 接通,A 有输出。当气控信号消失时,气容内气压经单向阀 K 腔排空。这种阀的延时时间可在 0 ～ 20 s 间调整。

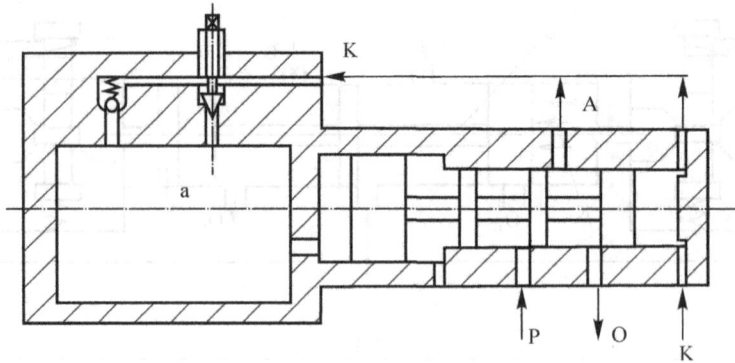

图 13-20　延时换向阀

2.脉冲阀

图 13-21所示为脉冲阀的工作原理。它与延时阀一样,也是靠气流流经气阻,气容的延时作用使压力输入长信号变为短暂的脉冲信号输出的阀类。当有气压从 P 口输入时,阀芯在气压作用下向上移动,A 端有输出。同时,气流从阻尼小孔向气容充气,在充气压力达到动作压力时,阀芯下移,输出消失。这种脉冲阀的工作气压范围为 0.15～0.8 MPa,脉冲时间小于2 s。

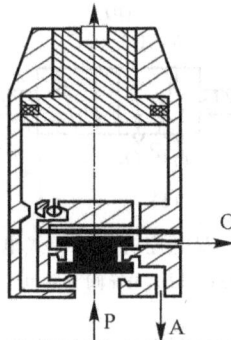

图 13-21　脉冲阀

机械控制和人力控制换向阀是靠机动(行程挡块等)和人力(手动或脚踏等)来使阀产生切换动作的,其工作原理与液压阀中相类似的阀基本相同,在此不再重复。

第二节　压力控制阀

一、气动压力控制阀概述

压力控制阀主要用来控制系统中气体的压力,满足各种压力要求或用以节能。

气压传动系统与液压传动系统不同的一个特点是,液压传动系统的液压油是由安装在每台设备上的液压源直接提供的;而气压传动则将比使用压力高的压缩空气储于储气罐中,然后减压到适用于系统的压力。因此,每台气动装置的供气压力都需要减压阀(在气动系统中又称调压阀)来减压,并保持供气压力值稳定。对于低压控制系统(如气动测量),除用减压阀降低压力外,还需要用精密减压阀(或定值器)以获得更稳定的供气压力。这类压力控制阀当输入压力在一定范围内改变时,能保持输出压力不变;当管路中压力超过允许压力时,为了保证系统的工作安全,往往用安全阀实现自动排气,以使系统的压力下降;有时,气动装置中不便安装行程阀而要依据气压的大小来控制两个以上的气动执行机构顺序动作,能实现这种功能的压力控制阀称为顺序阀。因此,在气压传动系统中压力控制可分为三类:一类是起降压稳压作用的减压阀、定值器;一类是起限压安全作用的安全阀、限压切断阀等;一类是根据气路压力不同进行某种控制的顺序阀、平衡阀等。所有的压力控制阀,都是利用空气压力和弹簧力平衡的原理来工作的。由于安全阀、顺序阀的工作原理与液压控制阀中溢流阀(安全阀)和顺序阀基本相同,因而本节主要讨论气动减压阀(调压阀)的工作原理和主要性能。

二、气动调压阀的工作原理

图 13-22 所示为直动式调压阀的工作原理图及符号。当顺时针方向调整手柄 1 时,调压弹簧2,1推动下弹簧座3、膜片4和阀芯5向下移动,使阀口开启,气流通过阀口后压力降低,从右侧输出二次压力气。与此同时,有一部分气流由阻尼孔7进入膜片室,在膜片下产生一个向上推力与弹簧力平衡,调压阀便有稳定的压力输出。当输入压力 p_1 增高时,输出压力 p_2 也随之增高,使膜片下的压力也增高,将膜片向上推,阀芯5在复位弹簧9的作用下上移,从而使阀口 8 的开度减小,节流作用增强,使输出压力降低到调定值为止;反之,若输入压力下降,则输出压力也随之下降,膜片下移,阀口开度增大,节流作用降低,使输出压力回升到调定压力,以维持压力稳定。

调节手柄 1 以控制阀口开度的大小,即可控制输出压力的大小。目前,常用的 QTY 型调压阀的最大输入压力为 1.0 MPa,其输出流量随阀的通径大小而改变。

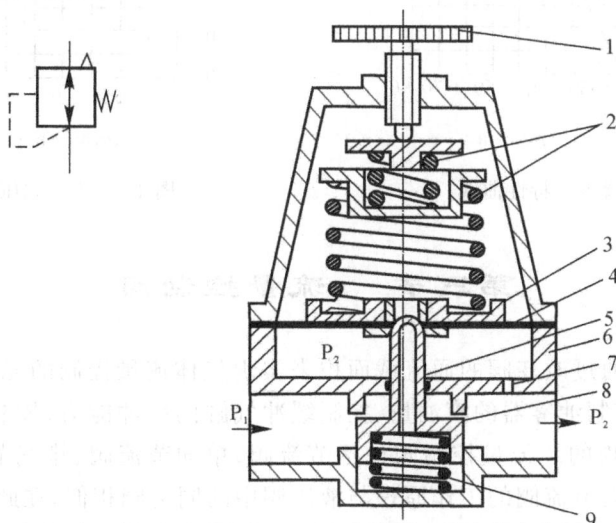

图 13-22　调压阀

1—手柄；　2—调压弹簧；　3—下弹簧座；　4—膜片；

5—阀芯；　6—阀套；　7—阻尼孔；　8—阀口；　9—复位弹簧

三、气动调压阀的基本性能

1. 调压阀的调压范围

气动调压阀的调压范围是指它的输出压力 p_2 的可调范围,在此范围内要求达到规定的精度。调压范围主要与调压弹簧的刚度有关。为使输出压力在高低调定值下都能得到较好的流量特性,常采用两个并联或串联的调压弹簧。一般调压阀最大输出压力是 0.6 MPa,调压范围是 0.1～0.6 MPa。

2. 调压阀的压力特性

调压阀的压力特性是指流量 q 一定时,输入压力 p_1 波动而引起输出压力 p_2 波动的特性。当然,输出压力波动越小,减压阀的特性越好。

输出压力 p_2 必须低于输入压力 p_1 一定值后,才基本上不随输入压力变化而变化,如图 13-23 所示。

3. 调压阀的流量特性

调压阀的流量特性是指调压阀的输入压力 p_1 一定时,输出压力 p_2 随输出流量 q 而变化的特性。很明显,当流量 q 发生变化时,输出压力 p_2 的变化越小越好。图 13-24 所示为调压阀的流量特性,由图可见,输出压力越低,输出流量的变化波动就越小。

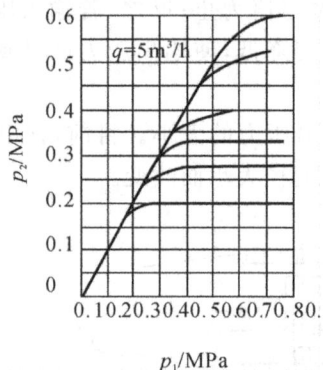

图 13-23　调压阀压力特性曲线　　　　图 13-24　调压阀流量特性曲线

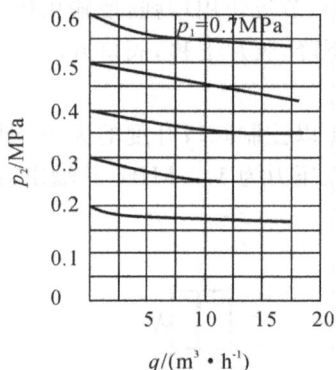

第三节　流量控制阀

流量控制阀就是通过改变阀的通流截面积来实现气体流量控制的元件。在气动系统中,控制气缸运动速度、控制油雾器的滴油量、控制缓冲气缸的缓冲能力、控制信号延迟时间等都是依靠流量控制来实现的。流量控制阀包括节流阀、单向节流阀、排气节流阀和柔性节流阀等。由于节流阀和单向节流阀的工作原理与液压阀中的同类阀相似,在此不再重复,本节仅对排气节流阀和柔性节流阀作一介绍。

一、排气节流阀

排气节流阀的节流原理和节流阀一样,也是靠调节通流面积来调节阀的流量的。它们的区别是,节流阀通常是安装在系统中调节气流的流量,而排气节流阀只能安装在排气口处,调节排入大气的流量,以此来调节执行机构的运动速度。图 13 - 25 所示为排气节流阀的工作原理图,气流从 A 口进入阀内,由节流口 1 节流后经消声套 2 排出。因此,它不仅能调节执行元件的运动速度,还能起到降低排气噪声的作用。

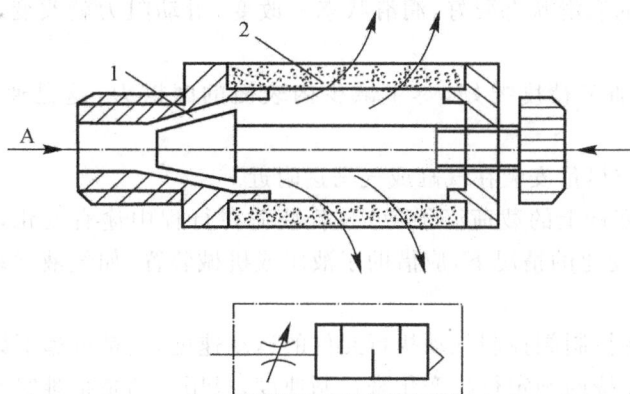

图 13 - 25 排气节流阀
1— 节流口; 2— 消声套

排气节流阀通常安装在换向阀的排气口处与换向阀联用,起单向节流阀的作用。它实际上只不过是节流阀的一种特殊形式。因其结构简单,安装方便,能简化回路,故应用日益广泛。

二、柔性节流阀

图 13-26 所示为柔性节流阀的原理图,依靠阀杆夹紧柔韧的橡胶管而产生节流作用,也可以利用气体压力来代替阀杆压缩橡胶管。柔性节流阀结构简单,动作可靠性高,对污染不敏感,通常工作压力范围为 0.3 ～ 0.63 MPa。

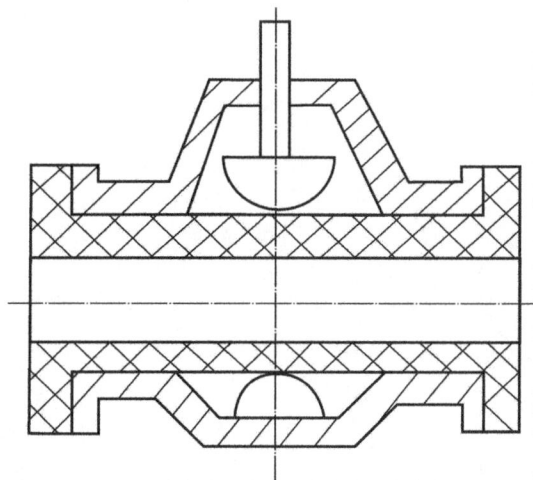

图 13 - 26 柔性节流阀

应用气动流量控制阀对气动执行元件进行调速比用液压流量控制阀调速要困难,因气体具有压缩性,故用气动流量控制阀调速应注意以下几点,以防产生爬行。

(1) 管道上不能有漏气现象。

(2) 气缸活塞间的润滑状态要好,润滑状态一改变,滑动阻力就改变,速度控制就不可能稳定。

(3) 气缸内表面加工精度要好,尽量减少内表面的摩擦力,这是速度控制不可缺少的条件。

(4) 流量控制阀应尽量安装在气缸或气马达附近。

(5) 加在气缸活塞杆上的载荷必须稳定,若载荷在行程中途有变化,则速度控制相当困难。在不能消除载荷变化的情况下,应借助于液压或机械装置(如气液联动)来补偿由于载荷变化造成的速度变化。

应当指出,用流量控制阀控制气动执行元件的运动速度,其精度远不如液压控制高。特别是在超低速控制中,要按照预定行程变化来控制速度,只用气动是很难实现的。在外部负载变化比较大时,仅用气动流量阀也不会得到满意的调速效果。为提高其运动平稳性,建议采用气液联动的方式。

思考与习题

13-1 气动换向阀按控制方式不同可分为哪几种型式?各有何特点?

13-2 说明气动调压阀的工作原理及基本性能。

13-3 调压阀的调压弹簧为什么要采用双弹簧结构,这两根弹簧串联和并联有什么不同?

13-4 简述或门型梭阀、与门型梭阀与快速排气阀的工作原理。

第十四章　气动基本回路

复杂的气动系统一般都是由一些简单的基本回路组成的。所谓基本回路,就是由相关元件组成的用来完成特定功能的典型管路结构。熟悉并掌握基本回路的组成结构、工作原理及其性能特点,对分析、掌握和设计气压传动系统是非常必要的。本章主要介绍一些常用气动基本回路。

第一节　换向回路

气动执行元件的换向主要是利用方向控制阀来实现的,通过换向阀的工作位置来使执行元件改变运动方向。

一、单作用气缸换向回路

单作用气缸活塞杆运动时,其伸出的方向靠压缩空气驱动,另一个方向则靠外力,例如重力、弹力等驱动,回路简单,一般可选用二位三通换向阀来控制换向。图 14-1(a) 所示为用二位三通电磁阀控制的换向回路。当电磁铁得电时,活塞杆伸出;失电时,在弹力作用下活塞杆缩回。图 14-1(b) 所示为用三位三通阀控制的换向回路。当换向阀右侧电磁铁通电时,气缸的无杆腔与气源相通,活塞杆伸出;当左侧电磁铁通电时,气缸的无杆腔与排气口相通,活塞杆靠弹簧力返回;左、右电磁铁同时断电时,活塞可以停止在任意位置,但定位精度不高,且定位时间不长。

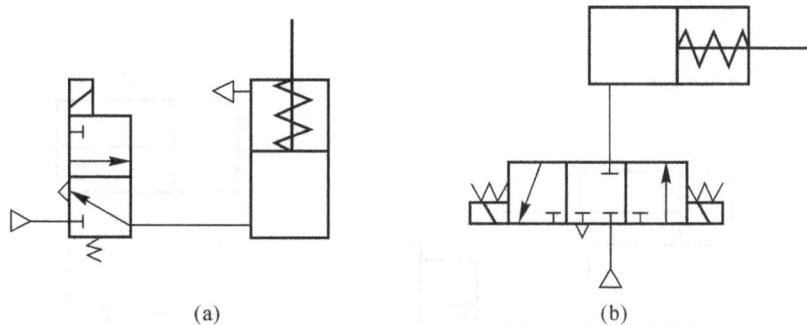

(a)　　　　　　　　　　　　(b)

图 14-1　单作用气缸换向回路

二、双作用气缸换向回路

双作用气缸的活塞杆伸出或缩回都是靠压缩空气驱动,通常选用二位五通换向阀来控制。图 14-2 所示为各种双作用气缸的换向回路。其中,图(a)是比较简单的换向回路。图(f)还有中停位置,但中停定位精度不高。图(d),(e),(f)的两端控制电磁铁线圈或按钮不能同时操作,否则将出现误动作,其回路相当于双稳的逻辑功能。在图(b)的回路中,当 A 有压缩空气时,气缸推出;反之,气缸退回。

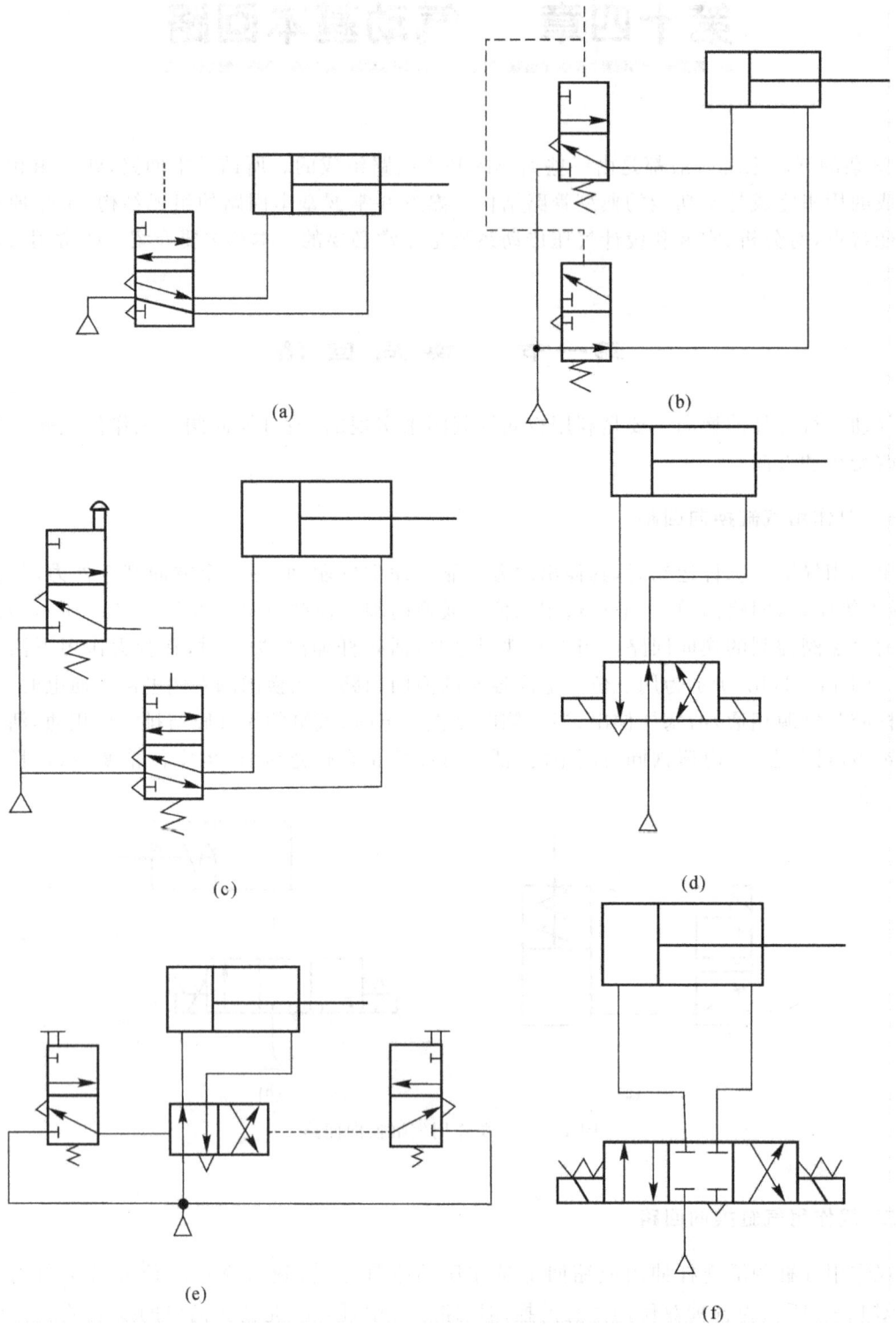

(a)

(b)

(c)

(d)

(e)

(f)

图 14 - 2 双作用气缸换向回路

第二节 压力控制回路

在气动系统中,压力控制不仅是维持系统正常工作所必需的,而且也关系到系统的经济性和安全性。压力控制的方法可以分为一次压力控制(气源压力控制)、二次压力控制及多次压力控制回路等。

一、一次压力控制

一次压力控制又称为气源压力控制,整个回路运行中的压力均为气源压力。图 14-3 所示为气源压力控制回路。该回路用于控制压缩空气站的储气罐的输出压力 p_s,使之稳定在一定的压力范围内,既不超过调定的最高压力值,也不低于调定的最低压力值,以保证用户对压力的需求。

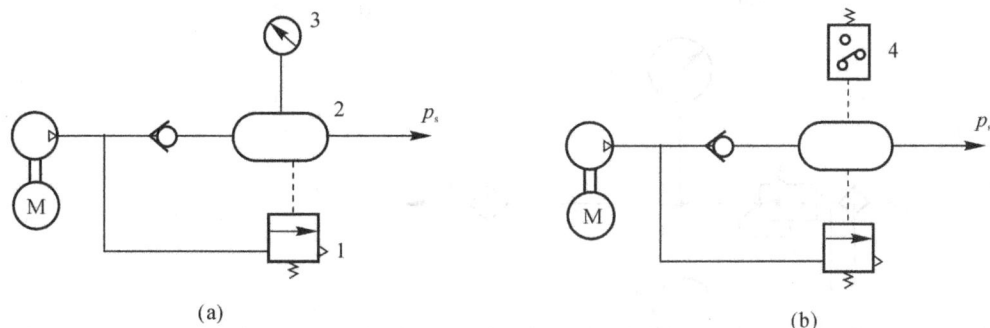

图 14-3 气源压力控制回路
1—安全阀; 2—储气罐; 3—电触点压力表; 4—压力继电器

图 14-3(a) 所示回路的工作原理是:空气压缩机由电动机带动,启动后,压缩空气经单向阀向储气罐 2 内送气,罐内压力上升。当 p_s 上升到最大值 p_{max} 时,电触点压力表 3 内的指针碰到上触点,即控制其中间的继电器断电,控制电动机停转,压缩机停止运转,压力不再上升;当压力 p_s 下降到最小值 p_{min} 时,指针碰到下触点,使中间继电器闭合通电,控制电动机启动,压缩机运转,并向储气罐供气,p_s 上升。上、下两触点可调。

图 14-3(b) 所示回路中,用压力继电器(压力开关)4 代替了图 14-3(a) 中的电触点压力表 3,压力继电器同样可调节压力的上限值和下限值,这种方法常用于小容量压缩机的控制。该回路中的安全阀 1 的作用是,在电触点压力表、压力继电器或电路发生故障而失灵后,导致压缩机不能停止运转,储气罐内压力不断上升,当压力达到调定值时,该安全阀会打开溢流,使 p_s 稳定在调定压力值的范围内。

二、二次压力控制

二次压力控制为系统中有一个减压阀在工作,使系统的各动作有两个不同的压力值。此类回路主要是对气动系统气源压力的控制。如图 14-4 所示,图(a) 是由气动三联件组成的,主要由溢流减压阀来实现压力控制;图(b) 是由减压阀和换向阀构成的,对同一系统实现输出高低压 p_1,p_2 的控制;图(c) 是由减压阀来实现对不同系统输出不同压力 p_1,p_2 的控制。

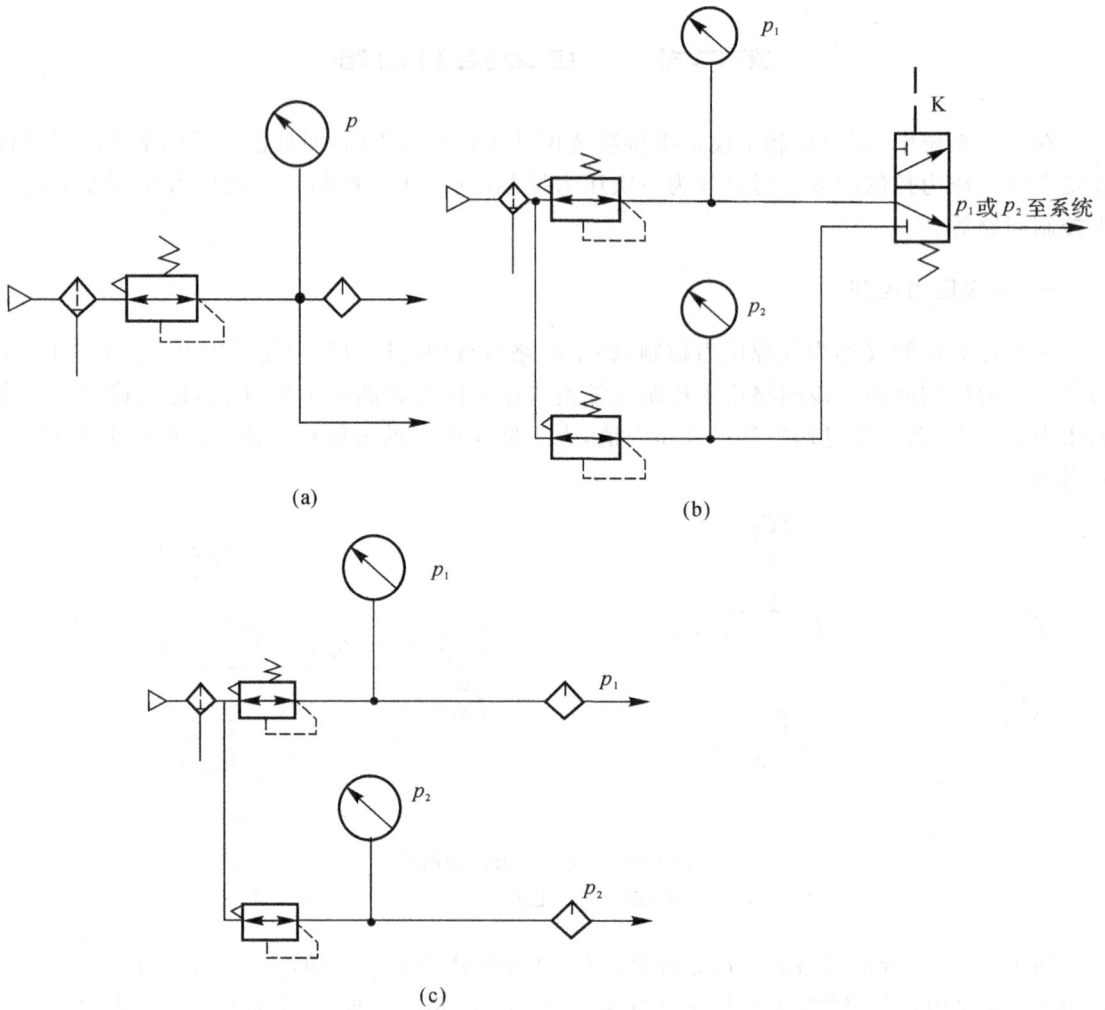

(a)

(b)

(c)

图 14-4　二次压力控制回路

(a)由溢流减压阀控制压力；　(b)由换向阀控制高、低压力；　(c)由减压阀控制高、低压力

第三节　速度控制回路

控制气动执行元件运动速度的一般方法是改变气缸进排气管路的阻力,因此,利用流量控制阀来改变进排气管路的有效截面积,即可实现速度控制。因气动系统使用功率不大,故调速方法主要是节流调速,常用排气节流调速。

一、单作用气缸速度控制回路

1.进气节流调速回路

图 14-5(a),(b) 所示的回路分别采用了节流阀和单向节流阀,通过调节节流阀的不同开度,可以实现进气节流调速。气缸活塞杆返回时,由于没有节流,可以快速返回。

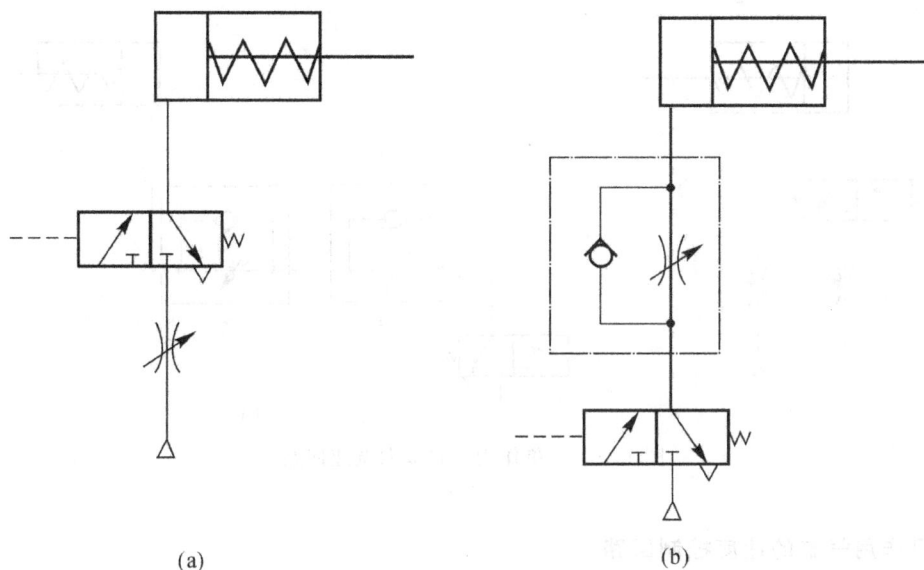

(a)　　　　　　　　　(b)

图 14 - 5　单作用气缸进气节流调速回路

2. 排气节流调速回路

图 14 - 6 所示回路是通过排气节流来实现快进、慢退的。

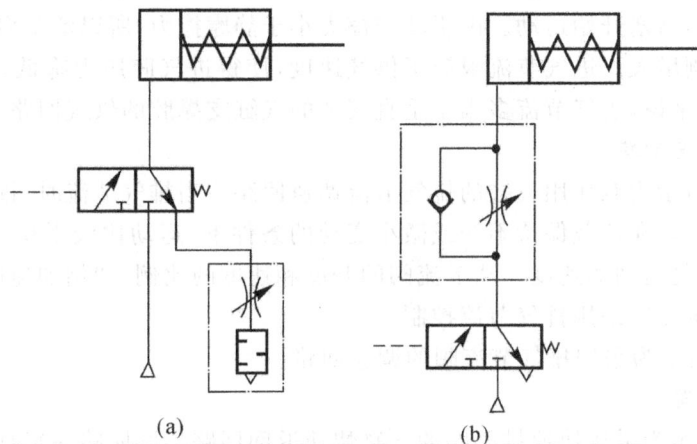

(a)　　　　　　　　　(b)

图 14 - 6　单作用气缸排气节流调速回路

图 14 - 6(a) 所示回路是在排气口设置一排气节流阀来实现调速的。其优点是安装简单，维修方便；但在管路比较长时，较大的管内容积会对气缸的运行速度产生影响，此时就不宜采用排气节流阀控制。

图 14 - 6(b) 所示回路是在换向阀与气缸之间安装了单向节流阀。进气时不节流，活塞杆快速前进；换向阀复位时，由节流阀控制活塞杆的返回速度。这种安装形式不会影响换向阀的性能，工程中多采用这种回路。

3. 双向调速回路

如图 14 - 7 所示，此回路是气缸活塞杆伸出和返回都能调速的回路，进、退速度分别由阀

1,2调节。

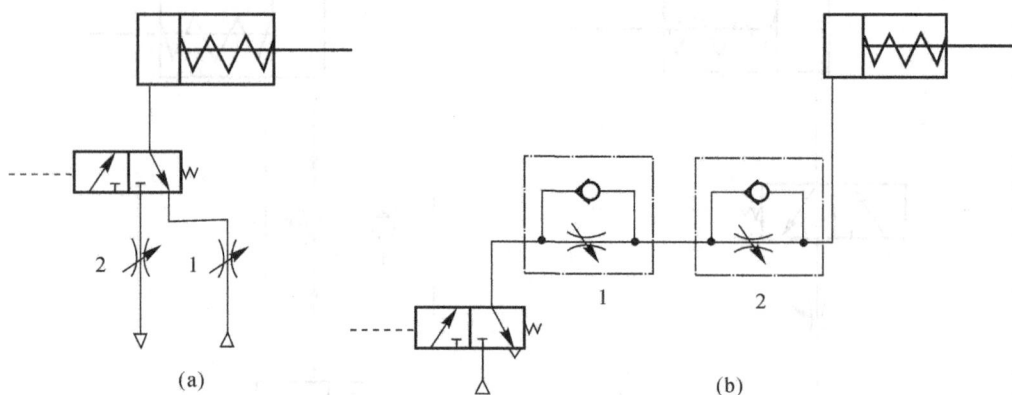

图14-7 单作用气缸双向调速回路

二、双作用气缸的速度控制回路

双作用气缸的调速回路可采用图14-8所示的几种方法。

1. 进气节流调速回路

图14-8(a)所示为双作用气缸的进气节流调速回路。当进气节流时,气缸排气腔压力很快降至大气压,而进气腔压力的升高比排气腔压力的降低缓慢。当进气腔压力产生的合力大于活塞静摩擦力时,活塞开始运动。由于动摩擦力小于静摩擦力,所以活塞启动时运动速度较快,进气腔容积急剧增大。进气节流限制了供气速度,使得进气腔压力降低,从而容易造成气缸爬行现象。一般来说,进气节流多用于垂直安装的气缸支撑腔的供气回路。

2. 排气节流调速回路

图14-8(b)所示为双作用气缸的排气节流调速回路。当排气节流时,排气腔内可以建立与负载相适应的背压,在负载保持不变或微小变动的条件下,运动比较平稳,调节节流阀的开度即可调节气缸往复运动的速度。从节流阀的开度和速度的比例、初始加速度、缓冲能力等特性来看,双作用气缸一般采用排气节流控制。

图14-8(c)所示为采用排气节流阀的调速回路。

3. 快速返回回路

图14-8(d)所示为采用快速排气阀的气缸快速返回回路。此回路在气缸返回时的出口安装了快速排气阀,这样可以提高气缸返回速度。

4. 缓冲回路

气缸驱动较大负载高速移动时,会产生很大的动能。将此动能从某一位置开始逐渐减小,逐渐减慢速度,最终使执行元件在指定位置平稳停止的回路称为缓冲回路。

缓冲的方法大多是利用空气的可压缩性,在气缸内设置气压缓冲装置。对于行程短、速度高的情况,气缸内设气压缓冲吸收动能比较困难,一般采用液压吸振器,如图14-9(a)所示;对于运动速度较高、惯性力较大、行程较长的气缸,可采用两个节流阀并联使用的方法,如图14-9(b)所示。

在图14-9(b)所示的回路中,节流阀3的开度大于节流阀2的节流口。当阀1通电时,A腔进气,B腔的气流经节流阀3、换向阀4从阀1排出。调节阀3的节流阀开度,可改变活塞杆的前进速度。当活塞杆挡块压下行程终端的行程阀4时,阀4换向,通路切断,这时B腔的余气只能从阀2的节流阀排出。如果把阀2的节流开度调得很小,则B腔内压力猛升,对活塞产生反向作用力,阻止和减小活塞的高速运动,从而达到在行程末端减速和缓冲的目的。根据负载的大小调整行程阀4的位置,即调整B腔的缓冲容积,就可获得较好的缓冲效果。

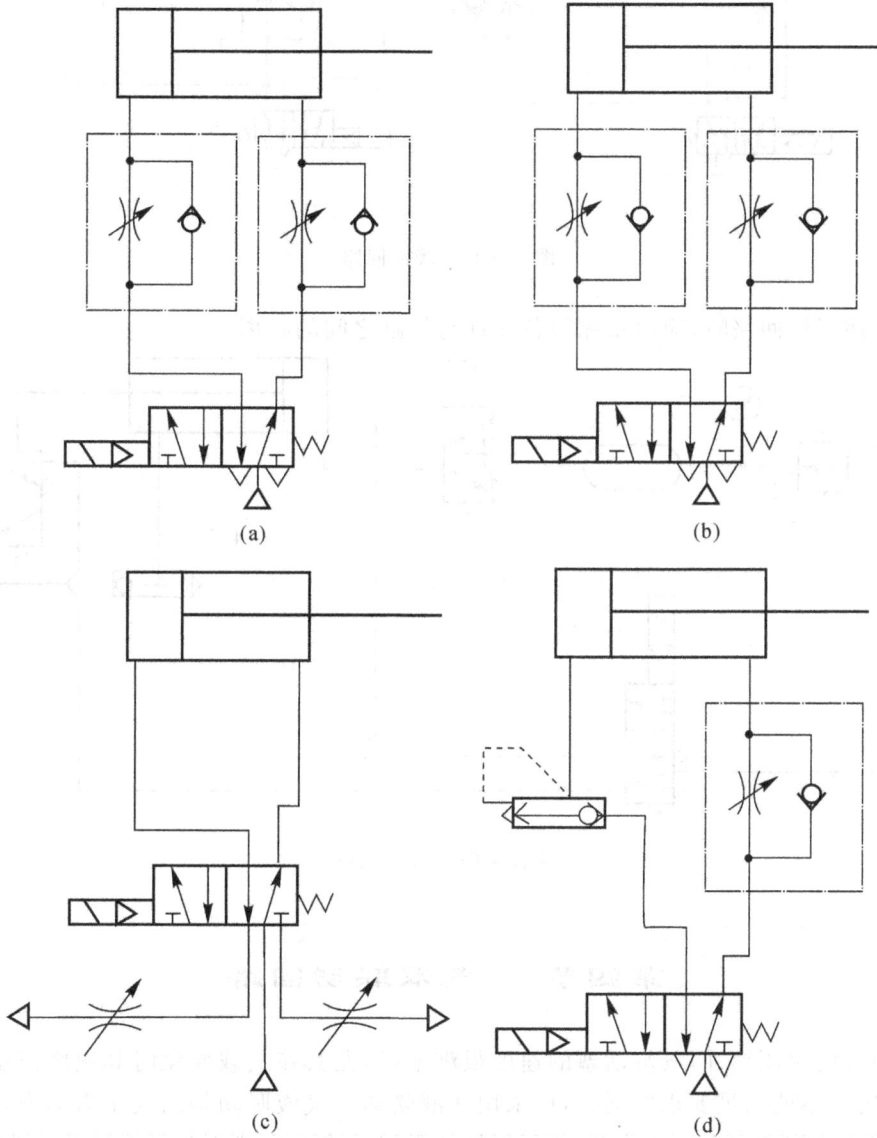

图14-8 双作用气缸的调速回路

5.冲击回路

冲击回路是利用气缸的高速运动给工件以冲击的回路。

如图14-10所示,此回路由储存压缩空气的储气罐1、快速排气阀4及操纵气缸的换向阀2,3等元件组成。气缸在初始状态时,由于机动换向阀处于压下状态,即上位工作,气缸有杆腔通大气。二位五通电磁阀通电后,二位三通气控阀换向,气罐内的压缩空气快速流入冲击气缸,气缸启动,快速排气阀快速排气,活塞以极高的速度运动,活塞的动能可以对工件形成很大

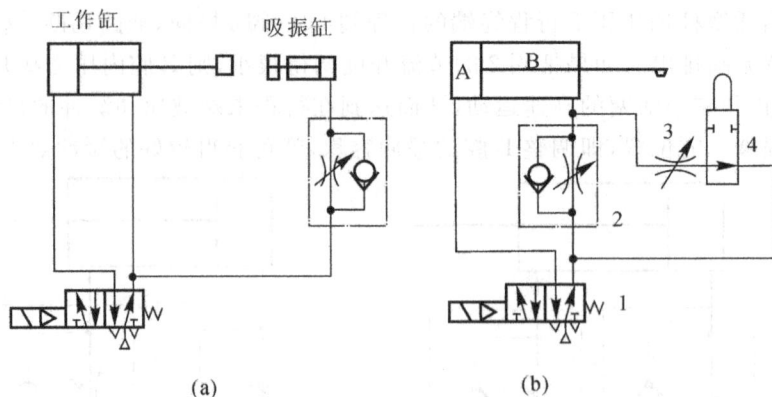

图 14 - 9　缓冲回路

的冲击力。使用该回路时，应尽量缩短各元件与气缸之间的距离。

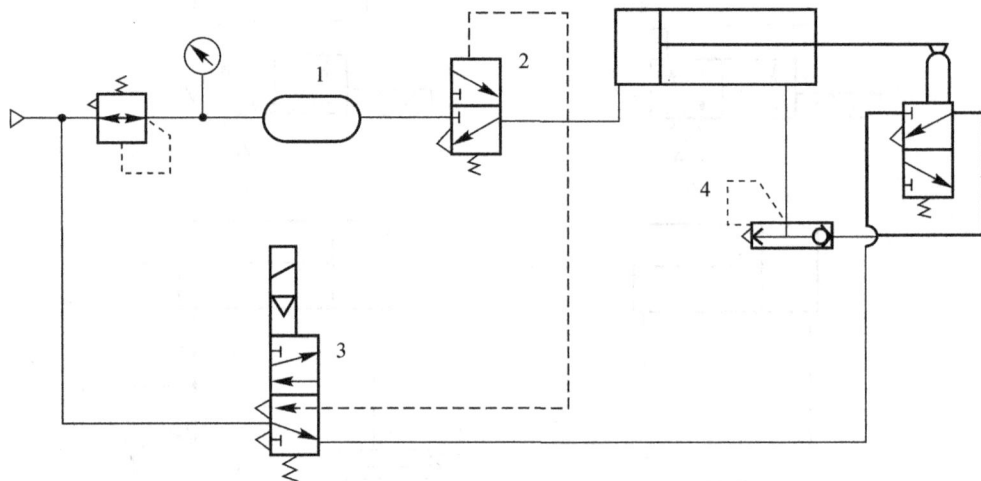

图 14 - 10　冲击回路

第四节　气液联动回路

由于空气的可压缩性，气缸活塞的速度很难平稳，尤其在负载变化时其速度波动更大，在气动调速、定位不能满足要求的场合，可采用气液联动。气液联动是以气压为动力，利用气液转换装置把气压传动变为液压传动，或采用气液阻尼缸来获得能更为平稳地和更为有效地控制运动速度的气压传动。气液联动回路结构简单、经济可靠，充分利用了液压和气动的优点。

一、采用气液转换器的速度控制回路

图 14-11(a) 所示为采用气液转换器的双向调速回路。在该回路中，原来的气缸换成液压缸，但原动力还是压缩空气。由换向阀 1 输出的压缩空气通过气液转换器 2 转换成油压，推动液压缸 4 作前进与后退运动。两个节流阀 3 串联在油路中，可控制液压缸活塞进退运动的速度。由于油是不可压缩的介质，因此其调节的速度容易控制、调速精度高、活塞运动平稳。

需要注意的是,气液转换器的储油容积应大于液压缸容积,而且要避免气体混入油中,否则就会影响调速精度与活塞运动的平稳性。

图 14-11(b) 所示为采用气液转换器,且能实现"快进 — 慢进 — 快退"的变速回路。

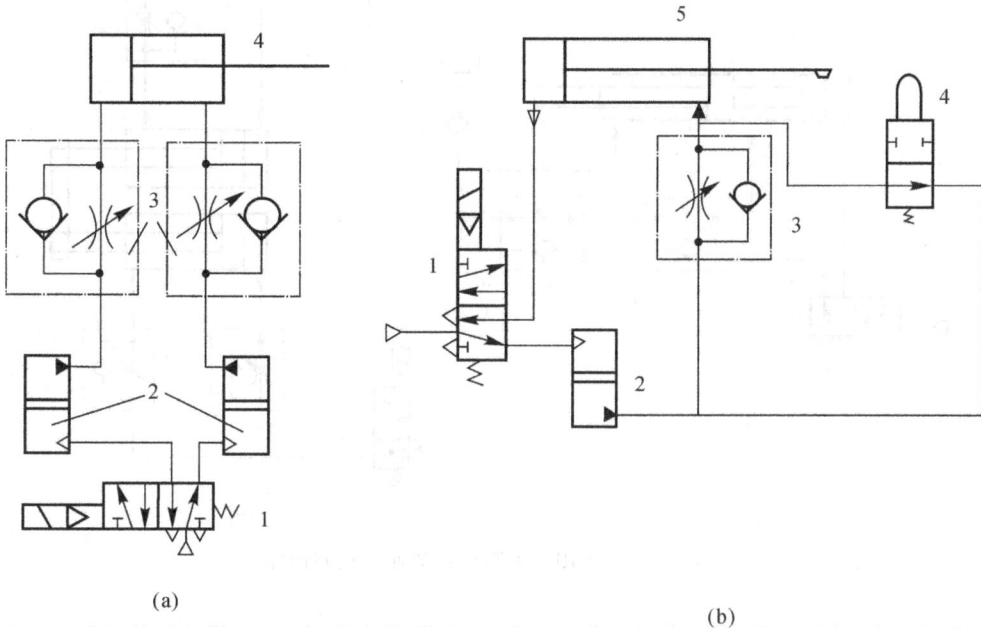

图 14-11　采用气液转换器的速度控制回路

快进阶段:当换向阀 1 通电时,缸 5 左腔进气,右腔经阀 4 快速排油至气液转换器 2,活塞杆快速前进。

慢进阶段:当活塞杆的挡块压下行程阀 4 时,油路切断,右腔余油只能经阀 3 的节流阀回流到 2,因此活塞杆慢速前进。调节节流阀 3 的开度,就可得到所需的进给速度。

快退阶段:在阀 1 复位后,经气液转换器,油液经阀 3 迅速流入缸 5 右腔,同时缸左腔的压缩空气迅速从阀 1 排空,使活塞杆快速退回。

这种变速回路常用于金属切削机床上推动刀具进给和退回的驱动缸。行程阀 2 的位置可根据加工工件的长度进行调整。

二、应用气液阻尼缸的速度控制回路

在这种回路中,用气缸传递动力,由液压缸进行阻尼和稳速,由液压缸和调速机构进行调速。由于调速是在液压缸和油路中进行的,因而调速精度高、运动速度平稳。因此,这种调速回路应用广泛,尤其在金属切削机床中用得最多。

图 14-12(a) 所示为串联型气液阻尼缸双向调速回路。由换向阀 1 控制气液阻尼缸 2 的活塞杆前进与后退,阀 3 和阀 4 调节活塞杆的进、退速度,油杯 5 起补充回路中少量漏油的作用。

图 14-12(b) 所示为并联型气液阻尼缸调速回路。调节连接液压缸两腔回路中设置的节流阀 6,即可实现速度控制,7 为储存液压油的蓄能器。这种回路的优点是比串联型结构紧凑,气液不宜相混;不足之处是如果两缸安装轴线不平行,会由于机械摩擦导致运动速度不平稳。

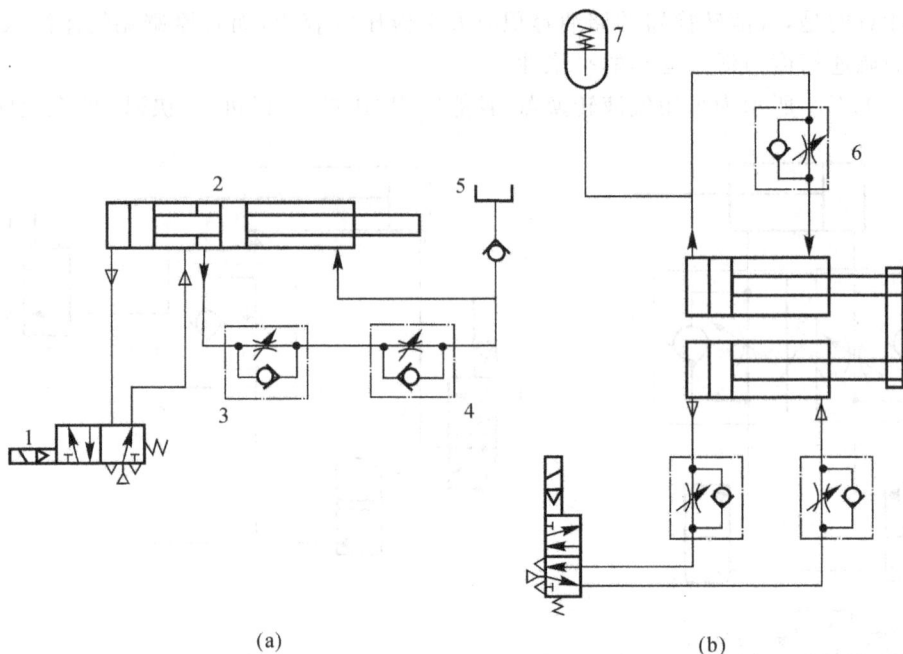

图 14-12　采用气液阻尼缸的速度控制回路

第五节　　位置控制回路

气动系统中,气缸通常只有两个固定的定位点。若要求气动执行元件在运动过程中的某个中间位置停下来,则要求气动系统具有位置控制功能。常采用的位置控制方式有气压控制方式、机械挡块方式、气液转换方式和制动气缸控制方式等。

一、采用三位阀的位置控制回路

图 14-13(a) 所示为采用三位五通阀中位封闭式的位置控制回路。当阀处于中位时,气缸两腔的压缩空气被封闭,活塞可以停留在行程中的某一位置。这种回路不允许系统有内泄漏,否则气缸将偏离原停止位置。另外,由于气缸活塞两端作用面积不同,阀处于中位后活塞仍将移动一段距离。

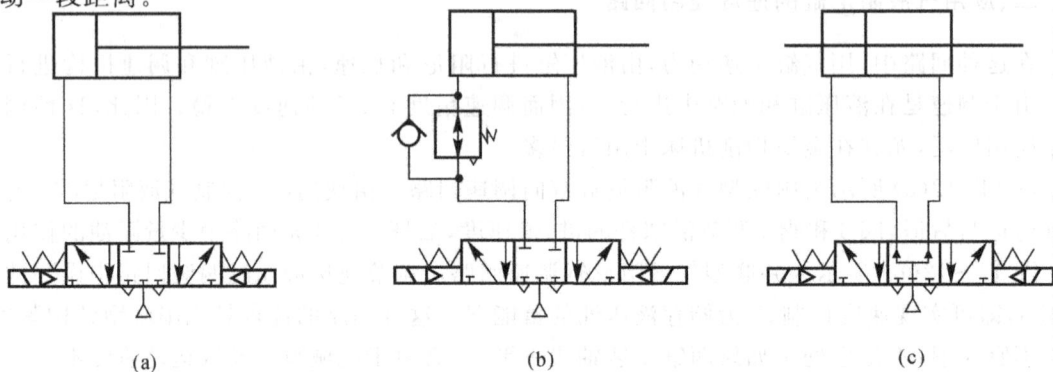

图 14-13　采用三位阀的位置控制回路

　　图 14-13(b) 所示回路可以克服上述缺点,因为它在活塞面积较大的一侧和控制阀之间增设了调压阀,调节调压阀的压力,可以使作用在活塞上的合力为零。

　　图 14-13(c) 所示回路采用了中位加压式三位五通换向阀,适用于活塞两侧作用面积相等的气缸。

　　由于空气的可压缩性,采用纯气动控制方式难以得到较高的控制精度。

二、采用机械挡块的位置控制回路

　　图 14-14 所示为采用机械挡块辅助定位的控制回路。该回路简单可靠,其定位精度取决于挡块的机械精度。必须注意的问题是,为防止系统压力过高,应设置有安全阀;为了保证高的定位精度,挡块的设置既要考虑有较高的刚度,又要考虑具有吸收冲击的缓冲能力。

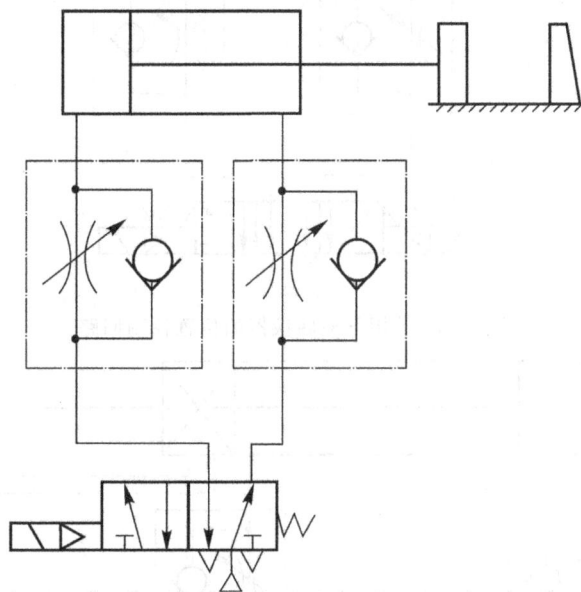

图 14-14　采用机械挡块的位置控制回路

三、采用气液转换器的位置控制回路

　　图 14-15 所示为采用气液转换器的位置控制回路。当液压缸运动到指定位置时,控制信号使五通电磁阀和二通电磁阀均断电,液压缸有杆腔的液体被封闭,液压缸停止运动。采用气液转换方法的目的是获得高精度的位置控制效果。

四、采用制动气缸的位置控制回路

　　图 14-16 所示为利用制动气缸实现中间定位控制的回路。该回路中,三位五通换向阀 1 的中位机能为中位加压型,二位五通阀 2 用来控制制动活塞的动作,利用带单向阀的减压阀 3 来进行负载的压力补偿。当阀 1,2 断电时,气缸在行程中间制动并定位;当阀 2 通电时,制动解除。

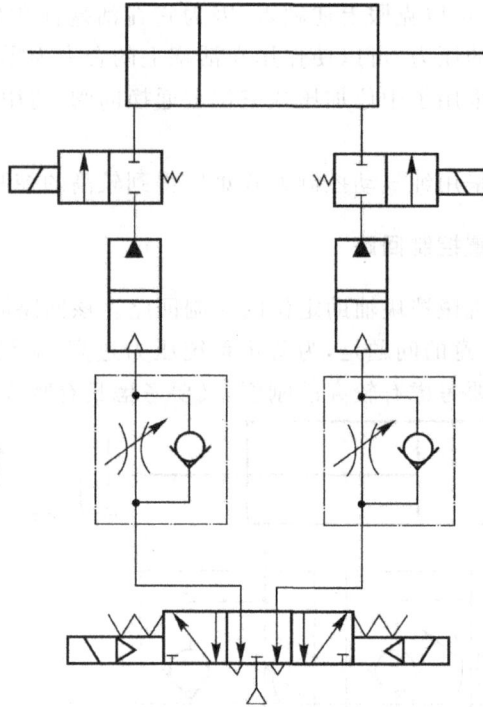

图 14-15 采用气液转换器的位置控制回路

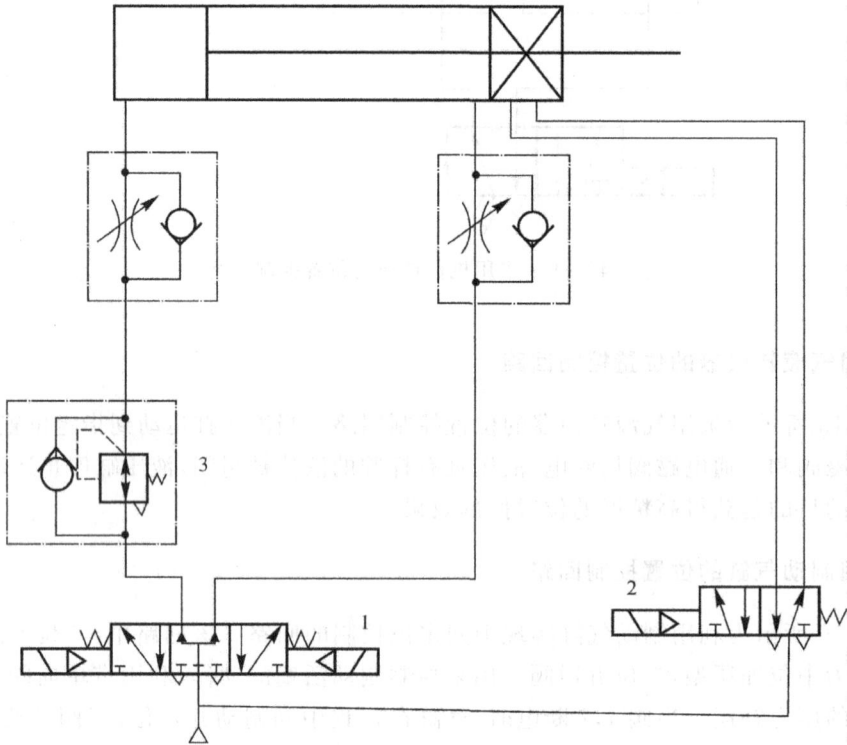

图 14-16 采用制动气缸的位置控制回路

五、采用串联气缸的位置控制回路

如图 14-17 所示,气缸由多个气缸串联而成。当换向阀 1 通电时,左侧的气缸就推动中间及右侧的活塞右行到达左气缸的行程终点。当换向阀 2 通电时,左气缸保持不动,中间及右侧气缸继续向右运动。当换向阀 3 换向时,右缸再继续向前运动。换向阀 1,2,3 同时断电时,靠右侧气缸的力回到原位。在这个位置控制回路中,依靠三个气缸不同的行程而得到四个定位位置。

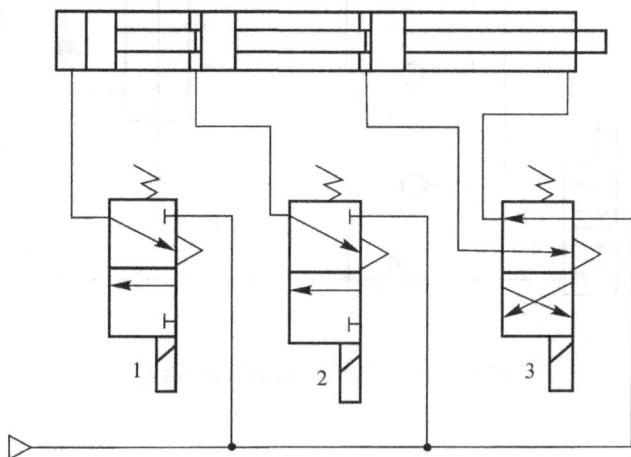

图 14-17　采用串联气缸的位置控制回路

第六节　其他常用基本回路

一、同步动作回路

图 14-18 所示为简单的同步动作回路。它采用刚性连接部件连接两缸活塞杆,迫使 A,B 两缸同步。

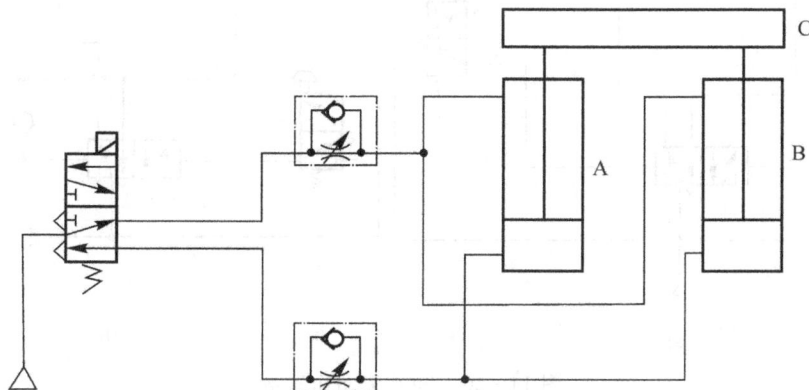

图 14-18　同步动作回路

图14-19所示为气液转换同步动作回路。此回路缸1下腔与缸2上腔相连,内部注满液压油,只要保证缸1下腔的有效面积和缸2上腔有效面积相等就可实现同步。回路中3接放气装置,用于放掉混入油中的气体。

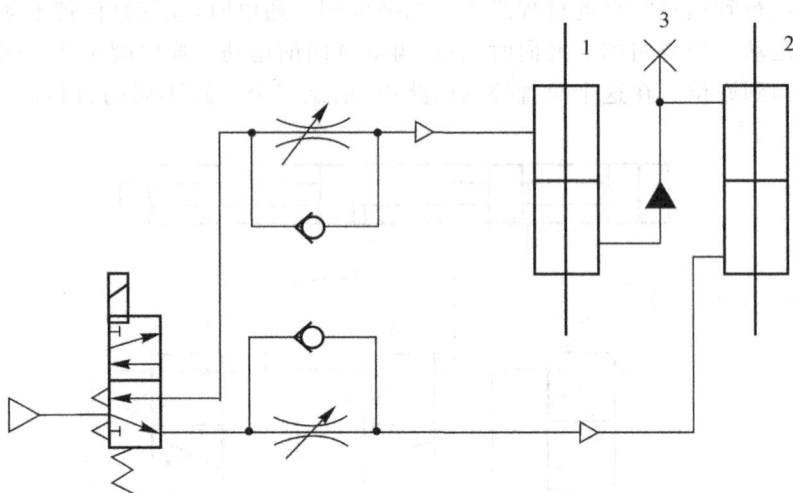

图14-19 气液转换同步动作回路

二、往复动作回路

图14-20所示为两种常用的单往复回路。图(a)是行程控制的单往复回路。按下阀1,主阀3切换,气缸活塞右行;当撞块碰下行程阀2时,主阀3复位,气缸活塞自动返回。图(b)是压力控制的单往复回路。按下阀1,主阀3切换,气缸活塞右行;与此同时,气压作用在顺序阀2上。当活塞运动到行程终点时,无杆腔压力升高并打开顺序阀,使主阀3复位,气缸活塞自动返回。

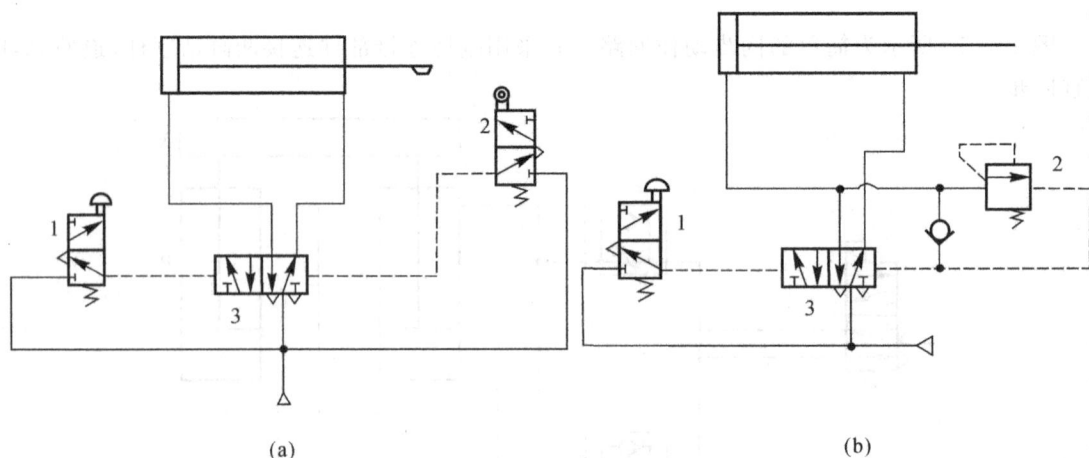

(a)　　　　　　　　　　　　(b)

图14-20 单往复动作回路

(a)行程控制的单往复回路;(b)压力控制的单往复回路

图 14-21 所示为连续往复动作回路。按下阀 1，主阀 4 切换，气缸活塞右行。此时由于阀 3 复位而将控制气路断开，主阀 4 不能复位。当活塞前行到行程终点压下阀 2 时，主阀 4 的控制气体经阀 2 排出，主阀 4 在弹簧作用下复位，气缸活塞返回。当活塞返回到行程终点压下阀 3 时，主阀 4 切换，重复上一循环动作。断开手动阀 1，方可使这一连续往复动作在活塞返回到原位置时停止。

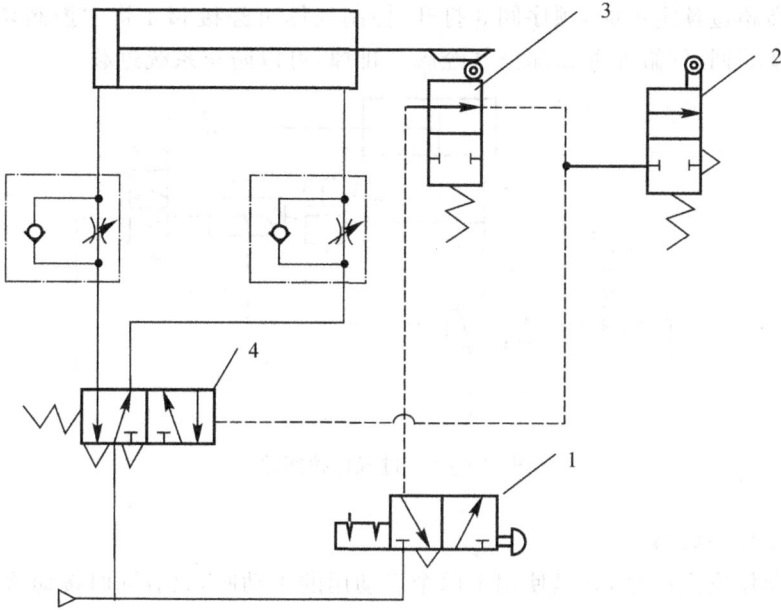

图 14-21　连续往复动作回路

三、安全保护回路

由于气动机构负荷的过载、气压的突然降低以及气动执行机构的快速动作等原因都可能危及操作人员或设备安全，因此在气动回路中，常常要加入安全回路。需要指出的是，在设计任何气动回路中，特别是安全回路中，都不可缺少过滤装置和油雾器。这是因为污脏空气中的杂物可能堵塞阀中的小孔与通路，使气路发生故障。缺乏润滑油，很可能使阀发生卡死或磨损，以致整个系统的安全都发生问题。下面介绍几种常用的安全保护回路。

1. 互锁回路

图 14-22 所示为互锁回路。该回路能防止各气缸的活塞同时动作，而保证只有一个活塞动作。该回路的技术要点是利用梭阀 1,2,3 及换向阀 4,5,6 进行互锁。

例如，当换向阀 7 切换至左位时，则换向阀 4 至左位，使 A 缸活塞杆上移伸出。与此同时，气缸进气管路的压缩空气使梭阀 1,2 动作，把换向阀 5,6 锁住，B 缸和 C 缸活塞杆均处于下降状态。此时换向阀 8,9 即使有信号，B,C 缸也不会动作。如果改变缸的动作，必须把前动作缸的气控阀复位。

图 14-22　互锁回路

2.过载保护回路

当活塞杆在伸出途中遇到故障或其他原因使气缸过载时,活塞能自动返回的回路称为过载保护回路。

如图14-23所示的过载保护回路,按下手动换向阀1,二位五通换向阀2处于左位,活塞右移前进。正常运行时,挡块压下行程阀5后,活塞自动返回;当活塞运行中途遇到障碍物6,气缸左腔压力升高超过预定值时,顺序阀3打开,控制气体可经梭阀4将主控阀切换至右位(图示位置),使活塞缩回,气缸左腔压缩空气经阀2排掉,可以防止系统过载。

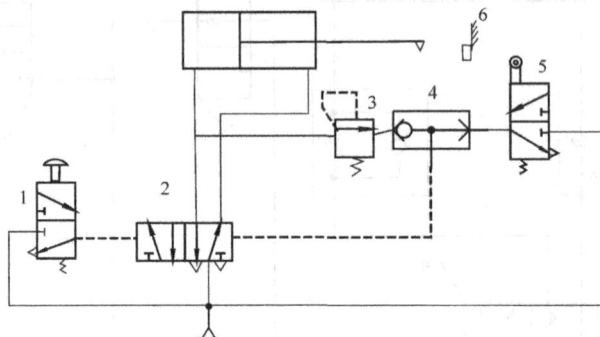

图 14-23 过载保护回路

3.双手操作安全回路

所谓双手操作安全回路,就是使用了两个启动用的手动阀,只有同时按动这两个阀时才动作的回路。这在锻压、冲压设备中常用来避免误动作,以保护操作者的安全及设备的正常工作。

图14-24(a)所示回路需要双手同时按下手动阀时,才能切换主阀,气缸活塞才能下落并锻、冲工件。实际上,给主阀的控制信号相当于阀1,2相"与"的信号。如阀1(或2)的弹簧折断不能复位,此时单独按下一个手动阀,气缸活塞也可以下落,所以回路并不十分安全。

在图14-24(b)所示的回路中,当双手同时按下手动阀时,气罐3中预先充满的压缩空气经节流阀4,延迟一定时间后切换阀5,活塞才能落下。如果双手不同时按下手动阀,或因其中任何一个手动阀弹簧折断不能复位,气罐3中的压缩空气都将通过手动阀1的排气口排空,不足以建立起控制压力,因此阀5不能被切换,活塞不能下落。所以,此回路比上述回路更为安全。

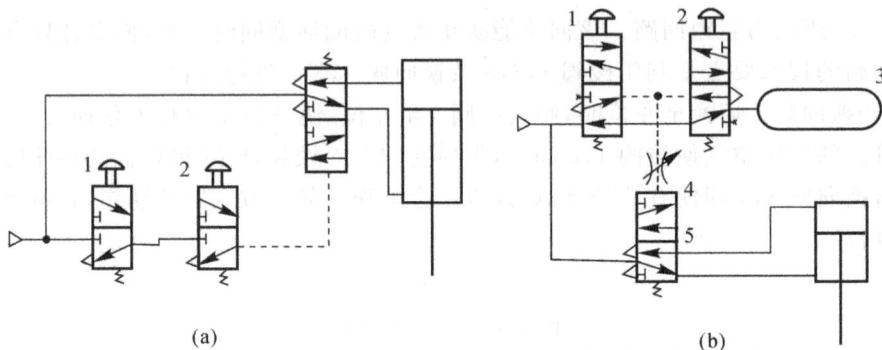

(a) (b)

图 14-24 双手操作安全回路

4.计数回路

图 14-25 所示为二进制计数回路。在图(a)中,阀 4 的换向位置取决于阀 2 的位置,而阀 2 的换位又取决于阀 3 和阀 5。如图所示,若按下阀 1,气信号经阀 2 至阀 4 的左端使阀 4 换至左位,同时使阀 5 切断气路,此时气缸活塞杆伸出;在阀 1 复位后,原通入阀 4 左控制端的气信号经阀 1 排空,阀 5 复位,于是气缸无杆腔的气体经阀 5 至阀 2 左端,使阀 2 换至左位等待阀 1 的下一次信号输入。当阀 1 第二次按下时,气信号经阀 2 的左位至阀 4 右端使阀 4 换至右位,气缸活塞杆退回,同时阀 3 将气路切断。待阀 1 复位后,阀 4 右端信号经阀 2、阀 1 排空,阀 3 复位并将气流导至阀 2 左端使其换至右位,又等待阀 1 下一次信号输入。这样,第 1,3,5…(奇数) 次按下阀 1,则气缸活塞杆伸出;第 2,4,6…(偶数) 次按下阀 1,则气缸活塞杆退回。

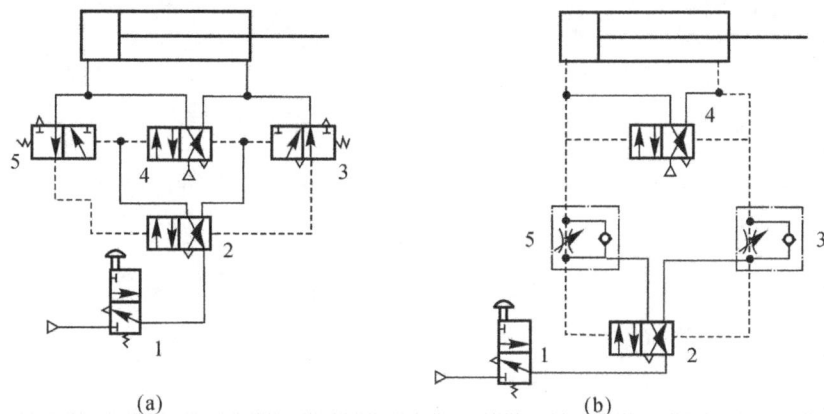

图 14-25　计数回路

图(b)的计数原理与图(a)的相同。所不同的是:按下阀 1 的时间不能过长,只要使阀 4 切换后就放开;否则,气信号将经阀 5 或阀 3 通至阀 2 的左或右端,使阀 2 换位,气缸反行,从而使气缸来回振荡。

5.延时回路

图 14-26(a) 所示为延时接通回路。当有信号 K 输入时,阀 A 换向,此时气源经节流阀缓慢向气容 C 充气,经一段时间 t 延时后,气容内压力升高到预定值,使主阀 B 换向,气缸活塞开始右行。当信号 K 消失时,气容 C 中的气体可经单向阀迅速排出,主阀 B 立即复位,气缸活塞返回。改变节流开口度,可调节延时换向时间 t 的长短。

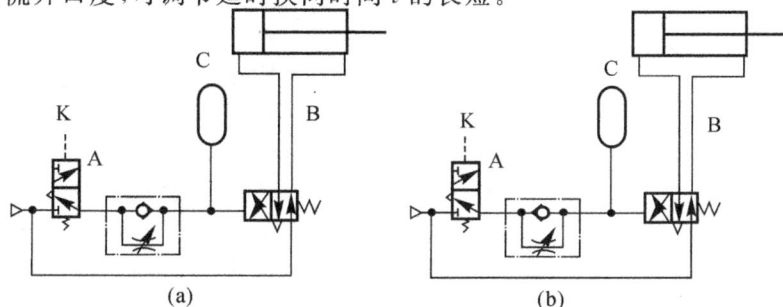

图 14-26　延时回路
(a) 延时接通回路;　(b) 延时断开回路

将单向节流阀反接,得到延时断开回路(见图 14 - 26(b)),其功用正好与上述相反。

思考与习题

14 - 1　试设计能完成快进 — 工进 — 快退自动循环的气控回路。

14 - 2　用一个单电控二位五通阀、一个单向阀、一个快速排气阀,设计一个可使双作用气缸慢进 — 快速返回的控制回路。

14 - 3　试设计一双作用气缸动作之后单作用气缸才能动作的连锁回路。

第十五章 气压传动系统设计与实例

第一节 气压传动系统设计

常规的气压传动系统的设计步骤和方法与液压传动系统相同。本节简要介绍一下气动程序控制系统的设计方法。

程序控制是根据生产过程的要求,使被控制的执行元件按预先规定的顺序协调动作的一种自动控制方法,在自动控制系统中广泛采用。程序控制有时间程序控制、行程程序控制和混合程序控制三类。

时间程序控制是指各执行元件的动作按时间顺序进行,时间信号通过控制线路,按一定的时间间隔分配给相应的执行元件,令其产生有顺序的动作。时间程序控制是一种开环控制。

行程程序控制是指执行元件执行某一动作后,由行程发信器发出信号,此信号输入逻辑控制回路,再由其作出逻辑运算发出有关执行信号,完成下一步动作;此动作完成后,又发出新的信号,直到完成预定的控制为止。行程程序控制是一种闭环控制。

混合程序控制通常都是在行程程序控制中包含了一些时间信号,若将时间信号视为行程信号的一种,则它实际上亦属于行程程序控制。

行程程序控制的优点是结构简单,维护方便,动作稳定,特别是当程序中某处出现故障时,整个程序就停止进行,从而实现自动保护。因此,行程程序控制方式在气动系统中被广泛采用。其设计步骤如下:

一、明确工作任务与环境要求

(1) 工作环境要求,如温度、粉尘、易燃、易爆、冲击及振动等情况;

(2) 动力要求,如输出力和转矩的情况等;

(3) 运动状态要求,如执行元件的运动速度、行程和回转角速度等;

(4) 工作要求,即完成工艺或生产过程的具体程序;

(5) 控制方式要求,如手动、自动等。

二、回路设计

回路设计是整个气动控制的核心,其设计步骤为:

(1) 根据工作任务要求列出工作程序,包括用几个执行元件及动作顺序等;

(2) 根据程序画出信号的动作(X—D) 状态图或卡诺图等;

(3) 找出障碍并消除障碍;

(4) 画出逻辑原理图和气动回路图。

三、选择和计算执行元件

（1）确定执行元件的类型及数目；

（2）计算和选定各动作和结构参数，如运动速度、行程、转矩、输出力及气缸的缸径等；

（3）计算耗气量。

四、选择控制元件

（1）确定控制元件的类型及数目；

（2）确定控制方式及安全保护回路。

五、选择气动辅助元件

（1）选择滤油器、油雾器、储气罐、干燥器等形式和容量；

（2）确定管径及管长、管接头的形式等；

（3）验算各种阻力损失和局部损失。

六、根据执行元件的耗气量定出压缩机的容量及台数

按上述步骤进行设计，便可设计出比较完整的气动控制系统。

第二节　　气压传动系统实例

气压传动技术是实现工业生产自动化和半自动化的方式之一，其应用遍及工业生产的各个部门。本节简要介绍几种气压传动及控制系统在生产中的应用实例。

一、工件夹紧气压传动系统

图 15-1 所示为机械加工自动线、组合机床中常用的工件夹紧气压系统图。其工作原理是：当工件运行到指定位置时，气缸 A 的活塞杆伸出，将工件定位锁紧后，两侧的气缸 B 和 C 的活塞杆同时伸出，从两侧面夹紧工件，实现夹紧，而后进行机械加工。该气动系统的动作过程如下：在用脚踏下脚踏换向阀 1（在自动线中也常采用其他形式的换向方式）后，压缩空气经单向节流阀进入气缸 A 的无杆腔，夹紧头下降至锁紧位置后使机动行程阀 2 换向，压缩空气经单向节流阀 5 进入中继阀 6 的右侧，使阀 6 换向；压缩空气经阀 6 通过主控阀 4 的左位进入气缸 B 和 C 的无杆腔，使两气缸活塞杆同时伸出，夹紧工件。与此同时，压缩空气的一部分经单向节流阀 3 调定延时后使主控阀 4 换向到右位，则两气缸 B 和 C 返回。在两气缸返回的过程中，有杆腔的压缩空气使脚踏阀 1 复位，则气缸 A 返回。此时，由于行程阀 2 复位（右位），所以中继阀 6 也复位，则气缸 B 和 C 的无杆腔通大气，主控阀 4 自动复位，由此完成了一个缸 A 活塞杆伸出压下（A_1）→ 夹紧缸 B，C 活塞杆伸出夹紧（B_1，C_1）→ 夹紧缸 B，C 活塞杆返回（B_0，C_0）→ 缸 A 活塞杆返回（A_0）的动作循环。

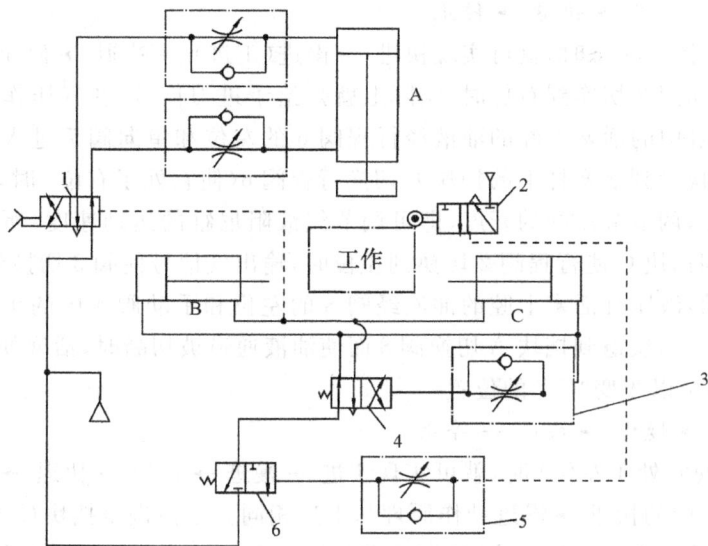

图 15-1　工件夹紧气动系统图

1— 脚踏换向阀；　2— 机动执行阀；　3,5— 单向节流阀；　4— 主控阀；　6— 中继阀；　A,B,C— 气缸

二、气液动力滑台气压传动系统

如图 15-2 所示,该气液动力滑台用气液阻尼缸作为执行元件,在机床设备中用来实现进给运动。它可完成两种工作循环:

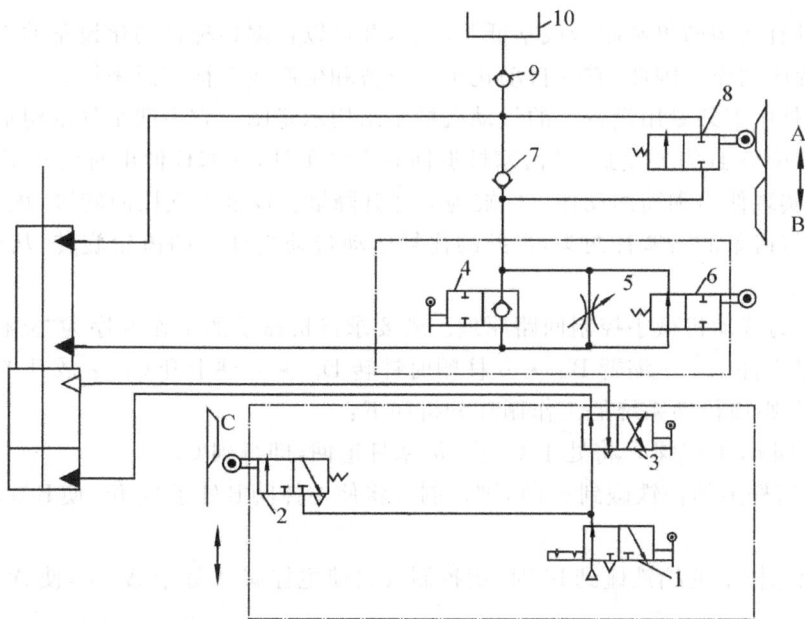

图 15-2　气液动力滑台气动系统图

1,3,4— 手动阀；　2,6,8— 行程阀；　5— 节流阀；　7,9— 单向阀；　10— 补油箱；　A,B,C— 挡块

1. 快进 → 慢进(工进) → 快退 → 停止

当手动阀4处于图示状态时,就可实现快进 → 慢进(工进) → 快退 → 停止的动作循环。其动作原理为:当手动阀3切换到右位时,实际上就是给予进刀信号,在气压作用下气缸活塞开始向下运动,液压缸中的活塞下腔的油液经行程阀6的左位和单向阀7进入液压缸活塞的上腔,实现快进。当快进到活塞杆上的挡块B切换行程阀6(使它处于右位)时,油液只能经节流阀5进入活塞上腔,调节节流阀的开度,即可调节气液阻尼缸的运动速度,所以活塞开始慢进(工进)。当慢进到挡块C使行程阀2切换到左位时,输出气信号使阀3切换到左位,这时气缸活塞开始向上运动,液压缸活塞上腔的油液经阀8的左位和手动阀4中的单向阀进入液压缸的下腔,实现快退。当快退到挡块A切换阀8而使油液通道被切断时,活塞便停止运动。改变挡块A的位置,就可以改变"停"的位置。

2. 快进 → 慢进 → 慢退 → 快退 → 停止

关闭手动阀4(使它处于左位)时,就可实现快进 → 慢进 → 慢退 → 快退 → 停止的双向进给程序。其动作循环中的快进 → 慢进动作原理与上述相同。当慢进至挡块C切换行程阀2至左位时,输出气信号使阀3切换至左位,气缸活塞开始向上运动,这时液压缸活塞杆上腔的油液经行程阀8的左位和节流阀5进入活塞杆下腔,亦即实现了慢退(反向进给)。慢退到挡块B离开阀6的顶杆而使其复位(左位工作)后,液压缸活塞上腔的油液就经阀6左位而进入活塞下腔,开始了快退。快退到挡块A切换阀8而使油液通路被切断时,活塞就停止运动。

在图15-2中,带定位机构的手动阀1、行程阀2和手动阀3组合成一组合阀;阀4,5和6为另一组合阀;补油箱10用以补偿系统中的漏油,一般可用油杯来代替。

三、气动机械手气压传动系统

气动机械手具有结构简单和制造成本低等优点,并可以根据各种自动化设备的工作需要,按照设定的控制程序动作。因此,它在自动化生产设备和生产线上被广泛采用。

图15-3所示是用于某专用设备上的气动机械手结构示意图。它由四个气缸组成,可在三个坐标内工作。图中A缸为夹紧缸,其活塞杆退回时夹紧工件,活塞杆伸出时松开工件。B缸为长臂伸缩缸,可实现伸出和缩回动作。C缸为立柱升降缸。D缸为立柱回转缸,该气缸有两个活塞,分别装在带齿条的活塞杆两头,齿条的往复运动带动立柱上的齿轮旋转,从而实现立柱的回转。

图15-4所示为气动机械手控制回路原理。若要求该机械手的工作顺序为"立柱下降 C_0 → 伸臂 B_1 → 夹紧工件 A_0 → 缩臂 B_0 → 立柱顺时针转 D_1 → 立柱上升 C_1 → 放开工件 A_1 → 立柱逆时针转 D_0",则该传动系统的工作循环分析如下:

(1) 按下启动阀q,主控阀C将处于 C_0 位,活塞杆退回,即得到 C_0。

(2) 当C缸活塞杆上的挡铁碰到 c_0 时,则控制气将使主控阀B处于 B_1 位,使B缸活塞杆伸出,即得到 B_1。

(3) 当B缸活塞杆上的挡铁碰到 b_1 时,则控制气将使主控阀A处于 A_0 位,使A缸活塞杆退回,即得到 A_0。

(4) 当A缸活塞杆上的挡铁碰到 a_0 时,则控制气将使主控阀B处于 B_0 位,使B缸活塞杆退回,即得到 B_0。

(5) 当B缸活塞杆上的挡铁碰到 b_0 时,则控制气将使主控阀D处于 D_1 位,使D缸活塞杆往右,即得到 D_1。

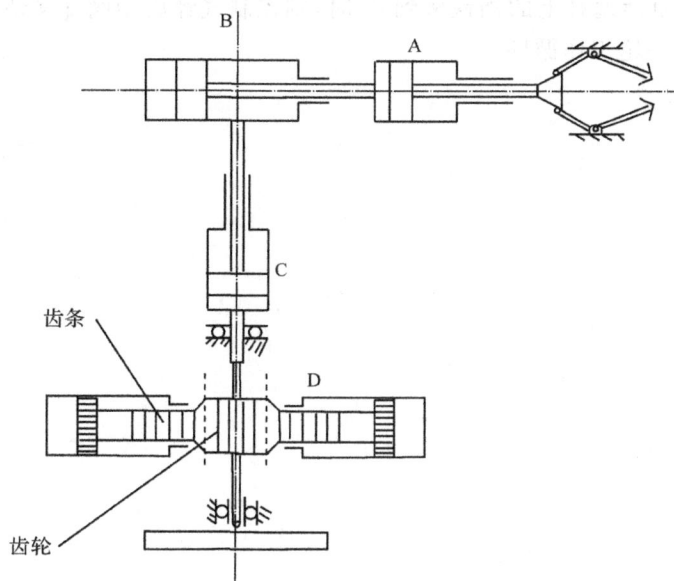

图 15-3　气动机械手结构示意图

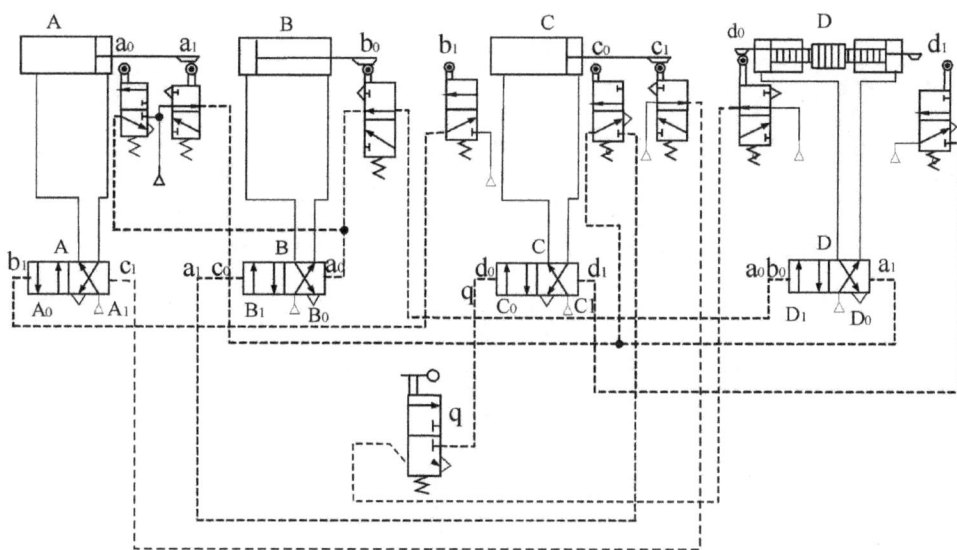

图 15-4　气动机械手控制回路原理

（6）当 D 缸活塞杆上的挡铁碰到 d_1 时,则控制气将使主控阀 C 处于 C_1 位,使 B 缸活塞杆伸出,即得到 C_1。

（7）当 C 缸活塞杆上的挡铁碰到 c_1 时,则控制气将使主控阀 A 处于 A_1 位,使 A 缸活塞杆伸出,即得到 A_1。

（8）当 A 缸活塞杆上的挡铁碰到 a_1 时,则控制气将使主控阀 D 处于 D_0 位,使 D 缸活塞杆往左,即得到 D_0。

（9）当 D 缸活塞杆上的挡铁碰到 d_0 时,则控制气经启动阀 q 又使主控阀 C 处于 C_0 位,于是又开始新的一轮工作循环。

附录 常用液压与气动元件图形符号（GB/T 786.1—1993）

表1 基本符号、管路及连接

名称	符号	名称	符号
工作管路		管端连接于油箱底部	
控制管路		密闭式油箱	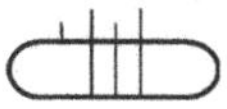
连接管路	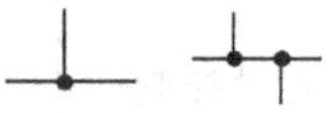	直接排气	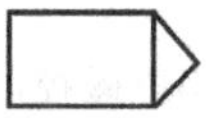
交叉管路	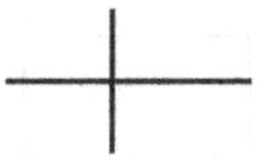	带连接排气	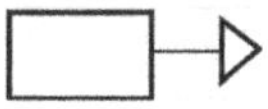
柔性管路		带单向阀快换接头	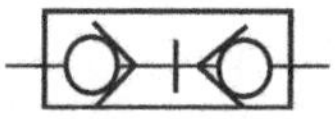
组合元件线		不带单向阀快换接头	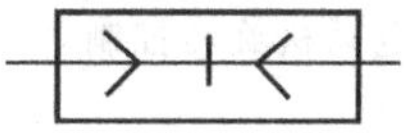
管口在液面以上油箱	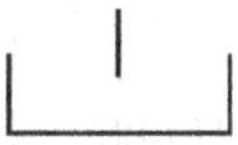	单通路旋转接头	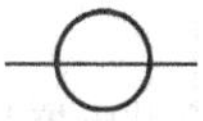
管口在液面以下油箱	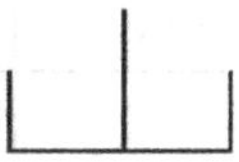	三通路旋转接头	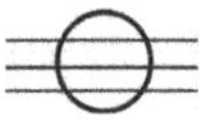

表2 控制机构和控制方法

名称	符号	名称	符号
按钮式人力控制	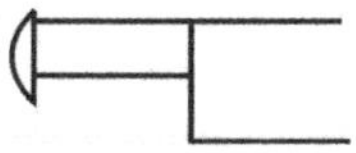	踏板式人力控制	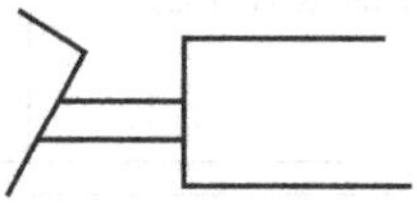

续表

名称	符号	名称	符号
手柄式人力控制		顶杆式机械控制	
弹簧控制		液压先导控制	
单项滚轮式机械控制		液压二级先导控制	
单作用电磁控制		气-液先导控制	
双单作用电磁控制		内部压力控制	
电动机旋转控制		电-液先导控制	
加压或泄压控制		电-气先导控制	
滚轮式机械控制		液压先导泄压控制	
外部压力控制		电反馈控制	

续表

名称	符号	名称	符号
气压先导控制		差动控制	

表 3　泵、马达和缸

名称	符号	名称	符号
单向定量液压泵		液压整体式传动装置	
双向定量液压泵		摆动马达	
单向变量液压泵		单作用弹簧复位缸	
双向变量液压泵		单作用伸缩缸	
单向定量马达		单向变量马达	

续表

名称	符号	名称	符号
双向定量马达	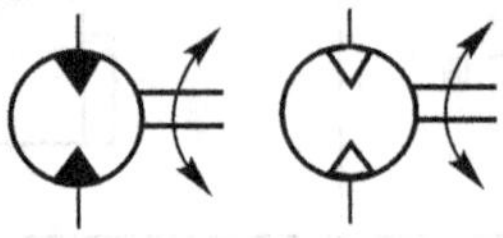	双向变量马达	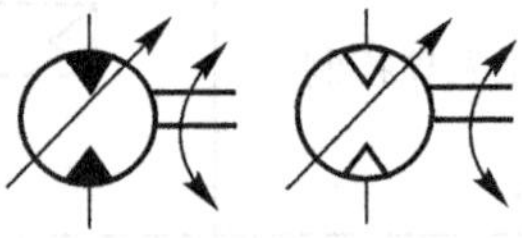
定量液压泵-马达	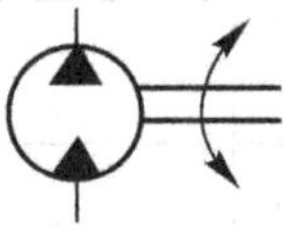	单向缓冲缸	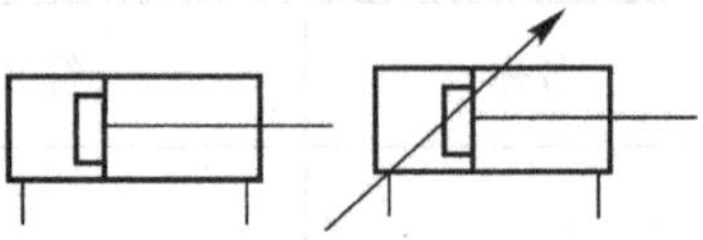
变量液压泵-马达	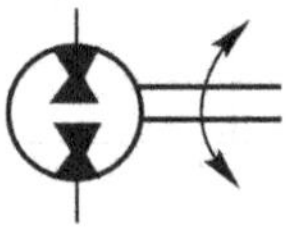	双向缓冲缸	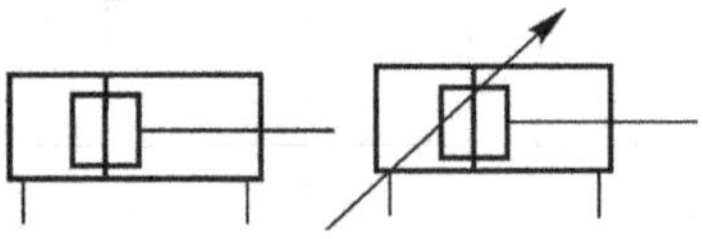
双作用单活塞杆缸	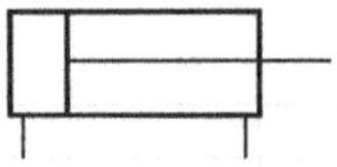	双作用伸缩缸	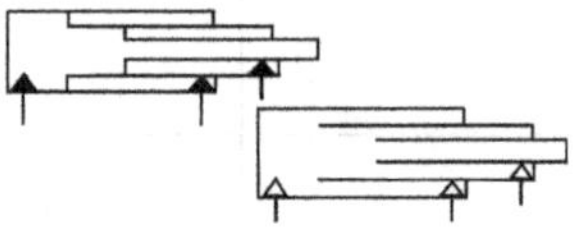
双作用双活塞杆缸	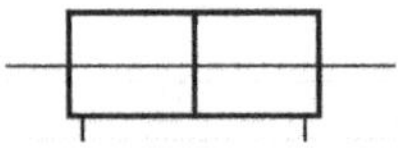	增压器	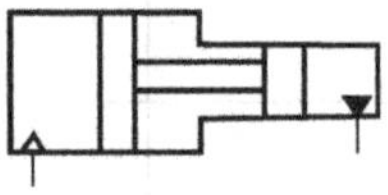

表 4　控制元件

名称	符号	名称	符号
直动型溢流阀	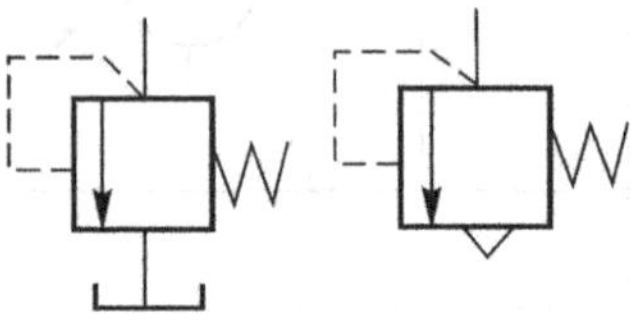	溢流减压阀	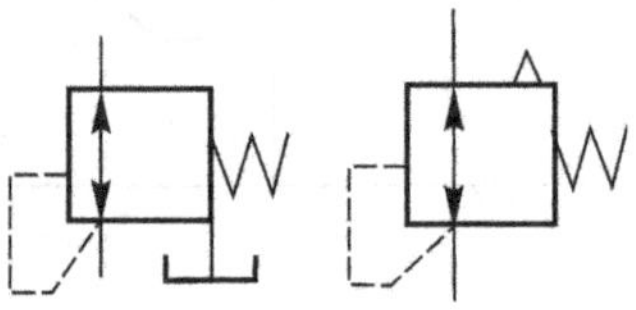

续表

名称	符号	名称	符号
先导型溢流阀		先导型比例 电磁式溢流阀	
先导型比例 电磁溢流阀		定比减压阀	
卸荷溢流阀		定差减压阀	
双向溢流阀		直动型顺序阀	
直动型减压阀		先导型顺序阀	
先导性减压阀		单向顺序阀 （平衡阀）	

续表

名称	符号	名称	符号
直动型卸荷阀		集流阀	
制动阀		分流集流阀	
不可调节流阀		单向阀	
可调节流阀		液控单向阀	
可调单向节流阀		液压锁	
减速阀		或门型梭阀	
带消声器的节流阀		与门型梭阀	
调速阀			
温度补偿调速阀		快速排气阀	
旁通型调速阀		二位二通换向阀	
单向调速阀		二位三通换向阀	

续表

名称	符号	名称	符号
分流阀	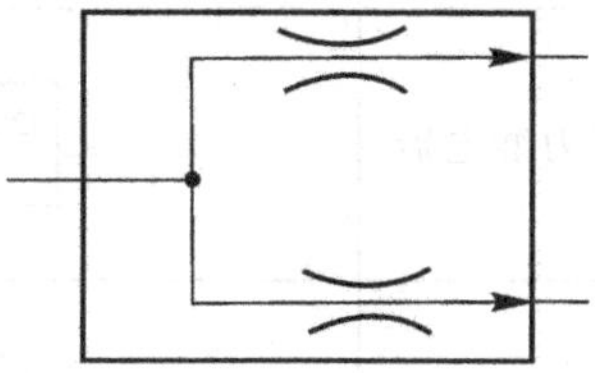	二位四通换向阀	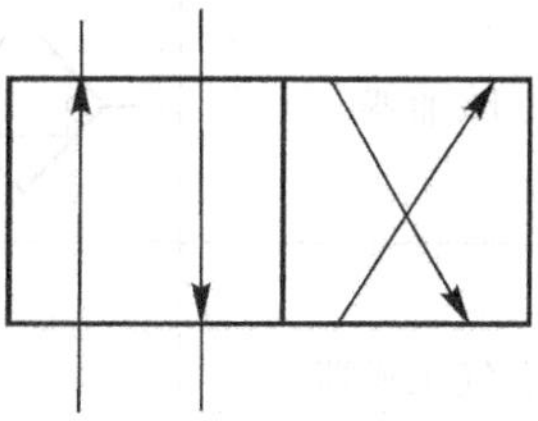
三位四通换向阀	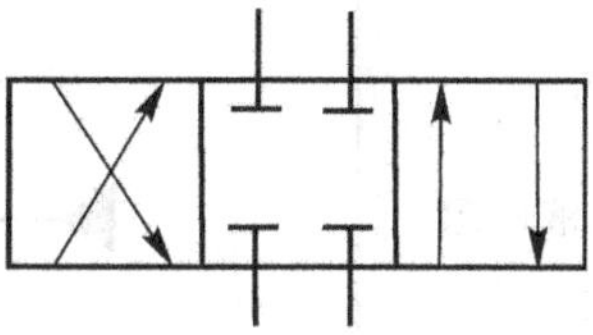	二位五通换向阀	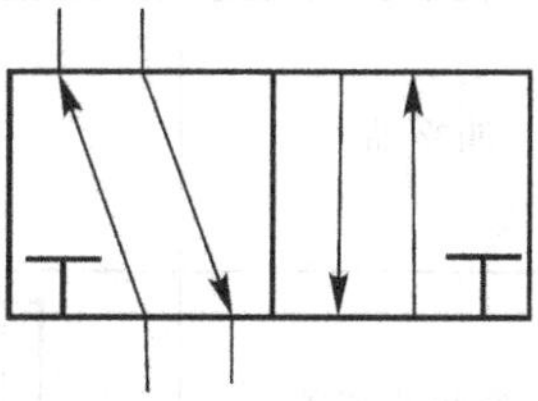
三位五通换向阀	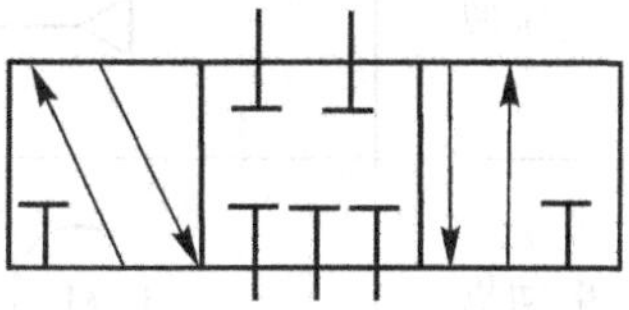	四通电液伺服阀	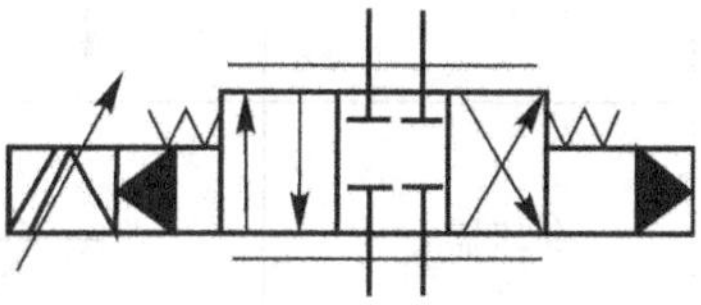

表5　辅助元件

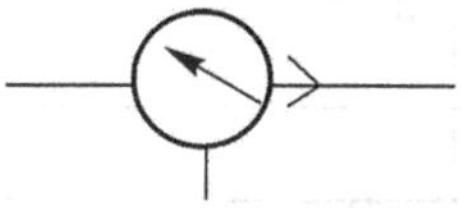 名称	符号	名称	符号
过滤器	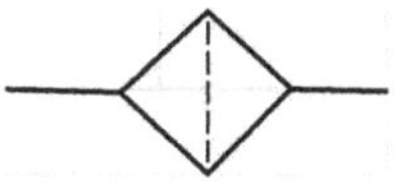	气罐	
磁芯过滤器	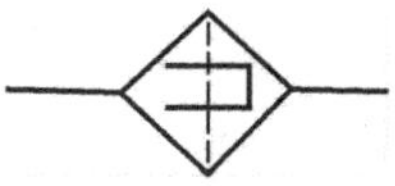	压力计	
污染指示过滤器	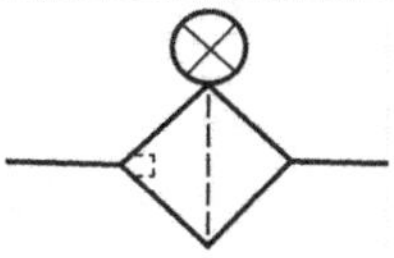	液面计	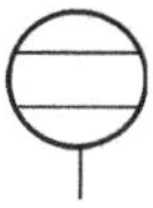
分水排水器	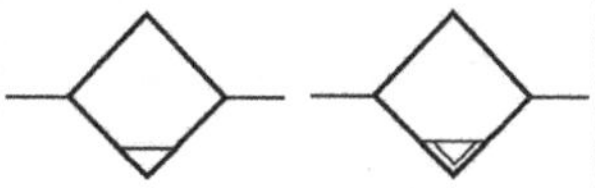	温度计	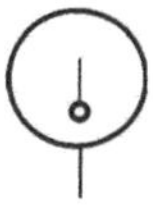

空气过滤器		流量计	
除油器		压力继电器	
空气干燥器		消声器	
油雾器		液压源	
气源调节装置		气压源	
冷却器		电动机	
加热器		原动机	
蓄能器		气-液转换器	

参考文献

[1]　许福玲,陈尧明.液压与气压传动.北京:机械工业出版社,2007.

[2]　左健民.液压与气压传动.北京:机械工业出版社,2007.

[3]　董继先,吴春英.流体传动与控制.北京:国防工业出版社,2010.

[4]　石望远.液压与气压传动.北京:国防工业出版社,2009.

[5]　朱新才,周雄,周小鹏.液压传动与气压传动.北京:冶金工业出版社,2009.

[6]　何存兴,张铁华.液压传动与气压传动.武汉:华中科技大学出版社,2000.

[7]　王积伟.液压与气压传动习题集.北京:冶金工业出版社,2006.

[8]　刘延俊.液压与气压传动.北京:机械工业出版社,2006.

[9]　明仁雄.液压与气压传动学习指导.北京:国防工业出版社,2007.